普通高等教育"十一五"国家级规划教材

U0229419

计算机程序设计基础

（第3版）

乔林 编著

高等教育出版社·北京

内容提要

计算机程序设计是高等学校计算机基础课程中的核心课程，具有大学基础课的性质。本书以 C 语言程序设计为基础，注重讲解程序设计的基本概念、方法和思路，培养读者的基本编程能力、逻辑思维与抽象思维能力。

本书主要内容包括：程序设计的基本概念、C 语言的基本语法元素、程序控制结构、函数、算法、程序组织与库的设计、数组、字符串、结构体与指针等复合数据类型、文件与数据存储、程序抽象等。希望通过强调那些在程序设计与软件开发过程中起重要作用的思想与技术，使读者体会并初步掌握较大型或实用程序的编写与设计能力。本书行文严谨流畅，语言风趣幽默，示例丰富生动，习题难度适中。

本书可作为高等院校计算机及理工类各专业、成人教育院校程序设计课程的教材，也可供计算机应用开发人员及相关人员自学。

图书在版编目（ＣＩＰ）数据

计算机程序设计基础/乔林编著. --3 版. --北京：高等教育出版社，2018.1

ISBN 978-7-04-047766-5

Ⅰ．①计… Ⅱ．①乔… Ⅲ．①C 语言–程序设计–高等学校–教材 Ⅳ．①TP312

中国版本图书馆 CIP 数据核字（2017）第 112130 号

策划编辑　刘　茜　　　责任编辑　唐德凯　　　封面设计　李卫青　　　　版式设计　马　云
插图绘制　杜晓丹　　　责任校对　刘娟娟　　　责任印制　耿　轩

出版发行	高等教育出版社	网　址	http://www.hep.edu.cn
社　　址	北京市西城区德外大街 4 号		http://www.hep.com.cn
邮政编码	100120	网上订购	http://www.hepmall.com.cn
印　　刷	北京鑫海金澳胶印有限公司		http://www.hepmall.com
开　　本	850mm×1168mm　1/16		http://www.hepmall.cn
印　　张	19.75	版　次	2009 年 8 月第 1 版
			2018 年 1 月第 3 版
字　　数	430 千字		
购书热线	010-58581118	印　次	2018 年 1 月第 1 次印刷
咨询电话	400-810-0598	定　价	45.00 元

本书如有缺页、倒页、脱页等质量问题，请到所购图书销售部门联系调换
版权所有　侵权必究
物 料 号　47766-00

前言

本书写作目标可用 8 个字概括：开卷有益，开卷有趣。

一、本书旨趣

六年来的教学经验表明，学生在学习程序设计类课程时最难的地方不是掌握某种程序设计语言的语法规范，而是掌握程序设计的基本方法。

程序设计语言的语法规范是死的，并且与任何一种自然语言相比，程序设计语言的语法规范更为简单。因此，对于任何学生而言，只要花费一定量的时间（并且这个时间并不长），通过记忆并辅以上机验证，完全可以掌握甚至精通其语法规范。

然而，问题在于，在学生已经预习课程并认真听讲，自认为已掌握了程序设计方法后，却发现在解决实际问题时经常是毫无头绪，一筹莫展。这种心理落差与由此造成的心理恐慌对学生的学习热情来说是致命的——这事实上是课程教学无法获得应有成果的主要原因。因此，本书力图在学习语法规范与培养实际动手能力之间架设一座沟通的桥梁，以解决程序设计教学中理论与实践脱节的问题。

对于程序员而言，抽象贯穿程序设计与开发活动的始终，是应着重强调的最核心概念。事实上，如果让笔者仅使用一个词来表达本书旨趣，那只能是抽象。程序员对抽象的理解与把握左右着程序的质量与效率。所以，抽象正是本书所要架设的桥梁。

坦率地说，抽象思维能力的培养不是一本教材、一门课程所能够涵盖和阐释清楚的。但作为一种有益的尝试，本书希望能够通过一种有趣的、面目可亲的方式向读者说明抽象在程序设计中所能够和应该起到的作用，以及抽象思维能力对读者未来学习、工作的重要意义。

Vinoski 有云："Finding the right balance [between abstraction and pragmatism] requires knowledge, experience, and above all, thought."翻译成汉语就是"于抽象与具象间寻觅正道需要知识、经验，更需要思想。"希望读者能够记住这句话。

二、篇章结构

本书的篇章结构与传统 C 语言教材不同。本书如此编排知识点的根本出发点在于，笔者希望能够以培养读者解决实际问题能力和抽象思维能力为主线，而不是以语言语法知识点为主线。这么做的好处是，读者不会在一开始就接触到过多的 C 语言语法规范的细节，避免在实际编程时受到"学习知识过多"所造成的干扰，从而能够将注意力集中到解决实际问题中去。

本书共分 10 章，具体组织方式如下。

第 0 章简单回顾 C 语言的历史，介绍 C 语言与程序设计的一些基本概念，然后通过两个小例子说明了 C 语言编程的基本流程。

第 1 章与第 2 章介绍 C 语言的基础知识，这些知识包括数据与数据类型、表达式与语句、运算、基本输入输出功能、枚举类型与布尔类型等用户自定义类型、典型的分支与循环结构等，它们是程序员构建 C 程序宏伟大厦的一砖一瓦。此外，第 1 章还专辟一节讨论程序设计风格问题，良好的程序设计风格是编写优秀代码的要件之一。作为后续章节的先导，第 2.7 节讨论问题求解与结构化程序设计的基本方法，以使读者大概了解结构化程序设计的思路。

第 3 章与第 4 章着重研究函数与算法，包括函数声明与调用、函数定义、函数调用规范、程序的结构化与模块化、程序测试与代码优化、算法的概念与特征、算法的描述方法、算法设计与实现、递归算法、容错、算法复杂度等内容。这些知识同样是基本的。

第 5 章讨论程序组织与软件工程，主要研究库与接口的概念、作用域与生存期、宏与条件编译等知识。通过两个具体的实例——如何设计随机数库以及如何使用随机数库设计一个猜测价格的游戏程序说明程序开发的基本流程以及在进行程序开发时要着力关注的问题。

第 6 章研究 C 语言提供的复合数据类型，主要涵盖字符与字符串、数组、结构体三方面知识。这些知识其实并不复杂，在本书力图淡化细节的主旨下尤其如此。此外，本章还讨论简单数据集上的简单查找与排序操作。

第 7 章研究指针。C 语言的指针非常灵活，事实上它与其他语法要件（例如函数、数组、字符串、结构体等）有着千丝万缕的联系。专列一章讨论指针是非常有必要的，它起到了承前启后的作用。

第 8 章讨论文件与数据存储。在引入文件的基本概念与基本操作之后，本章研究文件的 4 种读写方法以及实际编程时的数据存储策略。

第 9 章研究程序抽象。本章是本书最重要的一章，前面 8 章对抽象的认知将在本章得到进一步提升，通过学习数据抽象与算法抽象的基本方法与原则，透彻地理解抽象数据类型、链表数据结构、函数指针在构造抽象程序时的意义，掌握程序抽象的思考方法。

本书的组织结构也与传统 C 语言教材不同。双色双栏的排版格式主要不是为了美观，而是为了与全书知识结构相协调。笔者特意为本书安排两个线索：一个以程序抽象机制为主线的主体结构着重研究程序设计方法，与程序抽象有关的部分 C 语言语法元素得以详细展开；另一个为辅线，补充部分基础知识，对某些知识点进行额外阐述，或对主线结构下的知识点按照便于查阅的方式重新编排。笔者希望这样富有特色的编排体系能够突出本书的重点和难点，为读者的学习带来方便。

此外，特别需要说明的是，为了在保持本书结构完整性的前提下完成抽象思维能力培养的教学目标，本书绝大多数例题与习题需要使用笔者实现的函数库。函数库已在 Turbo C、Borland C++ Builder、Dev-C++（使用 GCC 编译器）、Microsoft Visual C++ 等编译器或开发环境中调试通过，读者可直接使用。为降低成本，库的源代码没有随书提供，读者可以从高等教育出版社网站获得，具体网址为 http://www.hep.com.cn；配套的习题解答与上机指导书也包含了函数库的全部源代码，读者也可以参照该书。

三、学习建议

很多学生曾问，什么时候应该学习一门程序设计语言，以及如何才能学好它？对这样的问题，三言两语很难解释清楚。

理想情况下，语言的学习应该遵从实际的需要。当需要使用该语言解决实际问题时，才应该花费宝贵的时间学习它。但是，很多学生其实并不了解自己是不是需要学习某种特定的程序设计语言，或者并不知道自己未来会不会需要用这样的程序设计语言来解决实际问题。显然，如果要读者在需要使用该语言解决实际问题时再来学习它，笔者估计大多数读者都会反对这样的观点。另一方面，一旦面临找工作的压力，如果这个没有学，那个也没有学，履历看上去就会有些不美观了。更何况还有不同专业的教学计划呢——现实情况是，一旦教学计划定下来，什么应该学，什么可以不学其实并没有多少选择的余地！

未雨绸缪总是不错的，那么读者和笔者就达成了一个基本共识，那就是要学习"程序设计基础"这门课程——读者如果不是必须或者希望学习这门课程，就不会看到这部分文字，不是吗？那么，读者能够从一门未来极有可能很少甚至不会使用的程序设计语言中学习什么东西，才能够获得尽可能多的知识和经验呢？

类似于自然语言的学习，如果某个单词或语法结构在未来的学习和工作中永远不会被用到，学习它的意义显然几乎为零。程序设计语言也一样，记住 C 语言的全部语法规范细节但却从来不用它同样也是毫无意义的。

笔者以为，在课程中读者要学习三部分内容：第一，一旦掌握了某种语法规范，可以使用它解决什么样的问题；第二，一旦解决问题的方法和途径需要使用还没有掌握的知识，这些知识如何获得；第三，如何进行正确的思考，寻找解决问题的方法和途径。

第一条属于知识记忆、理解与复现范畴，要解决的是跨越程序设计领域门槛的问题。在此，笔者以为，这些知识应该很好地裁减以适应学习需要，也就是说，门槛不能定得太高。事实上，贯穿本书的思想就是读者只需要了解最基本的知识就够了，这足以解决本书中大多数有趣并有实际意义的问题。更重要的是，能够在很短的时间内完成这些知识的学习并应用于实践，这对于获得成就感与愉悦感，延长学习热情至关重要。本书之所以如此大胆地去除部分 C 语言知识点，起因即为此。

第二条属于再学习能力培养问题。一般而言，学习到的知识未来能够直接使用到的不到 20%，余下的知识怎么办？学习，学习，再学习，仅此而已。这同样表明，所有未雨绸缪的努力都不可能面面俱到。在解决实际问题时，应该学会"大胆假设，小心求证"。例如，如果需要为班级里 30 位学生创建一个通信录程序，并提示将每位学生的姓名、年龄、电话号码等具体信息存储在一起才合乎逻辑，那么解决问题时就应该采用这样的方法来进行，即使到目前为止还不知道 C 语言中应该采用什么样的语法规范来描述上述逻辑，但是应该相信这样的语法规范一定是存在的。有了这样的认知，再去学习结构体与数组，就会发现这些语法结构是那么直接而富有效率，哪里有那么多的难以理解之处？

第三条属于创造性的知识应用问题。这一条实在太重要了，学习知识和技能的唯一目的是为了解决问题，否则，人与书橱和 Internet 有何差别？那么，如何解决实际问题呢？知识储备固然重要，但更重要的是发现问题以及提出解决问题的方法。显然，仔细分析问题，对问题进行抽象描述，在此基础上形成最终解决方案并得出结论是创造性解决实际问题的必由之路。

例如，一个苹果加上两个苹果是 3 个苹果，抽象成算术就是 $1 + 2 = 3$。这很简单，而 $a + b = c$ 就并不那么简单了。从实物运算抽象到算术，进一步抽象到代数，再抽象到抽象代数，人们对数与算的认识逐渐深化。程序设计也同样，程序抽象活动并不是简单的、一蹴而就的，为获得问题的满意解答，可能需要多层次、多角度的抽象。例如，从文字常数抽象出量，从算术运算抽象出表达式，从操作序列抽象出语句与语句序列，再进一步抽象出程序控制结构，抽象出一个又一个的函数；从数据的性质抽象出各种各样的数据关系，并通过数组、字符串、结构体、指针、文件等数据类型或数据结构固定下来，从数据与代码的关系抽象出函数指针，以构造灵活的能够适应未来需要的抽象程序代码。这些都是抽象。可以这么说，读者对事物的认识越深刻，越关注一般问题的解答，就越能理解抽象在程序设计中所起的关键作用，也越能从抽象中获得益处。

因此，关于课程学习，笔者有如下建议。

第一，阅读。多阅读程序代码，尤其是 C 语言标准库以及大量开源软件的源代码。有诗曰："熟读唐诗三百首，不会作诗也会吟。"阅读大量优秀源代码，对于培养良好的编程风格与编程习惯，了解典型的数据组织方式与算法实现策略有极大的好处。

第二，实践，尽可能多地实践。仅仅完成代码阅读是不够的，要想将知识转化为自己的实际技能，最重要的检验准则就是能否使用它解决实际问题。很多初学程序设计的学生向笔者诉苦，他们对于编程的最深刻体验就是"一看就明白，一用就不会"。最根本的原因就是实践太少。按照笔者的理解，要想真正精通一门程序设计语言，花费 10 倍的编程实践时间（与书本学习时间相比）是必要的。

第三，在实际编程时，建议读者回答下述两个问题：① 我所编写的程序能够解决本问题吗？② 我所编写的程序能够不加修改或很少修改就解决另一个看上去与前一问题似乎完全不同的问题吗？回答了这两个问题，就可以骄傲地宣称自己已得窥堂奥，进入了程序设计的自由天地。

为了锻炼读者的实际动手能力，本书提供了大量习题，其中绝大多数习题都非常有趣。这些习题基本涵盖了知识复现、编程验证、知识融会贯通训练与挑战性项目实践等多个方面。建议读者在时间允许的情况下完成本书所有习题，即使部分挑战性项目一开始看上去似乎过于困难，但认真思考总会有宝贵的收获。

总之，对于程序设计课程学习而言，会记固然重要，会想更重要；知识固然重要，能力更重要。笔者希望读者在学完本书之后，能够得出"这本书不仅深入，而且浅出；不仅深刻，而且好玩"的结论。

四、教学建议

在教学方面，应以课堂讲授与上机实践相结合的手段来进行。理想的授课时数与上机时数为 48 + 64 学时（48A），经过合适的裁减与教材组织，本书同样可以适应 48 + 48 学时（48B）、

32＋48学时（32A）与32＋32学时（32B）。具体课时安排可参考表1。

表 1　课 时 安 排

章	48A	48B	32A	32B
第0章　C语言概述	2＋2	2＋2	2＋2	2＋2
第1章　C语言基本语法元素	3＋3	3＋3	3＋3	3＋3
第2章　程序流程控制	6＋6	6＋4	4＋6	4＋4
第3章　函数	4＋6	4＋4	3＋4	3＋3
第4章　算法	4＋6	4＋4	3＋4	3＋3
第5章　程序组织与软件工程	7＋9	7＋7	3＋6	3＋3
第6章　复合数据类型	6＋6	6＋6	4＋6	4＋4
第7章　指针	6＋8	6＋6	4＋6	4＋4
第8章　文件与数据存储	3＋6	3＋3	2＋3	2＋2
第9章　程序抽象	7＋12	7＋9	4＋8	4＋4

说明：

（1）如果上机课时只有48或32个学时，则可以选择难度较低的习题或者少布置部分习题。

（2）如果授课课时不足，则部分内容可以简要论述或略过。

①　对于第2章，第2.7节可以简要论述，不再详细展开。

②　对于第3章，第3.4节可以简要论述，第3.5节可以省略。

③　对于第4章，第4.6节可以简要论述或略过。

④　对于第5章，第5.4~5.6节可以简要论述。

⑤　对于第6章，第6.5节可以简要论述或略过，并适当压缩其他各节内容。

⑥　对于第7章，第7.5节可以简要论述或略过。

⑦　对于第8章，第8.4节可以简要论述或略过。

⑧　对于第9章，第9.1与9.4节可以简要论述。

教学组织上，建议以有趣的习题展开知识点的讲授，适当补充一些课本以外的例题更好。课堂上的师生互动非常必要，这有助于引导学生自己获得正确的解决方案。如果能够在课堂上利用例题穿插一些游戏，效果会更好。

成绩考核与评定上，建议以大作业为主，并辅以平时作业和笔试。如果时间允许，能够安排全部或部分学生进行大作业答辩，效果会更好。笔试不是必要的，但如果不进行笔试，教师对教学效果心里没底，适当安排小测验或期末考试也是可行的。此时建议试卷尽量考核基本知识点，检验学生抽象思维能力培养方面的效果，而不应将注意力集中到语法细节上。当然，如果学生人数较多，没有助教或助教人手严重不足，大作业并不可行，则平时作业与期末考试的比重就应仔细权衡。此外，能够组织上机考试显然非常好，不过这对学校的硬件条件提出很高的要求，属于不能强求之列。

五、致谢

本书非一人之功也。特别感谢课程组的王行言、冯铃、黄维通、郑莉、刘宝林、孟威、余小沛老师，在课程建设与教材写作的过程中，与他们的讨论使作者获益良多，本书的最终完成离不开从诸位同仁那里获得的宝贵经验和帮助。感谢李秀、田荣牌、汤荷美老师，她们为本书的完成提供了有力支持。几年来课题组的各位助教在承担繁重的上机辅导与批改作业任务之余，参与了本书例题与习题的设计与编程实现，感谢刘明亮、曾富涔、袁扣林、韩磊、吕璨、于雪璐、那盟、王炜、戴德承、刘芳琴、王倩、王永才、王桂玲、颜莉萍等诸位同学的辛勤劳动。

再次向上述同仁和助教表示真挚的谢意。

最后，衷心希望本书写作目标已达到。

乔　林

2017 年 1 月 31 日于清华园

目录

第 0 章　C 语言概述

1. 了解 C 语言的历史与特点。
2. 了解程序与程序设计的基本概念。
3. 初步认识算法在程序设计中的作用与地位。
4. 了解数据与数据结构在程序设计中的作用与地位。
5. 了解 C 程序的基本特征。
6. 掌握 C 程序的编译、调试与运行过程。

0.1　C 语言简介

几十年来，作为计算机软件的基础，程序设计语言不断得到充实和完善，功能全面、使用方便的程序设计语言相继问世。在种类繁多的计算机程序设计语言中，20 世纪 70 年代初诞生的 C 语言具有重要地位，它是描述、开发系统软件和应用软件（包括科学计算软件）的重要工具之一。

0.1.1　C 语言简史

1972 年，贝尔实验室的 Dennis M. Ritchie 发明了著名的 C 语言。1973 年，Ken Thompson 与 Dennis M. Ritchie 通力合作将 UNIX 中 90%以上的代码用 C 语言重新实现。随着 UNIX 操作系统的广泛应用，C 语言迅速得到推广，名闻天下。

随着 C 语言支持的计算机系统越来越多，C 语言的变体也越来越多。这种 C 语言变体称为方言。C 语言的方言有上百种，它们虽然功能基本一致，但实现上并不完全相同，因而有时并不能完全兼容。方言的存在对计算机应用技术发展十分不利。

有鉴于此，美国国家标准化协会（ANSI）于 1983 年专门成立了 C 语言标准委员会，并于 1989 年完成了 C 语言的标准化工作。此版本的 C 语言标准简称 C89。1990 年，ANSI C 标准被国际标准化组织（ISO）接受为国际标准（ISO/IEC 9899：1990），称为 ANSI/ISO Standard C，简称为 C90。此后，1999 年推出的 C99 标准在保留 C 语言特性的基础上，吸收了其继承者 C++的部分特性，并增加了部分库函数。

目前可在微机上运行的 C 编译器和开发环境很多，如 Microsoft Visual Studio、Intel C/C++、Dev-CPP、Borland C++ Builder、GCC 等。

0.1.2　C 语言特点

C 语言之所以能够流行，主要因其有如下特点。

（1）C 语言是介于高级语言与低级语言之间的"中级语言"。它既具有高级语言结构化与模块化的特点，也具有低级语言控制性与灵活性的特点。C 语言语法简洁紧凑，使用方便灵活，操作符与数据类型丰富，语法限制不严格，程序设计自由度较大，允许对位、字节和地址这些计算机基本成分进行操作，生成的目标代码质量较好，程序运行效率较高。

（2）C 语言是结构化程序设计语言。C 语言提供了多种结构化语句，直接支持顺序、分支和循环 3 种基本程序结构，便于程序设计人员采用"自顶向下逐步求精"

的结构化程序设计技术。

（3）C 语言是模块化程序设计语言。C 语言程序由一系列函数组成，函数为独立子程序，这种结构便于将大型程序划分为若干相对独立的模块分别予以实现，模块间通过函数调用来实现数据通信。

（4）C 语言具有很好的可移植性。虽然 C 语言存在很多方言，但只要在编写程序时使用的是标准 C，就可以很容易地将为某种计算机系统编写的程序在另一种机器或另一种操作系统上编译运行起来。

0.2 程序设计的基本概念

在介绍 C 程序设计前，首先认识几个与程序设计有关的基本概念。

0.2.1 程序

所谓程序或应用程序，是指一系列遵循一定规则和思想并能正确完成指定工作的代码，也称为指令序列。通常，计算机程序主要描述两部分内容：一是描述问题中的全部对象及它们之间的关系；二是描述处理这些对象的规则。这里，对象及其关系涉及数据结构，而处理规则则涉及问题求解算法。因此，对程序的描述，经常有如下等式：

程序=数据结构+算法

一个设计合理的数据结构往往可以简化算法，而好的算法又使程序具有更高的运行效率，并使程序更容易阅读与维护。

0.2.2 程序设计与程序设计语言

所谓程序设计，就是根据计算机所要完成的任务，设计解决问题的数据结构和算法，然后编写相应的程序代码，并测试该代码运行的正确性，直到能够得到正确的运行结果为止。通常，程序设计应遵循一定的方法和原则，而不能是个人的随意行为。

良好的程序设计风格是程序具备可靠性、可读性、可维护性的基本保证。因此，可进一步对程序设计做如下定义：

程序设计=数据结构+算法+程序设计方法学

该描述强调了程序设计方法学在程序设计中的重要性。

在编写程序代码时，程序员必须遵照一定的规范来描述问题的解决方案和解决步骤，这种规范就是程序设计语言。像人们的自然语言一样，计算机程序设计语言也具有一些基本原则，具有固定的语法格式、特定的意义（语义）和使用环境（语用），并且这些基本原则比自然语言更严格。

0.2.3　算法

所谓算法，就是问题的求解方法和步骤。通常，一个算法由一系列求解步骤组成。正确的算法要求算法规则和算法步骤的意义是唯一确定的，不能存在二义性。这些规则指定的操作是有序的，必须按算法指定的操作顺序执行，并能够在有限的执行步骤后给出正确的结果。

算法的二义性与模糊性

相传以前有位老先生对某位后生不满意，出一上联要后生对：

眉先生，须后生，后生却比先生长；

这里的"先生"与"后生"就是典型的双关语，具有二义性。那后生也是有点急智的，转眼对了下联：

眼珠子，鼻孔子，珠子反在孔子上。

这里的"珠子（朱子，指朱熹）"与"孔子"自然也是双关语，对得绝妙。在现实生活中，双关语不仅幽默，也非常有意义。

然而在设计计算机程序时，计算机只能死板地按照事先定义好的步骤一步一步执行，"先生"到底是指人呢，还是"先出现"的过程？像这样的二义性超出了计算机的可理解能力。

同时，算法也不允许存在模糊的概念。例如"来 2 克胡椒再加 3 克盐"有明确的概念，这在程序的计算或控制中是可以操作的，但"来一点胡椒加一点盐"就无法操作了。程序是按照人的具体要求来完成相应工作的，所以除非程序中能对"一点"进行明确的数值设定，否则"一点"一点意义都没有。

通常，算法的设计过程是逐步求精的。算法的设计者首先给出粗略的计算步骤框架，然后再对框架中的内容逐步细化，添加必要的细节，使之成为更加详细的描述。当然，在大多数情况下，细化工作不可能一步到位。此时，更进一步的细化工作就是必要的。这个过程一直到能够把需求通过编程语言完全描述清楚为止。

流程图是描述算法的常用工具。流程图也称为程序框图，是算法的图形描述。流程图比程序代码更直观，更易阅读和理解。流程图只是一种算法的表达工具，除非具有专业的应用程序，否则计算机很难识别流程图，更不能直接执行流程图。

与流程图相比，有经验的程序员在编程前更习惯使用伪代码进行纸面作业，完成程序代码的设计与实现。所谓伪代码就是类似于自然语言的说明性短语或符号。

一个问题可以有多种解决方案，因而解决问题的算法并不唯一。这些算法的执行效率有高有低，其差异甚至有可能大到人们无法想象的地步。

0.2.4　数据与数据结构

数据结构指数据对象以及这些数据对象的相互关系和构造方法。程序中的数据结构描述了程序中被处理的数据间的组织形式和结构关系。

数据结构与算法密不可分，一个良好的数据结构将使算法简单化；而明确了算法，才能更好地设计数据结构，两者相辅相成。

在解决实际问题时，程序员不仅要实现算法，还必须完整实现作为算法操作对象的数据结构，且必须与算法完全适应。对于不同的算法实现，数据的表示方式和数据结构并不一定相同。

0.3 简单 C 程序介绍

为说明 C 程序的结构特点，本节给出几个简单的 C 程序实例，使读者有初步的感性认识，然后再分析 C 程序的结构特点。

0.3.1 C 程序实例

【例 0-1】 编写 C 语言程序，向 World 先生打个招呼。

程序代码如下：

```c
#include<stdio.h>
int main()
{
  printf("Hello World.\n");
  return 0;
}
```

不可能存在比上述程序更简单的 C 程序了，它将一串英文文字"Hello World."显示在屏幕上。在本例中，程序的主体部分是一个称为主函数的 main 函数。之所以称其为主函数，是因为任何一个程序都必须包含此函数，并且也只能包含一个主函数。

main 是主函数的名称，后面的小括号对（）表示 main 是函数，花括号对 {} 所括的内容是 main 函数的函数体，在函数体内部出现的内容是该函数的实际代码，以一条一条的语句形式顺序书写。

程序中，printf 也是函数。与 main 函数不同，此处并不定义它要做某件事，而是直接使用它做某件事。实际上，printf 函数是由系统提供的标准库函数之一，程序使用它完成输出功能。

与很多其他高级语言不同，C 语言本身并没有提供输入输出命令，如果需要进行信息输出，就必须调用函数库中的某个函数，例如 printf。

为了顺利调用函数库中的函数，在程序开头还需要包含某些头文件。头文件中声明了很多函数原型，例如头文件"stdio.h"声明了 printf 函数原型。因此，在调用 printf 函数前，必须包含对应的头文件"stdio.h"。程序开始处的 #include <stdio.h> 这样的预处理命令即用于完成此任务。

"#include"表示该行是包含头文件的预处理命令，尖括号对<>中的内容为所包含的头文件的文件名。如果没有此条预处理命令，编译器就不知道到什么地方去查找并执行 printf 函数，当然也不知道应该按照什么样的方式使用它，如果程序员用

World 先生

"Hello World"也许是99%的C程序设计教科书中的首个示例，它已成为计算机文化遗产的一部分。

按照西方人的姓氏习惯，名在前姓在后，所以笔者称其为"World 先生"。

主函数名称

主函数表示程序入口点。程序从主函数开始执行，并在主函数结束时结束。在绝大多数操作系统和编译器下，主函数名称都是 main。当然，在某些情况下它也可以是其他名称，例如支持双字节命令的 wmain。

标准库的头文件

　　头文件的数目因编译器的不同而有所差别，但所有支持 C99 的 C 编译器都具有 C 标准库的全部头文件，并且这些头文件的名称也完全相同。此外，按照惯例，所有 C 标准库头文件都应该位于编译器安装目录的"include"子目录下。

错了函数，它更不能给予提示。

　　有了上述包含命令，编译器就会打开头文件"stdio.h"，并将其内容展开在该行位置处，以替换原先的包含命令。

　　"stdio.h"文件声明了很多完成输入输出任务所需要使用的函数。因此，每个 C 程序，只要需要输入输出，就十之八九需要包含此头文件。

　　需要注意的是，C 语言的头文件并不仅仅只有"stdio.h"一个。事实上，C 语言标准库中实现了成百上千个常用函数，这些函数按照其性质的不同分散在成百上千个头文件中。当用户需要调用某个函数时，包含其对应的头文件即可。

　　上述程序使用 printf 函数输出什么呢？它输出的就是括号里面的内容。可以将此处的括号理解为函数调用操作符。在 C 语言中，使用双引号引起来的一串文字称为字符串。注意，双引号本身只是字符串的表示记号，并不是字符串内容的一部分。

　　字符串中出现的两个字符"\n"称为转义序列，具有特殊意义。转义意味着改变其意义。改变的就是第二个字符"n"的意义。在此转义序列中，"n"将不再表示该字母本身，而是和前面的"\"联合在一起，表示换行操作，即在输出字符串后，系统光标会移动到下一行，并在行首闪烁。

　　注意，转义序列并不一定只有两个字符，多个字符也是允许的。

　　在函数 printf 后的分号表示语句结束，C 程序的每条语句都必须以分号终止，它是必不可少的。

　　最后，return 语句表示 main 函数结束。随着主函数的结束，程序也自然结束运行。return 语句中的数字 0 表示程序在退出时向运行此程序的操作系统返回一个结果，称之为返回值，此处的返回值为整数 0。之所以说这个返回值 0 为整数，是因为写在 main 函数前面的 int 说明了主函数的返回值必须是某个整数。

　　【例 0-2】　编写程序，接受用户从键盘输入的两个整数，输出两者之和，其计算公式亦一并输出。

　　程序代码如下：

```c
#include<stdio.h>
int main()
{
  int a, b, sum;
  printf( "The program adds two integers.\n" );
  printf( "The first number: " );
  scanf( "%d", &a);
  printf( "The second number: " );
  scanf( "%d", &b);
  sum=a+b;
  printf( "%d + %d = %d\n", a, b, sum);
  return 0;
}
```

　　例 0-2 比例 0-1 要复杂一点，这里有几处地方需要说明。

　　第一，程序的基本结构与例 0-1 一致。其中，包含头文件"stdio.h"仍然必不可少，main 函数主体框架也没有变化，同样使用 return 语句返回整数值 0。事实上，对于大多数 C 程序，主函数的主体框架没有多大差异。

第二，主函数内部的第一条语句称为变量声明或定义，它声明（定义）了 3 个名称分别为 a、b 和 sum 的变量。变量声明中的 int 表示这 3 个变量为整数。请注意，在声明多个变量时，既可以逐一单独声明每个变量，也可以像本例这样使用逗号分隔不同变量的名称。

当程序流程进入主函数时，就会为这 3 个变量分配存储空间。为了便于理解，程序员在设计程序时，习惯使用一个小方框表示变量及其存储空间，如图 0-1 所示。注意，图中变量的名称写在方框的外边，方框中没有书写任何内容，这表示目前方框中没有存储任何数据。

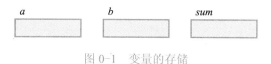

图 0-1　变量的存储

第三，第一个 printf 语句将一行文本输出到屏幕上。运行程序时，程序将会输出类似下面的文本，系统光标将在竖线表示的下一行行首闪烁：

```
The program adds two integers.
|
```

此行输出的目的是说明程序功能，解释程序要做什么。读者在编程时也要养成这样良好的习惯，保证用户在运行程序时不会对程序要做什么事情一头雾水。

第四，接下来的 printf 语句再次将一行文本输出到屏幕上：

```
The program adds two integers.
The first number: |
```

当用户通过键盘输入一个整数，例如 1 之后，屏幕显示如下：

```
The program adds two integers.
The first number: 1↵
```

这里"↵"表示用户输入了一个回车符。

第五，用户数据是如何输入的呢？答案是 scanf 函数。与 printf 函数一样，scanf 函数也是 C 标准库中预定义的函数，其原型同样位于头文件"stdio.h"中。与 printf 函数负责输出数据或信息不同，scanf 函数负责输入数据或信息。

请读者注意 scanf 函数的用法。函数调用括号里面出现的所有内容都是程序员传递给该函数的实际参数。在本例中，scanf 函数接受两个实际参数，也就是操作对象，中间使用逗号分隔。逗号前的第一个数据对象是字符串，它表示用户应该按照什么格式输入数据，第二个操作对象则表示获取后的数据放到什么地方。

在函数调用括号里出现的字符串"%d"表示要输入的数据为整数，"a"表示输入后的数据就放到变量 a 里面，而放置数据的动作就由变量名称前面的"&"符号表示。这是 scanf 函数的使用规定，读者在设计程序时一定要严格遵照执行，不要忘了书写"&"符号。

有了这一行语句，刚刚在键盘上输入的数据就进入了变量 a 的存储空间，如图

0-2 所示。

图 0-2 整数数据的输入与存储

第二个数据的输入过程类似。在完成两个数据的输入后，程序运行结果如下，而数据的存储则如图 0-3 所示。

```
The program adds two integers.
The first number: 1↵
The second number: 2↵
```

图 0-3 两个整数数据的输入与存储

第六，两个整数的加法运算与普通代数运算几乎完全相同。其实，正是有了变量才使得计算机处理代数问题成为可能。不过读者要特别注意，此处 "=" 表示赋值，即将右边的计算结果放到左边所表示的变量存储空间中，如图 0-4 所示。赋值符号并不是数学中的等号，因而其左右两边的内容不能互换。

图 0-4 加法操作后数据的存储

第七，程序使用 printf 函数输出结果。请注意此处 printf 函数的用法与前面有所不同，除了变量名称前没有 "&" 符号外，其格式与 scanf 函数相同，此为 printf 函数的标准调用格式。

第一个操作对象表示输出数据的格式，"%d" 仍然表示输出整数，"\n" 仍然表示换行操作，而其他部分则照样输出。需要说明的是，当输出格式字符串中出现多个类似 "%d" 这样的格式码时，逗号后面的数据必须与它们一一对应，即 a 的值会替换第一个 "%d"，b 的值会替换第二个 "%d"，sum 的值会替换最后一个 "%d"。

程序的最终运行结果如下：

```
The program adds two integers.
The first number: 1↵
The second number: 2↵
1 + 2 = 3
|
```

0.3.2 程序设计思维

现在，请读者稍稍将教材拿远一点，从远处仔细审视例 0-2。例 0-2 到底做了什么事情？有的读者可能这样回答："首先定义 3 个整数变量，然后调用 printf 函数输出程序功能信息，调用 printf 函数提醒用户输入第一个整数，调用 scanf 函数获取第一个整数，再次调用 printf 函数提醒用户输入第二个整数，再次调用 scanf 函数获取第二个整数，将两个整数加起来并将结果保存到第三个变量中，最后调用 printf 函数输出结果，程序结束。"

是的，程序流程确实如此。然而，程序员不仅需要从战术高度思考程序的流程与意义，还需要从战略高度思考。如果将全部注意力都集中在程序细节上，对理解整个程序流程其实没有多少好处，所谓"一叶障目，不见森林"就是这个意思。

从战略高度出发，可以将整个程序流程归纳为："程序首先请求用户输入必要的数据对象，在此过程中和用户进行交互，告诉用户程序目的，提醒用户输入数据，接着完成具体计算任务，最后在结束前将计算结果通知用户。"

通过将整个程序流程分成输入、计算与输出 3 个部分，程序员对程序的认知就不再局限于实现细节。事实上，任何一个能够完成实际计算任务的程序都应该首先从输入、计算与输出 3 个阶段的战略层面上进行思考，并从此出发完成最后的编码。

0.3.3　C 程序结构特点

由上面两个简单 C 程序实例，可以看出 C 程序的结构有如下特点。

（1）C 程序由一个或多个函数组成。

（2）C 程序必须含有唯一一个主函数。

（3）C 程序运行从主函数开始，并在主函数结束时结束。主函数是整个程序的控制部分，其他函数只能由主函数直接或间接调用。主函数以外的其他函数可以是系统提供的库函数，如 printf 函数和 scanf 函数，也可以是用户根据需要编写的函数。

（4）C 程序运行流程与函数定义顺序无关，而是从 main 函数开始，按照函数间的调用顺序进行。

（5）为增强 C 语言功能，C 标准库提供了大量标准库函数，这些库函数原型分别位于多个头文件中，程序员可按照其调用规范使用。

0.4　程序设计的基本流程

C 语言是人们编写程序的语言，它并不是计算机运行程序的语言。这是因为，计算机唯一能直接运行的只有二进制格式的机器语言。因此，要运行某个程序，必须首先将其从 C 程序翻译成机器语言程序，此工作过程称为编译。

编写好的 C 语言程序称为 C 源程序。从 C 源程序开始编辑，直到在计算机上得到运行结果，其流程如图 0-5 所示。

细微之处邪魔藏也

英语中有一句有名的谚语"*the devil is in the details*"，翻译成汉语就是"细微之处邪魔藏也"。

从战略角度上对程序进行考察是十分有意义的。没有战略层面上的认知，程序员如何知道应该按照什么样的方式编写程序？如何知道应该怎样将这些编码细节合理有效地组织起来？

源文件名

不建议使用中文文件名。如果使用了中文文件名，部分编译器可能无法访问该文件，并且即使能够访问，也可能在程序内部无法正确处理程序执行时的具体使用环境信息。只有支持 wmain 主函数的编译器才能处理中文文件名和中文运行环境。

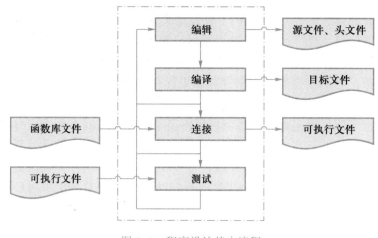

图 0-5 程序设计基本流程

0.4.1 源文件和头文件的编辑

程序员将自己编制的 C 语言程序存入计算机时，首先要利用系统提供的编辑程序（编辑器）建立 C 语言程序的源文件，称为源代码。一个 C 源文件是一个编译单位，它以文本格式存储在计算机的文件系统中。源文件名自定，文件的扩展名（后缀名）为 ".c"，如 "main.c"。

部分 C 语言程序非常复杂，源代码量很大。如果将所有程序代码都组织在单个源文件中，阅读和维护起来很不方便。此时可将整个程序视为一个工程项目，并将其划分为若干模块，并为每个模块建立一个源文件。包含多个源文件的 C 程序在编译时，其每个源文件都要进行编译。

除了源文件，程序员也可能为自己的程序编写头文件，并像标准库头文件一样使用。这些头文件当然也会和源文件一起被编译。

语法错误与逻辑错误

一般地，程序中可能存在两种错误，一是语法错误，二是逻辑错误。语法错误总是因为程序员使用了错误的语法格式或输入错误所导致的；而逻辑错误则是因为对程序执行逻辑的描述有问题而产生的。编译器能够发现绝大多数语法错误（部分语法错误在连接阶段才能够发现），但对于大多数逻辑错误，编译器和连接器都无能为力。程序员在调试程序时一定要仔细地考虑程序执行的每种可能情况。

0.4.2 源文件和头文件的编译

建立源文件之后就可对其进行编译。编译工作是由系统提供的编译程序（编译器）完成的。

编译器编译源文件时，一般会对源程序的语法和程序的逻辑结构进行检查。发现错误时，编译器会显示错误的位置和类型。当错误过多时，编译器有可能提前停止编译。

出现编译错误后，程序员可以根据提示信息查找错误原因，并使用编辑器修改源程序以排除错误，此过程称为调试。有时错误不一定能一次排除，程序员可能需要反复调用编辑器和编译器，直到编译通过为止。

正确的源文件经过编译后生成目标文件，目标文件具有规定的扩展名，例如 ".obj" 或 ".o"。

0.4.3　目标文件的连接

编译后生成的目标文件为相对独立的模块，每个源文件都有对应的目标文件。这些目标文件虽然是二进制格式，但仍然不能直接运行。连接器按照特定的格式将目标文件与函数库连接装配在一起，并最终生成可执行文件。可执行文件的名称可自由指定，默认的可执行文件的名称与工程项目的名称一致，可执行文件的扩展名为 ".exe"。

注意，一些错误编译器有可能检查不出来，但连接器却能够发现。此时，仍需要回到编辑阶段重新编辑程序并再次尝试编译连接。

0.4.4　测试运行

可执行文件生成后即可运行。用户可以尝试输入一些数据，查看其结果是否正确，此过程称为测试。若运行出错或结果不对，说明程序还存在某些错误，特别是逻辑错误。这就需要开发人员重新审查、修改源程序。这表明，程序需要经过仔细测试才能确保其正确性。

本 章 小 结

本章简要介绍了 C 语言的发展历史与基本特点，引入了几个程序设计领域的重要概念，读者在后面的学习中会逐渐体会到它们的意义与作用。

通过两个简单实例，本章也说明了 C 程序的基本结构与 C 程序的结构特点。编程首先从模仿开始，然后才能尝试解决实际问题。

本章强调，要想进入程序设计的殿堂，只从战术高度认识程序设计是不够的，程序员还需要从战略高度认识程序设计方法，并将它贯穿到程序设计活动的始终。这种认知能力就是抽象。

此外，本章还讨论了 C 程序编译与运行的一般流程，读者在编程时必须遵照本章给出的开发流程进行。

习 　题 　0

一、概念理解题

0.1.1　解释程序、程序设计、算法、数据结构的概念。

0.1.2　C 语言有哪些特点？

bug 与 debug

术语 "debug" 出自美国著名女数学家、计算机科学的先锋人物格蕾斯·霍波（Grace Hopper）。霍波设计了世界上首个编译器，她同时还为 COBOL 语言的发明做出了贡献。

1945 年，霍波进入哈佛大学协助计算机科学家霍华德·埃肯制造马克系列计算机。霍波负责为计算机编写程序。1946 年某一天，一台马克二型计算机停机。她在查找故障时发现有一只飞蛾卡在继电器的触点之间，从而导致了系统故障。

当她正在处理昆虫时，正巧埃肯走进实验室。当埃肯问她为什么不让计算机进行运算时，霍波幽默地回答道："I am *debugging* the machine!"

英语中，"bug" 表示臭虫之类的小昆虫，前缀 "de-" 表示脱、去掉、排除、解除等意义。一句 "排除臭虫" 的幽默造就了程序设计中最经典的术语 "debug"。现在程序员总是称程序中的错误为 bug，而排除错误的调试过程为 debug。

0.1.3　什么是主函数？每个 C 程序都有主函数吗？主函数名称必须为 main 吗？

0.1.4　预处理指示 #include 的意义是什么？

0.1.5　C 程序具有什么样的结构特点？

0.1.6　编写 C 程序至少要经过哪些步骤？在这些步骤中又会产生什么样的文件？

0.1.7　程序中的错误分成哪两类？

0.1.8　什么是调试？

二、编程实践题

0.2.1　编写一程序，在屏幕上输出如下内容，请注意其中的空格：

```
*********************
* Hello, World. *
*********************
```

0.2.2　编写一程序，在屏幕上输出如下内容：

0.2.3　编写一程序，接受用户输入的两个整数，并计算它们的和、差、积、商，程序运行结果应如下所示。注意，尖括号部分表示输入输出时的替换内容，尖括号本身并不需要输入或输出。多使用几组整数尝试几次，你发现了什么？

```
The program gets two integers, and calculates
their sum, difference, product and quotient.
The first number: <第一个整数在此输入>
The second number: <第二个整数在此输入>
Results are as follows:
<第一个整数> + <第二个整数> = <和>
<第一个整数> - <第二个整数> = <差>
<第一个整数> * <第二个整数> = <积>
<第一个整数> / <第二个整数> = <商>
```

0.2.4　编写一程序，接受用户输入的两个实部和虚部均为整数的复数，计算它们的和与差。按照上题的格式提示用户输入复数并输出结果。输出复数时使用 $a + bi$ 的格式，例如 $1 + 2i$，而输入时单独输入复数的实部和虚部。按照从上一题得到的经验，能否准确获得两个复数的积与商呢？

第1章 C语言基本语法元素

1. 掌握 C 语言数据类型的概念，会根据问题需要定义整数、浮点与字符串数据。

2. 掌握量的概念，掌握定义和使用常量与变量的方法，明确常量与变量的差异。

3. 熟悉表达式的使用方法与求值顺序，掌握 C 语言表达式简洁的书写习惯。

4. 掌握基本操作符的优先级，理解混合运算表达式中的类型转换。

5. 掌握语句的概念，能够使用简单语句、复合语句和空语句进行编程。

6. 掌握基本输入输出函数的典型用法。

7. 理解程序设计风格对程序质量的影响，能够熟练使用注释，掌握量与其他实体的命名需遵照的规范。

8. 理解宏的概念，能够在程序中正确进行宏定义，了解宏与常量的差异。

1.1　数　据　类　型

　　C 程序中的数据具有确定的类型，种类很多。本章介绍几类基本数据类型，其他数据类型将在后续章节逐一讨论。

1.1.1　整数类型

整数类型的修饰符在声明 long int 或 short int 时，可以只书写 long 或 short 修饰符而省略 int。

C99 规范虽然没有规定整数类型取值范围的具体值，但基本原则是 short int 取值范围不大于 int，int 取值范围不大于 long int。

　　整数类型的变量使用 int 关键字定义，例如：

```
int a;
```

定义了一个整型变量 a。

　　与数学上的整数对象不同，计算机因为存储空间限制，无法表示过小或过大的整数，故整数 a 的取值范围只能位于某个区间，其区间值依编译器和计算机系统结构的不同而不同。目前主流 32 位编译器都将整数类型的取值范围规定为 $-2\,147\,483\,648$ 与 $2\,147\,483\,647$ 之间。

　　实际编程时，可能存在某些数据对象的取值范围很小的情况，例如人的年龄。此时为节约内存，可以使用关键字 short int 表示短整数：

```
short int b;
```

short int 作为短整数类型，其取值范围介于 $-32\,768$ 与 $32\,767$ 之间。

　　与 short 相对应，还有一个 long 关键字用于表示长整数，例如：

```
long int c;
```

目前主流 32 位编译器都将 long int 与普通 int 类型规定为相同的。

　　C 语言还提供了有符号与无符号整数的表示方法。缺省时整数是有符号的，即 int 既能够表示正整数，也能够表示负整数。若希望表达无符号整数，可以这样定义：

```
unsigned int d;
```

这表示 d 为非负整数，其取值范围介于 0 与 $4\,294\,967\,295$ 之间。类似地：

```
unsigned short int e;
```

表示 e 只能取非负短整数值，其取值范围介于 0 与 $65\,535$ 之间。

　　编程时需要注意的是，两个整数的算术运算结果有可能超出整数取值范围，这种现象称为整数溢出。

1.1.2　浮点数类型

　　实数在 C 语言中称为浮点数，使用关键字 double 定义。例如：

```
double a;
```

定义了一个浮点数 a。

　　使用 double 定义的浮点数称为双精度浮点数，其有效位数为 16 位。如果不需要这么高的精度，可以使用关键字 float 代替 double 声明浮点数。如此声明的浮点数称为单精度浮点数，其有效位数仅为 7 位。

　　建议读者使用 double 定义浮点数。float 类型的数据精度有限，有时经过有限次运算后就会损失大量精度。

　　浮点数在程序中广泛存在，尤其是在科学计算领域，如温度 21.7℃，圆周率 3.14。

【**例 1-1**】　编写程序，接受用户输入的两个浮点数，输出它们的和。

程序代码如下：

```c
#include<stdio.h>
int main()
{
  double a, b, sum;
  printf( "The program adds two real numbers.\n" );
  printf( "The first real number: " );
  scanf( "%lf", &a);
  printf( "The second real number: ");
  scanf( "%lf", &b);
  sum=a+b;
  printf( "%lf + %lf = %lf\n", a, b, sum);
  return 0;
}
```

程序运行结果如下：

```
The program adds two real numbers.
The first real number: 1.23↵
The second real number: 2.11↵
1.230000 + 2.110000 = 3.340000
```

　　程序主体结构与例 0-2 相同，其主要差别体现在：① 提示信息字符串有了变化；② 所有出现"%d"的地方都使用"%lf"代替以表示处理的数据对象类型为 double 而不是 int。例 0-2：第 6 页。

　　例 1-1 也可以使用 float 类型实现如下：

```c
#include<stdio.h>
int main()
{
  float a, b, sum;
  printf( "The program adds two real numbers.\n" );
  printf( "The first real number: " );
  scanf( "%f", &a);
  printf( "The second real number: " );
  scanf( "%f", &b);
  sum=a+b;
  printf( "%f + %f = %f\n", a, b, sum);
  return 0;
}
```

请注意输入输出时的字符串格式，此处"%f"代替了"%lf"。事实上，"f"表示输出单精度数据类型 float；而"lf"就像"long float"，表示输出双精度数据类型 double。

浮点数同样具有取值范围。计算机不能表示过大或过小的实数，虽然可以精确表示 0，但不能表示非常接近于 0 的某个小数。

浮点数的表示有误差，在某些场合必须考虑此类表示误差。

1.1.3 字符串类型

文本是计算机处理的最重要的信息形式之一。本质上，文本的最小单位是字符。由于单个字符所能容纳的信息有限，可用性不足，故而需要将多个字符组织成一个整体，构成独立的信息单位。这种将多个字符当作一个整体来对待的数据类型就称为字符串。

例 0-1：第 5 页。

例 0-1 已经给出了字符串的基本使用方法，如"Hello, World.\n"就是典型的字符串。这样的字符串在程序中是不可以被改变的，它们也称为文字。而在实际程序中，经常需要接受用户输入的字符串进行处理，此时就必须定义一个字符串类型的数据对象。

【例 1-2】 编写程序，接受输入的用户名，输出"Hello, <用户名>"。
程序代码如下：

```
#include<stdio.h>
#include"zylib.h"
int main()
{
  STRING name;
  printf("The program reads user's name, and prints a greeting.\n");
  printf( "Your name: " );
  name=GetStringFromKeyboard();
  printf( "Hello, %s.\n", name);
  return 0;
}
```

程序运行结果如下：

```
The program reads user's name, and prints a greeting.
Your name: Xiao Ming↵
Hello, Xiao Ming.
```

本例有 3 处需要解释。

第一，C 标准库包含很多字符串处理函数，但却没有显式定义字符串类型。此疏忽给初学者带来了很多困扰。为此，本书专门定义了一个字符串类型 STRING，其声明位于本书附带的头文件"zylib.h"中，相关程序代码则位于源文件"zylib.c"中。

现在并不需要关心 STRING 类型的具体实现细节，只需要知道可以像标准的预定义类型一样使用 STRING 即可。为使用 STRING 类型，必须包含头文件"zylib.h"。

注意，因为 zylib 库并不是 C 标准库的一部分，所以要使用它需要一些额外的设置工作。具体操作步骤如下。

（1）在编程环境中创建一个新的工程项目，编写程序代码，并保存在某个目录下。

（2）将头文件"zylib.h"与源文件"zylib.c"复制到读者自己编写的程序代码文件所在的目录。

（3）在工程项目中添加上述两个文件。

（4）使用 zylib 库时，在源程序中使用双引号而不是尖括号包含头文件"zylib.h"，这将保证编译器首先在读者自己的工作目录下查找该头文件。

第二，zylib 库实现了一个名为 GetStringFromKeyboard 的函数，读者可以直接使用此函数。该函数返回用户输入的字符串（不包括回车符）。

第三，要将刚刚获得的字符串插入到输出字符串的特定位置，需要使用"%s"控制标志调用 printf 函数，并将 *name* 传递给它。此操作方法与输出整数数据类似，唯一的差别在于使用"%s"代替了"%d"。

工程项目的设置
不同编译器的工程项目管理方式不同，设置方式也不相同。详细说明请读者参阅与本书配套的《程序设计基础习题解答与实验指导》一书或查阅编译器的帮助文档。
参见 5.1 节，第 142 页。

1.2 量与表达式

量与表达式是 C 程序中最基本的概念。量是 C 语言的数据处理对象，表达式则是处理数据对象的方法和步骤，它们的有机组合构成了一条一条的语句，并由此构成最终的程序。

1.2.1 表达式

数学上，表达式规定了数据对象的运算过程。例如例 1-1 中使用表达式 $a+b$ 表示两个浮点数 a 与 b 的加法运算。

例 1-1：第 15 页。

在 C 程序中，表达式总是由操作符和操作数组成，在表达式 $a+b$ 中，a、b 就是最简单的操作数。一般地，表达式的操作数有如下几类。

（1）文字。任何显式地出现在程序文件中的数据值都是文字常数，简称文字，例如整数 0 与浮点数格式的圆周率 3.14。

（2）量。那些在程序中按照特定类型定义的数据对象都是量。量既可以是常量也可以是变量。

（3）函数调用。一个具有返回值的函数调用可以出现在表达式中，以充当操作数。当计算表达式的值时，会首先进行函数调用，并使用函数返回值参与后续计算。

（4）括号。在表达式中允许出现小括号对括起来的子表达式，其意义与普通数学运算中的小括号类似，主要用于解决表达式各个成分的计算顺序问题。例如，表达式 $(a+b)*c$ 保证了 a、b 的加法运算一定会在乘法运算之前进行，如果没有括号，则会首先进行 b、c 乘法运算。

程序运行时，计算表达式值的过程称为表达式求值。对于任何操作符，必须获得它所需要的操作数才能完成其计算过程。例如，要计算 $a+b$ 的值，程序首先必须获得 a、b 的值，然后进行加法运算。

当表达式中所有操作符都已计算完毕，程序将得到一个数据值，该值就是表达式的运算结果（或称为表达式的值），此后程序就可以输出该值或者将其作为操作数再参与后续操作。

1.2.2　变量

按照定义，变量是指在程序运行过程中值可以改变的数据对象。变量一般是由程序员显式定义和命名的，定义变量的最根本目的是为了在程序运行时保存待处理数据、中间运算结果或最终结果。

例0-2：第6页。

一般地，变量必须首先进行声明或定义才能使用。例如，例0-2定义了3个整数类型变量 a、b、sum：

```
int a, b, sum;
```

习惯称此类基本数据类型变量为简单变量。有了变量定义，其后的程序代码才可以使用这些变量。

为保证能正确区分不同的变量，变量名应具有独特性。注意，这并不要求程序中每个变量在任意时刻都必须具有与众不同的名称，它仅仅要求这些变量在其活动环境中与其他变量名不同即可。

系统为每个变量分配恰当的存储空间以存放其值。在程序运行期间，程序对变量的操作都将翻译成对该存储区的操作。在解释例0-2时，可以用图1-1表示3个变量的存储结构。

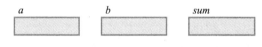

图1-1　变量的存储

此类变量存储结构图对理解C程序有很大帮助，读者应勤于使用。

图1-1方框中没有写入任何内容，这是有意的。在C程序中，变量一经定义，其对应的存储空间就存在了，但此时该存储空间中还没有保存任何有意义的数据或信息，即程序还不能从该存储空间中获取到有意义的变量值。

在此，可以将变量特征总结如下。

（1）变量总是具有值。在任意时刻，变量都具有一个唯一值与其相对应，虽然值本身可以在程序运行期间改变。

（2）变量总是与内存中的地址相对应。

（3）变量总是具名的，在程序中除非使用间接的手段，否则无法创建和访问匿

VANT

与变量有关的术语有值（ $value$ ）、地址（ $address$ ）、名称（ $name$ ）和类型（ $type$ ）。这4个术语的首字母缩写为VANT。

名变量。

（4）变量具有确定的类型，编译器需要知道变量类型以便为其开辟合适的存储空间。

程序运行时可以通过赋值操作改变变量的值。但是，变量名称和变量类型是不可以改变的，即只有数据对象与值之间的关系可以在程序运行期间动态改变。

1.2.3 文字

在描述客观规律的数学和物理公式中经常会出现一些常数，这些常数在公式中具有特殊意义，除了测量误差的影响，其值永远不变。例如要将圆面积公式 $S = \pi r^2$ 转换成 C 程序，就需要使用两个变量分别保存圆的半径与面积值。此处，参与计算的圆周率除了精度上的差异（例如 7 位有效数字 3.141 593 与 16 位有效数字 3.141 592 653 589 793），其值在任何时候都不应被改变，因此不需要、也不应该使用变量保存。

为此，C 程序允许常数作为基本元素单独出现。一般地，称程序中单独出现的值（例如数字 1 与字符串"program"）为文字常数，简称文字。称其为文字是因为只能以值的形式标识它们，称其为常数是因为该数据对象的值不能在程序运行期间改变。

C 程序中常用文字有整数类型、浮点数类型、字符与字符串类型 4 种，本节只讨论除字符类型之外的 3 种类型，字符类型将在 6.1 节再研究。

6.1 节：第 178 页。

1. 整数类型文字

整数类型文字的书写方式有 3 种，分别表示十进制整型、八进制整型和十六进制整型。

十进制表示的整型文字与数学书写习惯相同，如整数 10、–27 等。

十六进制表示的整型文字使用"0x"或"0X"开头，是由 0～9、A～F（a～f）构成的数字序列，例如 0x25 表示十进制的 37（$2 \times 16 + 5$），0xFF 表示十进制的 255（$15 \times 16^1 + 15$）。

八进制整型文字使用"0"开头，由 0～7 之间的数字组成，例如 025 表示十进制 21（$2 \times 8 + 5$）。

在默认情况下，整数文字的类型为 signed int，在文字后面紧跟一个"L"或"l"标记可通知编译器该文字的类型为 signed long int；紧跟一个"U"或"u"标记可通知编译器该文字的类型为 unsigned int；若要声明 unsigned long int 类型的文字，则可以混合使用"LU"或"ul"。

C 语言是大小写敏感的语言，但在书写文字类型标记时，大小写可以混用。建议使用大写，因为小写的"l"看起来和数字"1"实在太像。

文字可为正数或负数，分别在数前加正、负号表示，正号可省略。

2. 浮点数类型文字

浮点型文字只能使用十进制。它有两种表示法：一般形式和指数形式，指数形式也称为科学记数法。

一般形式实数（浮点数）由整数部分、小数点和小数部分组成，如 3.141 593、9.806 65、−2.718 281 828 46 等。

指数形式的实数由尾数、字母"e"或"E"和指数 3 部分组成，例如光在真空中的传播速度用科学计数法表示为 $2.997\ 924\ 58 \times 10^8$ m/s，而在 C 语言中就表示为 2.99792458E8（单位当然是没有了）；再如中子静止质量 $1.674\ 928\ 6 \times 10^{-27}$ kg 在程序中可表示为 1.6749286e−27。

尾数部分有负号表示该实数为负的，指数部分带负号则表示该实数比较接近于 0。

浮点数文字默认类型为 double，在文字后紧跟"F"或"f"标记可将其类型设定为 float。

3．字符串类型文字

在 C 程序中，凡是使用双引号引起来的字符序列就称为字符串文字，例如"Xiao Ming"、"Hello, World.\n"等。双引号当然不是字符串的内容，它们仅仅作为字符串的开始和结束标志。字符串不仅可包含可打印字符（字母、数字、标点符号、空格等），还可以包含用于表示特殊活动的特殊字符，例如字符串"Hello, World.\n"中的"\n"即为特殊字符（表示换行），其他字符均为可打印字符。

表 1−1 列出了 C 语言预定义的部分转义序列。对于初学者而言，其中只有"\n"、"\\"、"\""是常用的。

表 1−1　C 语言预定义的转义序列

转义序列	功能与意义
\a	响铃
\b	退格
\f	换页
\n	换行
\r	返回到当前行首
\t	水平制表键
\v	垂直制表键
\0	ASCII 码 0
\\	字符 '\' 自身
\'	字符 ''（仅在字符常数中需要 '\'）
\"	字符 ""（仅在字符串常数中需要 '\'）
\ddd	"ddd"表示八进制的字符 ASCII 码值
\xhh	"hh"表示十六进制的字符 ASCII 码值，x 为十六进制标志

1.2.4　常量

文字不可寻址，即使文字被存储在内存的某个地方，C 语言也没有提供技术手段获得其地址。

文字虽然方便了程序员的编程活动，但是对于那些在程序中孤零零地、没有解释地出现的文字，它们到底具有什么样的意义呢？例如，程序中出现的文字 3.14 一定代表圆周率吗？它不可能碰巧也表示圆的半径吗？如果程序中出现了多处 3.14，程序员知道哪些是圆周率，哪些不是吗？最坏的情况是，程序员在弄懂程序代码前，根本就无法确定这些文字的意义。

站在用户角度上看，程序中出现的文字就像玩魔术，这边数据输进去，那边就出来了结果。正基于此，称程序中出现的文字为魔数。魔数对于理解程序没有好处，在编程时应尽量避免。

为解决魔数问题，C99 规范规定，要声明（定义）值不能改变的量，应该在声明语句前添加 const，例如：

```
const unsigned long int max_int= 0xFFFFFFFF;
const double pi= 3.14159265358979;
```

常数与常量

读者可以这样理解，文字常数对应于数学中的数，而常量则对应于数学中值不可变的代数。

除了值不能在程序存续期间被修改以外，常量的概念与变量类似。事实上，就是这点差别为常量与变量定义了不同的使用规则。

如果要定义字符串型常量，可使用 zylib 库中定义的字符串常量类型 CSTRING。

必须在定义常量时提供常量的值，此过程称为常量的初始化。在此之后，程序员只能在表达式中读取常量的值，再也不能改变它。

更进一步，在常量初始化时，不能调用任何在运行期才能够确定结果的函数，而只能使用在编译前就能够计算出结果的表达式，例如：

```
const int zero= 0;
const int one=zero+ 1;
```

常量也是量，而不是常数，它们是可以寻址的，C 语言提供了一个操作符 "&" 以获得常量的地址，这是常量与文字技术实现上的主要差别。

使用 const 定义常量还有一个好处。因为常量具有特定的数据类型，所以以常量一旦参与错误的运算或操作，编译器就能帮助程序员检查该错误，并提醒程序员修改相应代码。

1.2.5 赋值与初始化

在 C 中，赋值语句的基本形式如下：

　　变量名=表达式；

此处，表达式的计算结果被赋给左边的变量，即将表达式的计算结果放到左边变量名称所表示的存储空间，"=" 即表示值的 "放置" 动作。

例 0-2：第 6 页。

如前所述，可以通过赋值语句修改变量的值。考虑例 0-2 中声明的 3 个 int 类型的变量，按照前面的方法为它们绘制框图。这一次使用一个方框将它们全部框起来，并在上面添加一标签，以表示它们都是在 main 函数中定义的这一特性，如图 1-2 所示。

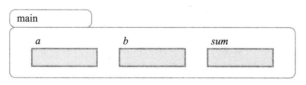

图 1-2　函数内部声明的变量的存储结构

赋值符与初始化符

不能将"="理解为数学上的等号。

数学上，等号两边的数据对象是对称的，将等号两边的内容互换并不影响等式的意义。

但是在 C 程序中，"="出现在赋值语句中表示赋值操作，而出现在常量或变量定义语句中则意味着对常量或变量进行初始化操作。这两种操作都没有规定"="两边数据对象的相等关系，所以互换"="两边内容是错误的。

产生这种情况的根本原因在于，不管是赋值操作还是初始化操作，它们都隐含了对数据值的改变，而这种改变需要时间来进行，它并不是抽象的与时间无关的恒等关系。

在执行赋值操作

    a=1;

后，框图变为图 1-3 所示。

图 1-3　变量 *a* 赋值后的存储结构

请注意，此时代表变量 *a* 的框图里填上了"1"以表示该数据对象已赋值，而变量 *b* 与 *sum* 仍然维持无数据的状态。在执行赋值操作

    b=2;

后，框图变为图 1-4 所示。

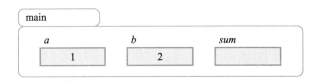

图 1-4　变量 *b* 赋值后的存储结构

在加法操作

    sum=a+b;

完成后，框图最终如图 1-5 所示。

图 1-5　加法操作完成后的存储结构

例 1-2：第 16 页。

再考虑例 1-2，*name* 变量赋值前的存储结构如图 1-6 所示。

图 1-6　*name* 变量赋值前的存储结构

在赋值操作

    name=GetStringFromKeyboard();

完成后，框图如图 1-7 所示（假设用户输入了字符串"Xiao Ming"）。

图 1-7 输入字符串"Xiao Ming"后的存储结构

变量应先赋值后使用。也就是说，在取变量的值参与实际运算前，一定要保证该变量的值已存在，否则程序就会出错。

定义变量时也可对其进行初始化。要将变量 a 初始化为 0，可使用下述语句：

```
int a= 0;
```

这里的"="为初始化符号（并不是赋值符号），表示在定义变量 a 时直接将 0 作为其初始内容。

对于常量，其初始化方法与变量类似，例如：

```
const int zero= 0;
```

注意，因为不能在程序运行期间改变常量的取值，所以初始化是设置常量值的唯一机会。

这里要强调的是，初始化不是赋值，将初始化称为"赋初值"是不恰当的。初始化作为常量或变量定义过程的一部分，只在分配该常量或变量的空间时执行一次，而赋值则可以在程序运行期间进行任意多次。

1.2.6 操作符与操作数

如前所述，表达式总是由操作符和操作数组成的。在 C 程序中，最简单的操作符就是描述代数运算的加（"+"）、减（"-"）、乘（"*"）、除（"/"）。注意，键盘上并没有乘法操作符"×"，所以使用"*"代替。

大多数操作符接受两个操作数。一个位于操作符左边，为左操作数；一个位于操作符右边，为右操作数。称需要两个操作数的操作符为二元操作符。

在复杂表达式中可能存在多个操作符与操作数，例如 $a*2+b*3$，其中 $a*2$ 与 $b*3$ 称为子表达式。要计算表达式的值，所有子表达式的值都必须先计算完毕。

在解决实际问题时，表达式可能非常复杂，并且包含多种操作符。这些操作符的计算顺序像数学表达式一样由其优先级和结合性确定。例如对于表达式 $a*2+b*3$，首先获得计算的是两个乘法操作，其次才是加法操作，这种计算顺序与数学上的"先乘除后加减"完全相同。

当两个操作符的优先级相同时，表达式的计算顺序由操作符的结合性确定，例如从左到右的结合性（简称左结合）表示先计算左边的操作符，再计算右边的操作符。

然而，C 程序还包含了很多数学上并不存在的操作符，这些操作符的计算顺序比较复杂，表 1-2 列出了 C 语言全部操作符的优先级与结合性，其中优先级数字大的优先级较高，一般在表达式中最先获得计算。

负数操作符

C 语言中也存在只有单个操作数的操作符，例如取负值的"-"操作符：

```
const int one=1;
int a=-one;
```

整数除法

如果除法操作符作用于整数类型的数据对象上，C 语言规定其运算结果仍然为整数，即所谓的整数除法，例如 9/2 的结果为 4，余数被舍弃。

整数取余

为了表达除法的余数，C 语言定义了一个新的操作符"%"，例如 9%2 的结果为整数除法的余数 1。

表 1-2　操作符的优先级与结合性

优先级	操作符	操作符名称	操作数	结合性
15	( )	函数调用（function call，invocation）		左
	[ ]	下标（subscripting）	2	左
	.	选员（member selection）	2	左
	->	选员	2	左
	++	后缀递增（postfix increment）	1	左
	--	后缀递减（postfix decrement）	1	左
14	sizeof	对象尺寸（size of object）	1	右
	sizeof()	类型尺寸（size of type）	1	右
	!	逻辑取非（logical-not）	1	右
	~	按位取反（bitwise-complement）	1	右
	+	一元加（unary plus）	1	右
	-	一元减（unary minus）	1	右
	++	前缀递增（prefix increment）	1	右
	--	前缀递减（prefix decrement）	1	右
	&	取址（address of）	1	右
	*	引领（dereference）	1	右
	(type)	类型转换（type conversion）	1	右
13	*	乘法（multiplication）	2	左
	/	除法（division）	2	左
	%	取模（modulo，remainder）	2	左
12	+	加法（addition，plus）	2	左
	-	减法（subtraction，minus）	2	左
11	<<	左移（shifting left）	2	左
	>>	右移（shifting right）	2	左
10	<	小于（less than）	2	左
	>	大于（greater than）	2	左
	<=	不大于（not greater than，less than or equal）	2	左
	>=	不小于（not less than，greater than or equal）	2	左
9	==	等于（equal）	2	左
	!=	不等于（not equal）	2	左
8	&	位与（bitwise-and）	2	左
7	^	位异或（bitwise-exclusive-or）	2	左
6	|	位或（bitwise-inclusive-or）	2	左
5	&&	逻辑与（logical-and）	2	左
4	||	逻辑或（logical-or）	2	左
3	?:	条件表达式（conditional expression）	3	右
2	=	简单赋值（simple assignment）	2	右
	+=	加赋（addition and assignment）	2	右
	-=	减赋（subtraction and assignment）	2	右
	*=	乘赋（multiplication and assignment）	2	右
	/=	除赋（division and assignment）	2	右
	%=	模赋（modulo and assignment）	2	右
	<<=	左移赋（shifting left and assignment）	2	右

续表

优先级	操作符	操作符名称	操作数	结合性
2	>>=	右移赋（shifting right and assignment）	2	右
	&=	位与赋（bitwise-and and assignment）	2	右
	|=	位或赋（bitwise-inclusive-or and assignment）	2	右
	^=	位异或赋（bitwise-exclusive-or and assignment）	2	右
1	,	顺序求值（comma，sequential evaluation）	2	左

　　只需记住常见操作符的优先级与结合性即可，其他拿不准的可以使用括号限定优先级，编译器会自动忽略多余的括号。

1.2.7　混合运算与类型转换

　　在实际程序中，参与运算的操作数类型可能并不相同，此时混合运算就会发生所谓的数据类型转换。

　　1．混合运算

　　【例 1-3】　编写程序，询问用户姓名，向用户问好，然后请求用户输入一整数和一实数，输出它们的加法运算结果。

　　程序代码如下：

```c
#include<stdio.h>
#include"zylib.h"
int main()
{
    STRING name;
    int n;
    double d, sum;
    printf( "The program reads user's name, prints a greeting,\n" );
    printf( "and adds an integer and a real number.\n" );
    printf( "Your name: " );
    name=GetStringFromKeyboard();
    printf( "Hello, %s.\n", name);
    printf( "Please input an integer: " );
    n=GetIntegerFromKeyboard();
    printf( "Please input a real number: " );
    d=GetRealFromKeyboard();
    sum=n+d;
    printf( "%d + %lf = %lf\n", n, d, sum);
    return 0;
}
```

　　程序运行结果如下：

```
The program reads user's name,prints a greeting,
and adds an integer and a real number.
Your name: Xiao Ming⏎
Hello, Xiao Ming.
```

```
Please input an integer: 12↵
Please input a real number: 1.0023↵
12 + 1.002300 = 13.002300
```

本例有两处需要解释。

第一，除实现能获取字符串的函数 GetStringFromKeyboard 之外，zylib 库还实现了函数 GetIntegerFromKeyboard 与 GetRealFromKeyboard，分别用于获取整数和实数。可以使用这两个函数代替 scanf，以解决 scanf 函数可能产生的问题。函数 GetIntegerFromKeyboard 与 GetRealFromKeyboard 读取整行文本，以用户输入回车符结束，然后将其解释为整数或实数。在输入数据时，空格被忽略，并且如果用户输入了数字之外的其他字符，系统会提醒用户重新输入数据。

第二，读者可以发现表达式

sum=n+d;

将一个 int 数据对象与一个 double 数据对象相加，这是允许的，其结果类型为 double，这与读者从算术运算中获得的经验吻合。

实际上，double 与 int 是两种不同的数据类型，虽然它们都定义了加法操作，但由于 double 与 int 在计算机中的存储格式不同，这两种数据类型上的加法操作的性质是不一样的——它们对应不同的指令。

为了使计算机在翻译这条语句时能够知道将加法操作翻译成整数加法指令还是浮点数加法指令，编译器在翻译指令前必须将这两个操作数转换为相同类型，其结果就是整数 *n* 被当作 double 类型参与运算。

上述将某种类型的数据对象当作另一种类型参与运算的现象称为类型转换。一般地，数据类型转换有隐式类型转换和显式类型转换两种。

2. 隐式类型转换

当不同类型数据参与混合运算时，C 语言所进行的类型转换需要按照一定规则进行，如图 1-8 所示。图中箭头表示类型转换，其中从右到左的箭头是必然要进行的，而从下到上的箭头是可能需要进行的。具体转换过程相当复杂，但读者没必要对此有畏难情绪——只需记住转换过程满足数据表示逐渐加宽的特点即可，此过程称为宽化。此类转换过程是编译时由编译程序按照一定规则自动完成的（强制执行），不需要人为干预，故称为隐式类型转换或强制类型转换。

强制类型转换

强制类型转换的基本意义是指隐式类型转换，所谓"强制"是指由程序设计语言自动插进来的从一种类型到另一种类型的转换。从语言实现的角度上讲，这种类型转换是必须强制进行的，程序员不能干预。所以它并不是显式类型转换而是隐式类型转换。

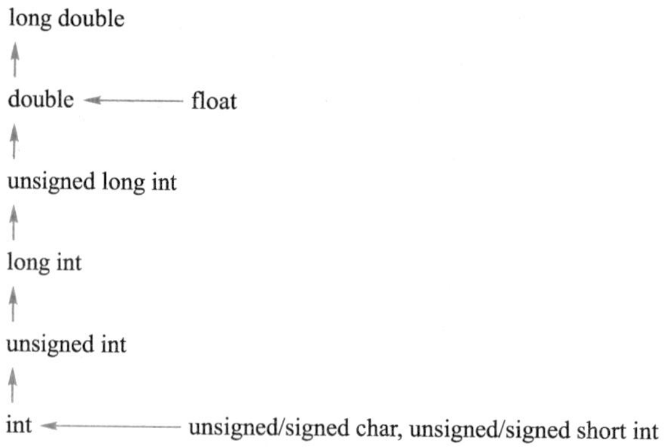

```
                long double
                     ↑
         double ←——— float
                     ↑
            unsigned long int
                     ↑
               long int
                     ↑
            unsigned int
                     ↑
    int ←——— unsigned/signed char, unsigned/signed short int
```

图 1-8　隐式类型转换

在赋值语句中，如果赋值号左右两边的类型不同，则需要将赋值号右边的表达式值转换为赋值号左边类型，然后再赋值。

3. 显式类型转换

在实际程序中，有时也需要由程序员进行类型转换操作。例如将一浮点数赋值给整数：

```
int a;
double g=9.80665;

a=g;
```

上述代码中，数据对象 a、g 的类型显然是不同的，但是 C 编译器仍然接受这样的赋值操作，其结果为 9。小数点后的数据被丢弃，此现象称为截断，将取值范围较大的类型转换为较小类型的过程称为窄化。

因为赋值过程导致部分信息丢失，程序员可能会对结果数据的准确性产生怀疑。为避免隐式类型转换对程序员理解程序的负面影响，推荐使用显式类型转换书写程序代码，即如果类型转换是必要的，程序员应该直接将它表达在程序中：

```
a=(int)g;
```

如上所述，在 C 中，显式类型转换总是在待转换表达式前使用括号列出其转换后的类型。

注意，显式类型转换总在用户规定的时刻进行，而隐式类型转换仅在必要时才由系统进行，因此不恰当地使用显式类型转换可能导致错误的程序结果。例如，对于下述代码：

```
a=(int)g*4;
```

a 的最终结果为 36，与精确值 39.226 6 有较大差距。导致此现象的原因是类型转换操作符的优先级比乘法运算优先级高，如果需要表达式值的类型转换，则应该编写如下代码：

```
a=(int)(g*4);
```

如此将使得 a 的最终结果为 39。

值得注意的是，无论是隐式类型转换还是显式类型转换，都仅是为了计算需要而做的临时性转换，变量本身的值与类型并没有发生任何变化。在上述代码中，g 本身仍为 double 类型，其值也仍为 9.806 65。

1.3 语 句

语句是程序代码的基本单位。一般地，C 语句可分为简单语句、复合语句与空语句 3 种。

1.3.1 简单语句

在任何表达式后面添加一个分号就形成了一条简单语句。例如：

```
sum=n+d;
```
就是简单语句，其意义是将 *n*、*d* 值相加，结果赋值给 *sum*。再如：
```
n=GetIntegerFromKeyboard();
```
也是简单语句，其意义是调用函数 **GetIntegerFromKeyboard** 读入整数并赋值给 *n*。
再如：
```
printf( "%d + %lf = %lf\n", n, d, sum);
```
同样还是简单语句，其意义是调用函数 printf 输出运算结果。

　　虽然任何表达式后跟分号就构成了合法的 C 语句，但是这并不表示该语句本身
是有意义的，例如语句
```
n+d;
```
本身是合法的，但是它有什么意义呢？编译器会取出数据对象 *n*、*d* 的值并相加，然
后将结果毫不犹豫地舍弃。

　　如前所述，既然赋值语句也是简单语句，那么去掉分号之后就一定是表达式。
现在的问题是，表达式总是有值的，赋值表达式的值是什么？它也能作为子表达式
出现在其他表达式中吗？

　　是的。C 规定，赋值表达式的值就是赋给赋值号左边数据对象的值。因此，表
达式
```
(a=1)+(b=2)
```
使得 *a* 的值为 1，*b* 的值为 2，而整个表达式的值为 3。因为赋值操作符的优先级实
在太低，这里的括号不可省略。

　　赋值表达式具有值可以带来一些有趣的结果。例如，如果存在 3 个变量，希望
将它们统一赋为某个值，则可以这样做：
```
a=b=c=2;
```
考虑到赋值操作符是右结合的，所以上述语句事实上相当于
```
a=(b=(c=2));
```
　　连续赋值语句可以使代码看上去更简洁，但要注意不能对不同类型的数据对象
连续赋值。为什么？读者可自行思考。

1.3.2　复合语句

　　虽然简单语句很好地描述了操作实施过程，但实际程序解决任务的过程总是由
多个步骤有机组成的，此时有必要将多条语句当作整体对待。

　　C 语言使用花括号对将一些语句括起来，并由此构成复合语句，也称为语句块，
简称块。例如：
```
{
  语句 1
  语句 2
  …
  语句 n
}
```

右花括号后面无分号，而复合语句中的每条简单语句都必须有分号。

引入复合语句的最主要目的是为了描述长而复杂的操作活动，它频繁地出现在各种代码控制结构中。在实际编程时，程序员可以将复合语句的整体理解为一条简单语句。

1.3.3 空语句

在程序中单独出现的分号称为空语句，在程序运行时，它不会对程序结果造成任何影响。

空语句的意义主要有两点：一是为了满足程序特定语法规则的要求，二是程序员在编程时用其作为未来可能添加的程序代码的占位标记。

1.4 基本输入输出函数

C 语言没有提供输入输出命令，其输入输出功能由标准库函数完成。这些输入输出函数原型均在"stdio.h"头文件中定义，因而在使用输入输出函数时需要包含头文件"stdio.h"。

1.4.1 格式化输出函数

一般地，C 程序的格式化输出函数 printf 的调用形式如下：

```
printf( "输出格式规约字符串", 输出项列表 );
```

在函数括号中出现的内容称为函数参数。在调用函数时，如果需要传递参数，都应将参数写在函数括号中。printf 函数按照第一个参数"输出格式规约字符串"指定的格式输出后续参数所给出的数据对象值。例如，要输出一行文本，可以进行如下的函数调用：

```
printf( "The program prints a greeting.\n" );
```

而要输出数据对象的值，则可以按照下述方式进行：

```
printf( "Hello, %s.\n", name);
printf( "%f + %f = %f\n", a, b, sum);
printf( "%d + %lf = %lf\n", n, d, sum);
```

此处，"%d"、"%f"、"%lf"、"%s"的意义各不相同，它们分别表示输出整数、float 型浮点数、double 型浮点数与 STRING 类型的字符串。

1．格式描述符

形式上，必须在 printf 函数的格式规约字符串中使用恰当的格式码才能准确地输出数据，例如上述代码中"%d"、"%f"、"%lf"、"%s"等都是格式码。此处，格式码是指以"%"开头并紧跟一些描述输出格式的字符或字符序列；相应地，这些字符或字符序列则称为格式描述符。

printf 函数的格式描述符很多，常用的格式描述符如表 1-3 所示。

表 1-3　格式化输出函数常用的格式描述符

格式描述符	格式说明
c	单个字符
d	有符号十进制整数
i	有符号十进制整数
u	无符号十进制整数
o	无符号八进制整数
x	无符号十六进制整数，使用"abcdef"
X	无符号十六进制整数，使用"ABCDEF"
e	以科学记数法形式输出十进制浮点数，格式为"[-]d.ddddde[sign]dd[d]"，此处"d"表示一位数字，"dddd"表示一位或多位数字，"dd[d]"表示两位或三位数字（与数字本身位数与输出格式有关），"[sign]"表示指数部分符号（"+"或"-"），中括号表示可选，"e"表示指数标记，负数时有负号
E	除了使用大写"E"替换小写的"e"作为指数标记以外，其他格式与上同
f	输出十进制浮点数，格式为"[-]dddd.dddd"，"dddd"表示一位或多位数字，小数点前的位数与数字本身位数有关，小数点后的位数与设置的输出精度有关，负数时有负号
g	以通用格式输出十进制浮点数，或者使用"f"格式或者使用"e"格式，取决于哪种输出格式更短
G	与上同，除了在使用科学记数法输出数据时使用"E"代替"e"作为指数标记
p	以十六进制格式输出整数，其长度为 8 位，若数值没有 8 位，前补 0
s	输出字符串
%	输出"%"自身

实际输出时，printf 函数从前向后依次使用输出项列表中数据对象的值替换格式码，例如上面最后一条语句中第一个格式码"%d"被 n 值替换，第一个"%lf"被 d 值替换，第二个"%lf"被 sum 值替换。

注意，格式规约字符串可以同时包含多个不同类型数据对象的输出格式码，故而其后的参数列表必须严格按照格式码的顺序提供相应数据。这意味着：第一，参数列表中后续数据对象的个数必须与格式码的数目一致，它们将按照先后顺序一一对应；第二，除了那些可以进行隐式类型转换的数据类型，参数列表中数据对象的类型必须与对应格式码的特征相符。

2. 输出精度与格式对齐

输出大量数据时，可以按照一定的格式对齐数据以美化输出结果。

【例 1-4】编写程序，按照下列格式输出部分省市统计数据。所有数据均来自各地政府统计部门官方网站，面积仅包括陆域（单位：平方公里），人口仅包括户籍人口（单位：万人）。

```
------------------------------------------
Province       Area(km2)   Population(10K)
------------------------------------------
Anhui          139600.00   6082.90
```

```
Beijing              16410.54    1333.40
Chongqing            82400.00    3358.42
Shanghai              6340.50    2415.15
Zhejiang            101800.00    5508.00
------------------------------------------
```

如果有读者编写了下述程序代码：

```c
#include<stdio.h>
#include"zylib.h"
int main()
{
    STRING prov1, prov2, prov3, prov4, prov5;
    double area1, area2, area3, area4, area5;
    double pop1, pop2, pop3, pop4, pop5;
    prov1="Anhui";
    area1= 139600.00;
    pop1= 6082.90;
    prov2="Beijing";
    area2= 16410.54;
    pop2= 1333.40;
    prov3="Chongqing";
    area3= 82400.00;
    pop3= 3358.42;
    prov4="Shanghai";
    area4= 6340.50;
    pop4=2415.15;
    prov5="Zhejiang";
    area5= 101800.00;
    pop5=5508.00;
    printf( "------------------------------------------\n" );
    printf( "Province        Area(km2)   Population(10K)\n" );
    printf( "------------------------------------------\n" );
    printf( "%s %f %f\n", prov1, area1, pop1);
    printf( "%s %f %f\n", prov2, area2, pop2);
    printf( "%s %f %f\n", prov3, area3, pop3);
    printf( "%s %f %f\n", prov4, area4, pop4);
    printf( "%s %f %f\n", prov5, area5, pop5);
    printf( "------------------------------------------\n" );
    return 0;
}
```

则程序一定不会输出美观的表格。

为什么呢？原因很简单，在上述代码中，printf 函数的相邻格式码之间只有一个空格，因为字符串与浮点数的输出长度本身并不是固定值，所以其输出结果只能是如下丑陋的模样：

```
----------------------------------------------
Province        Area(km2)    Population(10K)
----------------------------------------------
Anhui 139600.000000 6082.900000
Beijing 16410.540000 1333.400000
Chongqing 82400.000000 3358.420000
Shanghai 6340.500000 2415.150000
Zhejiang 101800.000000 5508.000000
----------------------------------------------
```

表1-1：第20页。

　　使用转义字符"\t"可以输出一个制表键，此方法可以输出简单表格，但其控制方式过于简单，不能解决复杂表格的对齐输出问题，也不能解决按照特定格式输出数据的问题。

　　要完整地控制输出格式输出本例要求的对齐表格，程序员需要了解3个基本概念——场宽、精度与对齐。

　　场宽规定每列占用多少个字符宽度。在上面的表格中，每列中间有3个空格，第一列占用13个字符宽度（不含列间的3个空格），第二列占用10个字符宽度，第三列占用15个字符宽度。精度规定应该输出多少位以确保输出结果的准确性。此外，读者还可以发现，输出表格的第二列是右对齐的，而第三列则是左对齐的。

　　场宽、精度与对齐方式确定了输出数据的高级控制格式。在printf函数中，使用场宽、精度与对齐方式的典型方式如下：

　　　　　%[对齐标志][场宽][.精度]格式描述符

表1-3：第30页。

此处，中括号表示该项可选，当需要使用精度时，小数点也是必需的，格式描述符为表1-3中所列字符。

场宽、精度与对齐控制

　　（1）如果没有提供对齐标志，数据右对齐；如果提供减号"-"作为对齐标志，则数据左对齐；如果提供加号"+"作为对齐标志，则有符号类型的正整数会输出正负号；如果提供"0"，则表示填充场宽多余空位时使用0而不是空格；当同时使用"0"与"-"时，数据左对齐，忽略"0"，右边使用空格而不是0填充；当使用"0"标志，但数据对象使用格式码"%d"、"%i"、"%u"、"%o"、"%x"或"%X"并且提供精度时，"0"同样被忽略。

　　（2）代表场宽的数值表示输出字段所占用的最小字符数目。若实际数据长度超出场宽限制，则原样输出；而若实际数据长度小于场宽，则多余的部分使用空格填充；当数据右对齐时，空格填充在数据的左边，数据左对齐时，空格填充在右边。当没有定义场宽时，所有数据都原样输出，两端既不补空格，也不截断数据。

　　（3）精度的具体意义依赖于输出数据的格式码。若格式码为"%e"、"%E"或"%f"，精度表示小数点后的位数，最后一位四舍五入；若格式码为"%g"，精度表示最大有效位数，最后一位同样四舍五入；若格式码为"%s"，精度表示字符串的最大输出字符数，超过精度的字符串部分被截断；而对于格式码"%d"、"%i"、"%u"、"%o"、"%x"或"%X"，精度则表示输出的最少位数，此时若数据位数小于精度，则左边用0填充，若数据位数大于精度，则原样输出。特别地，如果数值可转换为0，使用".0"精度不会输出任何字符。

　　上述规定非常复杂，读者没必要记忆其中的每种可能，只要记住场宽、精度和左右对齐的典型格式即可。什么样的格式是典型的呢？读者可以尝试第46页中的习题1.1.17。

　　例如，"%.2f"规定了在输出浮点数据时小数点后仅保留两位数字（隐含四舍五入操作），这里".2"就是所谓的输出精度。

再如，"%-13s"表示输出一行字符串，这里"13"为场宽，而"-"则为左对齐标志。如此，输出的文本就是左对齐的，标准宽度为 13 个字符。如果字符串不超过 13 个字符，则右边多余的部分以空格填充；如果字符串长度超出场宽，则忽视该场宽，直接输出整个字符串，数据不会被截断。

大多数情况下，超出场宽的输出会影响表格的美观。此时，可以联合使用场宽和精度标志。例如，"%13.13s"保证了如果字符串的宽度超出 13 个字符，则超出部分的字符被自动截断。

整数的输出操作要稍微简单一些，例如"%6d"按照 6 个字符宽度输出右对齐整数，"%06d"则表示在整数不足 6 位时左边填充 0 而不是空格，这里的"0"也是对齐标志。

回到例 1-4，程序代码应如下所示：例 1-4：第 30 页

```c
#include<stdio.h>
#include"zylib.h"
int main()
{
  STRING prov1, prov2, prov3, prov4, prov5;
  double area1, area2, area3, area4, area5;
  double pop1, pop2, pop3, pop4, pop5;
  prov1="Anhui";
  area1= 139600.00;
  pop1= 6082.90;
  prov2="Beijing";
  area2= 16410.54;
  pop2= 1333.40;
  prov3="Chongqing";
  area3= 82400.00;
  pop3= 3358.42;
  prov4="Shanghai";
  area4= 6340.50;
  pop4=2415.15;
  prov5="Zhejiang";
  area5= 101800.00;
  pop5=5508.00;
  printf( "------------------------------------------------\n" );
  printf( "Province        Area(km2)   Population(10K)\n" );
  printf( "------------------------------------------------\n" );
  printf( "%-13.13s   %9.2lf   %-.2lf\n", prov1, area1, pop1);
  printf( "%-13.13s   %9.2lf   %-.2lf\n", prov2, area2, pop2);
  printf( "%-13.13s   %9.2lf   %-.2lf\n", prov3, area3, pop3);
  printf( "%-13.13s   %9.2lf   %-.2lf\n", prov4, area4, pop4);
  printf( "%-13.13s   %9.2lf   %-.2lf\n", prov5, area5, pop5);
  printf( "------------------------------------------------\n" );
  return 0;
}
```

在格式码中还有最后一处细节没有讨论，"%9.2lf"中的字母"1"表示什么意思？在上面的格式码中好像并没有它的位置。

其实，字母"1"出现在格式描述符与精度之间的主要目的是用于表示数据类型的尺寸，它并不是 C99 规范的一部分，不同编译器对此的实现也有所不同。Microsoft Visual C++实现了多个类似的类型前缀标志，读者只要记住"1"表示输出 long unsigned/signed int、double、long double 即可，其他不必关心。

1.4.2　格式化输入函数

表 8-2：第 257 页。

与格式化输出函数相对应，C 标准库中还有一个格式化输入函数 scanf，其调用格式如下：

```
scanf( "输入格式规约字符串", 输入项列表 );
```

此函数负责从标准输入设备（通常是键盘）中按照指定格式将数据值读取出来并按照顺序传递给输入项列表中的数据对象。

为描述输入数据的格式，scanf 函数同样需要接受一个格式规约字符串以确定如何解释用户输入的数据，其格式如下：

```
%[场宽]格式描述符
```

这里场宽与格式描述符的含义与 printf 函数中的"输出格式规约字符串"完全一致，并且 printf 函数与 scanf 函数的大部分格式码与转义序列都是共用的，具体说明请参阅表 8-2。此外，在场宽和类型间同样可能出现非 ANSI 标准的类型尺寸标记，例如"%lf"表示输入 double 或 long double 数。

在使用 scanf 函数时，如果存在多个输入项，则在输入时如何分隔不同数据呢？

输入时的场宽

scanf 函数中格式描述符前的场宽限制了输入字符的个数。例如"%3f"表示读取浮点数，场宽为 3 位，此时不管用户实际输入了多少位有效数字（如 3.141 692 653），也只有包含小数点在内的前 3 个字符（3.1）被读取，其后数字被截断。在输入字符串时也一样，只有前 3 个字符有效。

为保证精度，除非输入数据的长度有可能超出接受输入的数据对象的存储空间大小，否则不推荐使用场宽限制输入字符的个数。

参见 8.3.3 节，第 255 页。

如同 printf 函数一样，在 scanf 函数输入格式规约字符串中除了格式码还可能包含其他字符（例如空格、逗号、分号等）。scanf 函数要求，用户必须在相应位置原样输入这些非格式代码字符。这些字符本身并不会传递给任何数据对象，它们仅仅起到格式化输入的作用。利用此特性，可以在输入数据时定制相邻数据的分隔符，例如若要求用户输入以分号分隔的 3 个整数，则可以按照下述方式调用 scanf 函数：

```
int a, b, c;
scanf( "%d;%d;%d", &a, &b, &c);
```

若用户在输入数据时不是使用分号分隔数据对象的，编译器绝不会抱怨，但 scanf 函数极有可能得到错误的结果。这提醒程序员，一旦需要使用 scanf 函数输入数据，一定要告诉用户如何按照正确格式分隔数据。

假若按照下述方式调用 scanf 函数：

```
int a, b, c;
scanf( "%d%d%d", &a, &b, &c);
```

会发生什么事情呢？显然，两个整数不分隔是不行的，那就不是两个整数而是一个整数了。此时，scanf 函数规定，若没有指定数据分隔方式，则使用空格、Tab 键或回车符分隔数据。

读者从上面的函数调用中可能已发现 scanf 函数与 printf 函数的最大不同，那就是 scanf 函数格式规约字符串后的每个参数前都有符号"&"。在 C 中，"&"符号表示取地址操作，其目的是获取右边数据对象的地址。

为什么要取数据对象的地址呢？这是因为对 printf 函数而言，作为函数参数出现的变量名就代表了它的值；而对 scanf 函数而言，它并不需要取变量的值，而是要将值放到变量所在的地址空间中去，从而程序员需要使用"&"操作符将变量的地址取出来，然后通知 scanf 函数将值放到那里去。

那么，为什么单独出现变量名就不能产生"将数据放进去"动作呢？如果实情确实如此，语句

> *sum=a+b;*

又如何解释？这里，*sum* 不是单独出现的变量名？不是将结果放到它的存储空间里面？

原因是，赋值操作已经包含了"放"的动作，所以赋值号左边可以直接出现变量名，而不再需要使用"&"操作符；而在函数调用过程中，函数参数并没有隐含这样的赋值操作，所以必须由程序员显式地表达"放"的操作，即使用取地址操作符"&"获取变量的地址。

scanf 函数可以很方便地输入多个数据对象的值。然而，因为 scanf 函数实现的特殊性，编译器无法检查其参数类型与格式码，在处理某些特殊类型的混合输入时有可能产生问题。程序员必须确保它们的一致性。

本书附带的 zylib 库实现了多个接受用户输入数据的函数，建议读者使用 GetIntegerFromKeyboard 进行整数输入，选用 GetRealFromKeyboard 进行浮点数输入，选用 GetStringFromKeyboard 函数进行字符串输入。

这些函数的调用方法比 scanf 函数更简单，它们都没有参数，目的也更为单纯，直接将其返回值传递给对应类型的数据对象即可。同时这些函数还能够处理用户输入时发生按键错误的情况，系统的稳定性更好。

1.5　程序设计风格

在进行程序设计时，每位程序员都会形成一定的编程习惯。好习惯应该保持，而坏习惯则应尽量避免。

1.5.1　注释

在 C 中，注释是指使用"/*"与"*/"封装起来的字符序列。编译器在发现这样的字符序列时，会自动忽略，例如：

```
//程序名称：Eg0104
//程序功能：本程序输出部分省级单位的面积与人口统计信息
```

```
#include<stdio.h>
#include "zylib.h"
int main()
{
    /*变量定义, provx为省名, areax为对应省份面积, popx为人口数*/
    STRING prov1, prov2, prov3, prov4, prov5;
    double area1, area2, area3, area4, area5;
    double pop1, pop2, pop3, pop4, pop5;
    /*输入部分, 设定变量值*/
    prov1="Anhui";
    area1= 139600.00;
    pop1= 6082.90;
    prov2="Beijing";
    area2= 16410.54;
    pop2= 1333.40;
    prov3="Chongqing";
    area3= 82400.00;
    pop3= 3358.42;
    prov4="Shanghai";
    area4= 6340.50;
    pop4=2415.15;
    prov5="Zhejiang";
    area5= 101800.00;
    pop5=5508.00;
    /*输出部分, 打印数据表*/
    printf("-------------------------------------------\n");
    printf("Province    Area(km2)   Population(10K)\n");
    printf("-------------------------------------------\n");
    printf("%-13.13s   %9.2lf   %-.2lf\n", prov1, area1, pop1);
    printf("%-13.13s   %9.2lf   %-.2lf\n", prov2, area2, pop2);
    printf("%-13.13s   %9.2lf   %-.2lf\n", prov3, area3, pop3);
    printf("%-13.13s   %9.2lf   %-.2lf\n", prov4, area4, pop4);
    printf("%-13.13s   %9.2lf   %-.2lf\n", prov5, area5, pop5);
    printf("-------------------------------------------\n");
    return 0;
}
```

C程序的注释允许跨行, 但不允许嵌套, 例如下述注释方法是非法的:

```
/*第一部分注释内容
 /*第二部分注释内容*/
 第三部分注释内容
 */
```

编译器在分析此段注释时, 可能会将"第三部分注释内容"与最后的"*/"理解为程序代码, 从而导致编译错误。

早期的 C 程序注释只有"/*"、"*/"对一种。此注释方法在注释单行文本时不太方便，为此大多数编译器都在 C 中引入了 C++ 注释风格，即使用双斜杠"//"表示从该处开始直到该行结束的全部文本均为注释。在注释单行文本时，使用"//"更方便。

注释的最主要目的是为了方便阅读、理解和维护程序代码。因此，建议读者在编程时尽量添加注释。

注意，注释应该是那些能够确切描述程序代码功能、目的、使用方法、实现策略、数据类型与数据对象含义等的说明性文字。此外，对于实际的程序，版权与时间信息有时也是必要的。

注释并不是越多越好。按照经验，注释大约占实际程序代码行数的 20%～40%。对于复杂程序，60% 也是有的，而对于任务明确、计算过程简单的程序，不写注释也没问题。

特别强调，不能为了注释而注释。例如以前有人这样编写注释：

```
int a;   /*定义整型变量 a*/
a= 0;// 将 a 赋为 0
```

上述注释有意义吗？代码本身已将其意义阐释清楚，再添加注释完全多此一举。此处可以添加注释以明确设计意图，即解释引入变量 a 的目的以及为什么要将 a 赋为 0，而不是用自然语言解释该语句的语法含义。

1.5.2 命名规范

C 程序要解决实际问题总需要引入一些名称，这些名称或者表达量或者表达函数等程序中存在的实体。C 语言称实体的名称为标识符。

C 规定，标识符的命名必须遵照下述规范。

（1）标识符必须以下划线或字母开头。

（2）标识符区分大小写，例如 *Xiao* 与 *xiao* 是两个不同的标识符。

（3）除了首字符，其他标识符字符可以使用下划线、字母、数字按照任意形式书写，不允许空格，例如 *xiaoming_address*、*_id_*、*province1* 都是有效的标识符，而 *0xff*、*xiaoming@tsinghua.edu.cn* 则是无效的标识符。

（4）标识符不能使用表 1-4 所列字符序列，这些字符序列在 C 语言中具有特殊意义，它们是 C 语言预定义的关键字。

表 1-4 C 语言的关键字

auto	const	double	float	int	short	struct	unsigned
break	continue	else	for	long	signed	switch	void
case	default	enum	goto	register	sizeof	typedef	volatile
char	do	extern	if	return	static	union	while

（5）除了关键字，不同编译器也可能扩展 C 语言的功能，提供自己特有的关键字或虽然不是关键字但也具有特殊意义的所谓保留字。这些关键字或保留字一般也不能定义为标识符。

至于什么是"同一个存在环境"，参阅5.3节，第149页。

（6）C未规定标识符长度，但不同编译器具有特定的标识符长度限制。设编译器只允许定义不超过 n 个字符的标识符，若标识符长度大于 n，则所有前 n 个字符相同的标识符都会被解释为同一个。一般而言，标识符长度以不超过31个字符为宜，并尽可能简短。

（7）在同一个存在环境下，不同实体的名称不能相同。

除了上述硬性规定，读者还需要了解，实体的命名应尽可能表达其意义。有意义的名称能够在很大程度增强程序的可读性，所谓"见名知意"就是这个道理。

1.5.3 宏与常量

宏的使用场合

在引入 const 关键字后，define 的生存空间已经很小。除非为了与老式 C 语言相兼容或用于特殊目的，程序中一般不应再使用宏。

然而，在 C 中，宏的使用非常灵活，程序员甚至可以使用宏定义类似函数的内容，这是常量无法代替的领域。参见 5.4 节，第 153 页。

在C99规范引入const关键字之前，C程序员一直使用宏解决魔数的问题。宏的定义使用前有"#"号的关键字define，例如：

```
#define FALSE   0
#define TRUE    1
```

定义了两个宏FALSE与TRUE，其值分别为0或1。此处的"#define"称为预处理指令。

有了宏定义，就可以在程序中编写这样的代码：

```
a=FALSE;
b=TRUE;
```

宏定义的并不是常量而是文字。编译器会在编译前进行宏替换，将宏定义之后出现的FALSE全部替换为0，TRUE全部替换为1。

宏与常量在使用上类似，但它们并不完全相同。宏定义只在编译期间由编译器进行替换，它并不会出现在最终程序代码中。事实上，最终程序代码中只有宏所定义的值而没有宏的名称。而常量则不然，系统像变量一样为所有常量分配存储空间，其值被保存在存储空间中，编译器会检查用户程序代码，不允许修改常量存储空间中的内容。

宏只需定义一次就可在其后的程序代码中多次使用。当需要修改宏的值时只需要修改宏定义即可，再次编译程序后，代码会自动使用新值参与计算，这就是所谓的"一改全改"。在这一点上，宏与常量一致。

1.5.4 赋值语句的简写形式

在C程序中，类似于

```
x=x+a;
```

这样的赋值语句很多。C特别规定，上述赋值语句可以使用下述简写形式：

```
x+=a;
```

称这样的"+="操作符为加赋。类似地，还有减赋、乘赋、除赋等。

特别要注意的是，赋值语句的简写形式并不是简单的文本替换，例如：

```
x*=a+b;
```

表示

```
    x=x*(a+b);
```
而不是
```
    x=x*a+b;
```
亦即，在进行加赋时，操作符右边的子表达式首先得到计算，然后才将整个表达式转换为标准加法与赋值的两步操作。

赋值语句的简写形式确实方便了程序员的编程，数一数下述语句：
```
    a_variable_with_very_long_name+= 1;
```
到底少输入了多少个字符！

1.5.5　源程序排版

C 编译器并不关心源代码的排版格式。只要语法正确，无论源代码如何排版，编译后的目标代码都是相同的。但是，源代码并不仅仅是给编译器看的。对于程序员而言，源程序的排版格式非常重要，良好排版的源代码更容易阅读和维护，当然也更加美观。

作为基本原则，建议读者在进行源代码排版时，遵照下述规范。

（1）程序中的递进层次应使用左缩进格式，例如前述例子中 main 函数内部代码都缩进两字符，以表示它们从属于 main 函数的性质。缩进字符的个数可依照个人习惯确定，笔者推荐使用两个空格。

（2）每行程序代码不能过长，对于普通显示器，以不超过 80 个字符为宜，对于宽屏显示器以不超过 120 个字符为宜。

（3）完成某项功能的函数代码以不超过 60 行为宜。过长的函数很难理解。如果程序中充斥了很多超过 60 行代码的函数，这只说明一件事，那就是设计者对程序设计的理解很成问题。

（4）可以使用一个到多个空行来区分功能不同的代码段。

（5）对于复合语句，使用下述格式：
```
    复合语句的前导部分{
        块内语句序列;
    }
```
或下述格式书写：
```
    复合语句的前导部分
    {
        块内语句序列;
    }
```
虽然后者的代码多了一行，但有助于明确花括号的配对关系。

（6）除非特别必要，否则不要在一行上书写多条语句。

（7）若程序中多个数据对象总是成组赋值或操作，可以考虑在赋值符号或操作符处对齐，这种处理以不影响源代码整体结构为原则。

（8）除了遵照前述命名规范之外，建议在定义类型时全部大写，定义量时全部小写，定义函数时混合大小写（单词首字母大写）。另外，考虑到函数是操作过程的描述，而类型和量都是被操作对象或其属性的描述，因而总是使用动词词组命名函数，使用名词词组命名类型和量。

（9）最后，最重要的一点是，无论采用什么标准，都要一直按照该标准执行！

本 章 小 结

本章内容比较零散，主要试图说明如下内容。

第一，数据类型问题。数据类型确定了数据对象的存储方式，数据对象的取值范围以及可作用在该类型对象上的操作集。本章讨论了整数、浮点数与字符串 3 种数据类型，说明了这些数据类型的关键特征与使用时要注意的问题。

第二，量与表达式是 C 程序中最重要的基本概念。表达式由操作符和操作数组成。对于复杂表达式，其包含多个操作符，运算时要注意操作符的优先级与结合性。此外，当不同类型数据对象参与运算时，还要注意可能发生的隐式类型转换。如果必要，程序员应该使用显式类型转换取代隐式类型转换，以避免数据对象的类型失配现象。

第三，语句是源程序翻译的基本单位。本章讨论了 3 种语句形式，着重说明了简单语句的意义，同时赋值语句的特性在此也予以讨论。

第四，基本输入输出函数 printf 与 scanf 是初学者与程序交互的主要手段。因此本章专辟一节讨论它们的使用方法，并通过实例说明了如何控制程序的输入输出格式。

第五，养成良好的程序设计风格非常重要。建议读者在编程时按照本章内容约束自己的编程活动。

习 题 1

一、概念理解题

1.1.1   什么是数据类型？数据类型有什么意义？

1.1.2   如何定义整数数据类型的数据对象？整数数据类型有哪些变体？

1.1.3   如何定义浮点数数据类型的数据对象？浮点数数据类型有哪些变体？

1.1.4   什么是表达式？如何在程序中书写混合多个操作符的表达式？

1.1.5   什么是变量、常量与文字？文字与常量有什么差别？

1.1.6   什么是赋值？什么是初始化？赋值和初始化含义完全相同吗？

1.1.7   什么是操作符与操作数？什么是操作符的优先级与结合性？C 操作符一共有多少个？共有多少优先级？

1.1.8   什么是显式类型转换与隐式类型转换？在进行混合运算时，隐式类型转换是如何工作的？如何在程序中使用显式类型转换？

1.1.9   下述表达式的结果类型是什么？

    A. $1234 + 1$ C. $2 * 1.0$ E. $2 * 1.1f$

    B. $1234ul + 10$ D. $4 \% 7$ F. $14.7 / 2$

1.1.10   下述表达式的值是多少？

    A. $7 + 137 / 6 - 3$ C. $1 + 2 - 3 * 4 / 5 + 6 \% 7$

    B. $3567 \% 154 + 154$ D. $10 + (9 - 8 * 7) * (((6 + 5) * 4 - 3) / 2 + 1) * 10$

1.1.11   使用科学记数法书写下述常数。

    A. 阿伏伽德罗（Avogadro）常数 $6.022\,136\,7 \times 10^{23}$ mol^{-1}

    B. 普朗克（Planck）常数 $6.626\,075\,5 \times 10^{-34}$ J s

    C. 地球质量 $5.974\,2 \times 10^{24}$ kg

    D. 1 光年 $9.460\,5 \times 10^{12}$ km

1.1.12   什么是语句？C 语言的语句分成几类？它们分别有什么特征？

1.1.13   举例说明对不同类型数据对象进行连续赋值可能会导致的问题。

1.1.14   如何使用 zylib 库提供的字符串数据类型声明数据对象？

1.1.15   如何调用 zylib 库的 GetStringFromKeyboard、GetIntegerFromKeyboard 与 GetReal FromKeyboard 函数？它们与 scanf 函数有什么差别？

1.1.16   如何调用 printf 函数？需要传递给它多少参数？

1.1.17   如何实现下述输出要求？

    A. 输出整数 1234，场宽 8 位，数据左对齐。

    B. 输出整数 1234，场宽 10 位，数据右对齐。

    C. 输出十六进制整数 0xFFDE3C02，场宽 8 位，数据左对齐。

    D. 输出十六进制整数 0xFFDE3C，场宽 8 位，数据右对齐，前补 0。

    E. 输出浮点数 10.36，场宽 6 位，数据右对齐。

    F. 输出浮点数 123.4567890，场宽 12 位，精度 6 位，数据右对齐。

    G. 输出浮点数 123.4567890，精度 3 位，数据左对齐。

    H. 输出字符串 "abcdefghijklmnopqrstuvwxyz"，数据左对齐。

    I. 输出字符串 "abcdefghijklmnopqrstuvwxyz"，场宽 10 位，数据右对齐。

    J. 输出字符串 "abcdefghijklmnopqrstuvwxyz"，场宽 10 位，数据左对齐，多余字符截断。

1.1.18   如何调用 scanf 函数？需要传递给它多少参数？其参数传递方式与 printf 函数有什么不同，为什么？

1.1.19   在 scanf 函数的输入格式规约字符串尾部添加 "\n" 会发生什么事情？

1.1.20   在使用输入数据时，如果用户没有按照输入格式规约字符串的分隔要求输入数据，会发生什么事情？

1.1.21   如何在 C 程序中使用注释？你认为程序中应该注释什么内容？

1.1.22   变量命名应遵照什么样的原则？下面的变量命名哪些是非法的？哪些是虽然合法但并不恰当的命名？

    A. *x*   F. *formula_1*   K. *China*

    B. *C Programming*   G. *_____my_name*   L. *side-effect*

    C. *Se7en*   H. *7seven*   M. *7_seven*

    D. *large*   I. *middle*   N. *short*

    E. *printf*   J. *_____*   O. *&int*

1.1.23   宏与常量有什么差异？为什么说应尽量在程序中使用常量而不是宏？

1.1.24   假设你目前是某个项目组领导，现在要求为整个项目定义源程序排版规则，给出你制定的《××项目代码书写格式规范》指导书。

二、编程实践题

1.2.1 编写一程序，定义某个整数，并将其值设为 INT_MAX，将其递增 1，输出结果。INT_MAX 为表示最大整数的宏，其定义位于头文件"limits.h"中，编程时注意包含此头文件。

1.2.2 编写一程序，接受用户输入的 10 个整数，输出它们的和。

1.2.3 阅读如下程序代码，说明其目的。

```c
#include<stdio.h>
#include "zylib.h"
int main()
{
  int a;
  double b, c;
  printf("Input a: ");
  a=GetIntegerFromKeyboard();
  printf("Input b: ");
  b=GetRealFromKeyboard();
  c=(a+b)/2;
  printf( "c= %g\n", c);
  return 0;
}
```

对于程序维护人员而言，上述程序代码有什么问题？对于用户而言呢？修改上述程序使其对用户和程序维护人员更友好。

1.2.4 编制程序，接受用户输入的数值，输出以该值为半径的圆面积、以该值为半径的球体表面积与体积，pi 取值 3.141 592 653 589 79，输出结果时小数点后保留 8 位。

1.2.5 编制程序完成下述任务：接受两个数，一个为用户一年期定期存款金额，一个为按照百分比格式表示的一年期定期存款利率。程序计算一年期满后本金与利息总额。说明：① 存款金额以人民币元为单位，可能精确到分；② 输入利率时不需要输入百分号，例如一年期定期存款年利率为 2.52%，用户输入 2.52 即可。

1.2.6 继续上一题。现实生活中，储户在填定期存单时有"到期自动转存"选项，它表示在存单期满后自动转存为同样存期的新定期存单，上次的本金与利息总额将作为新的本金。计算自动转存一次和两次后的期满金额。

1.2.7 编制程序，输出下述数据。说明：① 表中数据来自网络，为 2013 年数据；② 面积单位为万平方公里，人口单位为万人，GDP 单位为 10 亿美元；③ 表中所有数据都必须以变量的形式保存；④ 如果不知道每字段宽度到底为多少，请仔细数数作为分隔标记的短横数目。

```
---------------------------------------------------
COUNTRY     AREA(10K km2)  POP.(10K)  GDP(Billion$)
---------------------------------------------------
China            960.00  135700.00  9240.00
Iceland           10.30      32.30  15.33
India            297.47  125200.00  1877.00
Madagascar        62.70    2292.00  10.61
Maldive            0.03      34.50  2.30
---------------------------------------------------
```

1.2.8 挑战性问题。继续上一题。修改上述程序，按照下述格式输出数据。为完成本题，可能需要预习下一章内容，并查阅 printf 函数的用户手册。

```
-------------------------------------------------
COUNTRY      AREA(10K km2)   POP.(10K)   GDP(Billion$)
-------------------------------------------------
China          960          135700       9240
Iceland         10.3            32.3        15.33
India          297.47       125200        1877
Madagascar      62.7          2292          10.61
Maldive          0.03          34.5          2.3
-------------------------------------------------
```

第 2 章　程序流程控制

1．掌握条件表达式的使用方法。

2．了解布尔数据的概念，掌握关系操作符和逻辑操作符的使用方法，了解布尔表达式的求值过程。

3．熟悉顺序、分支与循环 3 种程序流程控制结构。

4．掌握 C 语言中实现分支结构的 if 语句与 switch 语句的用法，能熟练使用 if 语句与 switch 语句编写程序。

5．掌握 C 语言中实现循环结构的 while 语句与 for 语句的用法，能熟练使用 while 循环与 for 循环编写程序。

6．了解在控制结构中控制流程转移的方法，掌握 break 语句与 continue 语句的使用方法。

7．掌握递增递减操作符与递增递减表达式的使用方法。

8．了解 while 循环与 for 循环的关系，能将一种循环结构程序改写成另外一种循环结构程序。

9．了解结构化程序设计的一般概念，理解问题规模与程序结构的关系，掌握在程序中寻找重复模式的方法。

2.1 结构化程序设计基础

C 语言是结构化编程语言，结构化使程序结构清晰，提高了程序的可靠性、可读性与可维护性。

2.1.1 基本控制结构

C 程序中，结构化由 3 种基本控制结构完成，即顺序控制结构、分支结构与循环结构。

1. 顺序结构

顺序结构由一组顺序执行的处理块组成，每个处理块包含一条或一组语句，完成一项工作。顺序结构是任何算法都离不开的基本结构。

图 2-1 给出了典型的顺序结构示例，图中的虚线框表示包含两个处理块（语句块 A 与语句块 B）的操作序列。程序在运行时，首先从入口进入虚线框范围，依次执行语句块 A 与语句块 B，然后退出虚线框范围。

图 2-1　顺序结构流程图

2. 分支结构

分支结构的含义是：根据某一条件的判断结果决定程序流程，即选择执行哪一路分支中的处理块。分支结构也称为选择结构。

最基本的分支结构为图 2-2 所示的二路分支结构，即由条件判断出发的分支路数有两路，分别为真分支与假分支。若判断结果为真，就执行语句块 A 中的操作，而若判断结果为假，则执行语句块 B 中的操作。

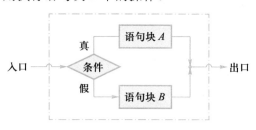

图 2-2　分支结构流程图

注意，这里的"一点"是抽象表示的一点，在程序中它往往表示紧跟在分支结构后面的那条指令。

从图 2-2 中可知，语句块 A 与语句块 B 在某一时刻只能执行其中之一，而无论程序执行哪路分支，最后都会汇聚到一点，退出条件分支。

一般地，分支结构总是以条件判断为起点，它是人脑思维判断活动的抽象表达。

3．循环结构

循环结构是对反复执行某一处理块的控制结构，此处的处理块称为循环体，循环体的具体执行次数由循环的控制条件决定。循环结构反映了人们在处理某项事务时，对不同数据执行同一操作的工作方式。

典型的循环结构如图 2-3 所示。程序进入循环结构后首先判断循环条件，当条件为真时执行一次语句块 A，即循环迭代一次，然后再判断循环条件。只要循环条件为真，就循环下去，当循环条件为假时，循环结束。

图 2-3　循环结构流程图

由上述 3 种基本控制结构可以看出，每个控制结构都只有单入口和单出口，并且 3 种结构块中的语句块也都具有单入口和单出口。

一个语句块还可以由另外一个控制结构块组成，这正是结构化的本意。称由上述 3 种基本结构构造出的程序为结构化程序。作为一种科学的程序构造方法，结构化使得程序员在设计程序时有章可循，有法可依。

C 程序都是结构化程序。但是，结构化程序并不一定是"好"程序，合理而有效地使用控制结构才是编写"好"程序的根本前提。

2.1.2　顺序结构示例

顺序结构是最简单的程序结构，它总是由一组顺序执行的语句构成。当然，只要满足顺序执行的特点，这些语句既可以是赋值语句，也可以是输入输出语句和函数调用语句等。

前两章给出的所有实例都是顺序结构的，下面再给出一个实例说明包含三元条件表达式的顺序结构。

【例 2-1】　编写程序，接受用户输入的两个整数，输出其中较大者。

程序代码如下：

```
//程序名称：Eg0201
//程序功能：本程序接受用户输入的两个整数，输出其中较大者
#include<stdio.h>
#include "zylib.h"
int main()
{
  int a, b, max;
  /*输入部分*/
  printf("The program gets two numbers ");
```

结构定理

这 3 种程序基本控制结构由 Böhm 与 Jacopini 于 1966 年给出。他们同时还证明，任何程序都可以使用这些基本控制结构构造，此即谓结构定理。

结构定理表明，使用这些结构化语法元素能够编写所有程序。当然，它没有给出编写这些程序的具体方法，这需要程序员的努力。

条件表达式

在 C 程序中，经常需要根据某种判断条件的结果选择特定操作执行。如前所述，这种结构典型的实现方法是使用分支。不过在 C 语言中，为简化程序员的工作，简单的选择结构可以使用条件表达式完成。

条件表达式是 C 程序中唯一的三元表达式。顾名思义，三元表达式意味着该表达式带有 3 个操作数，其形式如下：

表达式 1 ? 表达式 2 : 表达式 3

其中，表达式 1 表示判断条件，当该判断条件的结果为真时，三元表达式的值就是表达式 2 的值，否则就是表达式 3 的值，例如：

$a<b$? a : b

表示若 a 小于 b，则结果为 a，否则结果为 b，此过程为获取两个数据对象中较小者的典型操作。

```
        printf("and prints the greater one.\n");
        printf("The first number: ");
        a=GetIntegerFromKeyboard();
        printf("The second number: ");
        b=GetIntegerFromKeyboard();
        /*计算部分*/
        max=a>b ? a : b;
        /*输出部分*/
        printf("The greater one is %d.\n", max);
        return 0;
    }
```

程序运行结果如下：

```
    The program gets two numbers and prints the greater one.
    The first number: 10↵
    The second number: 20↵
    The greater one is 20.
```

如读者所见，程序主体为顺序结构，每条语句都在上一条语句结束后执行，中间不存在任何控制流程的转移。由于使用了三元表达式，程序可以在一定程度上获得类似分支结构的效果。

顺序结构很好地描述了程序指令随着时间的流逝一条一条顺序执行的过程，其结构并不复杂，读者只要把握住每个操作步骤的正确表达以及它们的前后关系即可。

2.2 布 尔 数 据

C 程序经常需要处理非真即假的情况，描述这种情况的数据称为布尔数据或逻辑数据。例如，分支结构需要根据布尔数据的值执行某个分支，而循环结构则需要根据布尔数据的值确定是否继续执行循环体的代码。

2.2.1 枚举类型

C 语言没有专门的布尔类型，布尔数据其实是通过整数类型的值来表示的。C 语言规定，非 0 表示真，而 0 表示假，这意味着类似-1 这样的负数一样表示真。

没有提供专门的布尔类型是 C 语言的缺陷。为此，可以使用 C 语言提供的枚举类型与用户自定义类型的技术手段定义一个新的数据类型 BOOL 以解决此问题。

枚举，就是一一列举。在 C 中，枚举类型的定义规则如下：

```
enum 枚举类型标识符 { 枚举文字 1, 枚举文字 2, …, 枚举文字 n };
```

例如，布尔类型可以定义如下：

```
enum __BOOL {FALSE, TRUE};
```

这表示布尔类型 enum __BOOL 的定义域只有 FALSE、TRUE 两种可能，不存在其他值。

再如，星期可以定义如下：

```
enum__WEEKDAY {SUN, MON, TUE, WED,THU, FRI, SAT};
```

这同样表示新类型 enum __WEEKDAY 只能取星期日到星期六的 7 种可能值，其他值不允许。

按照 C99 规范，枚举类型简单对应整数类型，编译器会为每个枚举文字分配一个整数值。在默认情况下，首个枚举文字值为 0，其后的枚举文字值依次递增 1。例如在上述枚举类型定义中，FALSE 对应 0，TRUE 对应 1；SUN 对应 0，MON 对应 1，以此类推。

有了上述定义，程序员就可以在程序中使用类型 enum __BOOL 与 enum __WEEKDAY 定义数据对象，例如：

```
enum__BOOL flag;
enum__WEEKDAY weekday;
```

注意，在定义变量时 enum 关键字不可省略，它表示其后标识符为枚举类型标识符而不是其他类型。

枚举类型的数据对象可以像普通的数据对象一样赋值，但是要注意的是，其值只能是枚举类型定义时的枚举文字之一，而不应该使用其他类型（包括整数）的值，例如：

```
flag=TRUE;
weekday=SAT;
```

是合法的，而下述赋值语句则是有问题的：

```
flag=1;   //有问题，不应该将整数赋值给枚举变量
weekday="SATURDAY";   //错误，不能将字符串赋值给枚举变量
```

在 C 语言中，允许将整数直接赋值给枚举类型的数据对象。但是要特别强调的是，此类操作应该避免。本书建议，在需要将某个整数赋值给枚举类型的数据对象时，首先应将其显式类型转换成枚举类型后再赋值，即使用下述方法进行赋值操作，这有助于表达清晰的设计意图：

```
flag=( enum __BOOL )1;   //正确
```

枚举类型的意义是巨大的。有了枚举类型，程序员才可以在程序中将多个文字组织在一起以表达它们从属于某种特定类型的含义。如果没有枚举类型，程序员可能会引入下述宏定义表达布尔类型的值：

```
#define FALSE    0
#define TRUE     1
int flag= TRUE;   //定义整型变量，并将其赋值为 1 以表示真
```

问题是，如果程序中还存在如下的宏定义 MAYBE：

```
#define  MAYBE  2
```

它是否是布尔类型的可能取值呢？

负责系统维护的程序员在理解全部源代码之前是不敢对此问题打包票的；而有了枚举类型的定义，性质就完全不一样了——程序员只要见到枚举类型定义那一行就了解了布尔类型只应该有两种可能值，其他值都是不正确或不恰当的。

　　然而在实际使用过程中，总是在枚举类型标识符前添加 enum 关键字是很麻烦的。既然枚举类型是程序员定义的新类型，给它起个新名称是非常有必要的——枚举类型标识符并不是它的名称，enum 加上标识符才是！

2.2.2　用户自定义数据类型

　　在 C 中，为某个类型定义新名称的方法是使用 typedef 关键字，其使用规则如下：

```
typedef 原类型描述 新类型名；
```

此处，原类型描述既可以是系统中已存在的类型，也可以是用户自定义的新类型描述，例如：

```
typedef unsigned int UINT;
typedef enum__BOOL {FALSE, TRUE} BOOL;
typedef enum {SUN, MON, TUE, WED,THU,FRI, SAT}WEEKDAY;
```

　　当使用 typedef 关键字为新类型命名时，UINT 就是 unsigned int，它并不产生新的类型。事实上，使用 UINT 定义的数据对象的性质与使用 unsigned int 定义的数据对象性质完全相同，并且它们在程序中完全可以混用。

　　请读者注意上述定义与前述 enum 定义的区别。因为有了 typedef，用户不再需要按照 enum X 这样的格式使用枚举类型，所以可省略原始枚举类型标识符。编程时直接使用新类型名 BOOL 与 WEEKDAY 声明数据对象即可，它们就对应了前面除了 typedef 关键字之外的那一大串字符。

　　与枚举类型一样，使用 typedef 为类型重新命名同样很有好处。

　　首先，程序更容易理解与维护，例如若设 *weekday* 是 WEEKDAY 类型的变量，将 SUN、MON 赋值给它是合适的，但是将 SOMEDAY 这样的没有出现在枚举类型定义中的文字、其他类型变量或值赋值给它就是不恰当的，程序员很容易就能发现类似的错误。

　　再者，通过将某种数据类型命名为两种新类型，也能够区分它们的不同意义，例如：

```
typedef unsigned int ID;
typedef unsigned int AGE;
AGE age=19;              //年龄
ID id;                  //证件号码
id=age;                 //虽然合法，但程序逻辑有错误
```

　　有了两种不同的类型 AGE 与 ID，即使能够互相赋值，程序员也知道在绝大多数情况下将 AGE 类型的值赋给 ID 类型的数据对象是错误的。

2.2.3　关系表达式

　　在 C 语言中，关系表达式使用关系操作符连接，所谓的关系操作其意义与数学

BOOL 类型已定义于 zylib 库中，读者可以直接使用，WEEKDAY 类型则未定义。

关系操作符
　　因为计算机键盘没有不小于、不大于与不等于的数学符号，所有 C 语言使用紧挨着的两个连续符号表达对应数学符号的意义。
　　另外，为了和赋值符号相区分，等于操作使用两个连续的等号表示。
　　注意，不能将相等判断符号与赋值符号混淆。这是因为，C 语言的赋值语句同样会返回一个值，该值也可以转换为布尔类型参与判断。编译器对此问题无能为力，它检查不出这样的错误，但程序逻辑却是不对的。

上的比较操作相同，即判定两个数据对象的值是大于">"、小于"<"、不小于">="、不大于"<="、等于"=="还是不等于"!="。

使用单个关系操作符将两个操作数连接起来就构成了一个关系表达式。此外，C 语言同样允许程序员使用关系操作符将两个关系表达式再连接起来以构成复杂的关系操作，例如：

$(a>b)<=(c==d)$

又或者将关系操作符与其他操作符混用，例如：

$a+b<c-d$

按照读者从数学比较操作中获得的经验，关系表达式的值只有两种可能——成立或不成立，成立对应真，而不成立则对应假。

2.2.4 逻辑表达式

关系表达式获得的结果为布尔数据，也就是逻辑值。实践中经常需要联合判断多个逻辑值的成立与否，此时就需要使用所谓的逻辑操作符构成逻辑表达式。

C 语言提供的逻辑操作符有 3 种，逻辑与"&&"、逻辑或"||"与逻辑非"!"，其中前两者为二元操作符，最后一个为一元操作符。具体的逻辑操作规则如下。

（1）$a\&\&b$：逻辑与操作。若 a、b 同为真，则结果为真，否则为假。

（2）$a \| b$：逻辑或操作。若 a、b 同为假，则结果为假，否则为真。

（3）$!a$：取其相反情形。若 a 为真，则结果为假，否则为真。

一般地，对于两个逻辑值 a、b，表达式 $!(a\&\&b)$ 等价于 $!a \| !b$，而表达式 $!(a \| b)$ 则等价于 $!a\&\& !b$。此规则与其他类似规则一起称为摩根律。

C 语言规定，逻辑非的优先级最高，其次是小于"<"、不小于">="、大于">"、不大于"<=" 4 个关系操作符，再次是等于"=="与不等于"!="操作符，接下来是逻辑与操作符"&&"，最后才是逻辑或操作符"||"。

这里，除了逻辑非操作符优先级非常高之外，其他操作符优先级都低于普通数学操作符，但都高于赋值操作符，这也与普通用户的直觉一致。

逻辑操作符比较常见的应用场合是与关系操作符混用，例如：

$a>b\&\&c<d$

$a<=b||c>=d$

$a>b\&\&!(c>=d)$

请注意，C 语言中没有类似

$0<=probability<= 1$

这样的进行区间判断的数学表达式，要表达 *probability* 位于 [0, 1] 区间这样的条件，必须使用下述形式：

$0<=probability\&\&probability<= 1$

另外，在使用 9 个关系操作符和逻辑操作符构造复杂逻辑表达式时，要特别注意这些操作符的优先级问题。

2.2.5 逻辑表达式的求值

【例 2-2】 给定某个年份值 *year*，判断其是否为闰年。闰年是这样规定的：① 能够被 400 整除的年份一定是闰年；② 其他能够被 100 整数的年份一定不是闰年；③ 其他能够被 4 整除的年份一定是闰年。

建议读者在列写复杂逻辑表达式时，绘制如图 2-4 所示的集合关系图。图 2-4 中方框表示全体年份集合，最大的椭圆框表示能被 4 整除的年份子集，接下来较小的椭圆框依次为能被 100 和能被 400 整除的年份子集。按照上述规定，可知图中带有填充底色的子集为闰年，其他为非闰年。

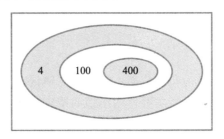

图 2-4 闰年判断的集合关系图

在列写逻辑关系时，可以首先从最容易决断的地方入手，例如能被 400 整除的年份子集与其他子集没有交叉或排除关系，可以直接列写：

    year % 400 == 0

接下来再考虑如何在能被 4 整除的年份子集中排除能被 100 整除的年份子集，其逻辑表达式为

    year % 4 == 0 &&year % 100 != 0

上述两个逻辑子表达式是逻辑或的关系，因而有

    year % 400 == 0 || year % 4 == 0 &&year % 100!= 0

在 C 语言中，逻辑表达式采用所谓的短路求值策略。例如，对于表达式 *a&&b*，C 语言从左到右依次求值，只要 *a* 的值为假，则 *b* 无论取真还是假，其结果都是假，此时不再求解 *b* 的值。逻辑或与之类似。

短路求值的好处是可将两个相关逻辑表达式列写在一起，例如：

    a==0 || b % a==0

当 *a* 为 0 时，逻辑表达式的结果一定为真，第二个关系表达式无须计算，只有在 *a* 不为 0 时才需要计算第二个关系表达式的值。如果没有短路求值机制，在 *a* 为 0 时上述表达式的值是不可想象的。

正是因为有了短路求值，在列写闰年判断的逻辑表达式时，还可以考虑得再深远一点。对于任意给定的年份 *year*，它能被 4 整除的概率一定远远超过被 400 整除的概率，因此应该将最经常需要判断的条件表达式列写在逻辑表达式的前面，以充分利用短路求值的特性增强程序效率，即：

    year % 4==0 &&year % 100 !=0 || year % 400==0

这就是例 2-2 的最后答案。

2.3 if 分支结构

在 C 程序中, 表达选择某路分支执行的典型控制结构是 if 语句与 switch 语句。本节首先讨论 if 语句, 下一节再详细研究 switch 语句。

一般地, if 语句可以三种形式出现在程序中。

2.3.1 简单 if 语句

最简单的 if 语句格式如下:

```
if(条件表达式)
{
    语句序列
}
```

条件表达式必须为能够获得布尔值的表达式,主要为逻辑表达式或关系表达式。语句序列为分支内部语句, 它既可能是单条语句, 也可能是多条语句组成的语句序列。

上述形式的 if 语句执行过程为: 首先计算 if 后面的条件表达式, 如果其值为真, 则执行紧跟在 if 后面的那路分支 (语句), 否则跳过该分支 (语句) 直接执行 if 结构后面的语句。

当只有单条语句时, 表示复合语句的花括号可以省略。在书写 if 语句时, 一定要将条件表达式封装在小括号里, 省略小括号是错误的。

【例 2-3】 编制程序, 接受用户输入的整数, 如果该整数为奇数则将其乘 3 加 1 后输出, 偶数直接输出。

程序代码如下:

```c
//程序名称: Eg0203
//程序功能: 程序获取一个整数, 若为奇数则乘 3 加 1 后输出, 否则直接输出
#include<stdio.h>
#include "zylib.h"
int main()
{
    int a, result;
    /*输入部分*/
    printf("The program gets a number.\n" );
    printf("If it is an even, output it directly, \n");
    printf("otherwise multiply it by 3 then plus 1.\n");
    printf("The number: ");
    a=GetIntegerFromKeyboard();
    /*计算部分*/
```

```
    result=a;
    if(a%2 == 1)
        result=a*3 + 1;
    /*输出部分*/
    printf("The result is %d.\n", result);
    return 0;
}
```

当用户输入了整数 13 时，程序运行结果如下：

```
The program gets a number.
If it is an even, output it directly,
otherwise multiply it by 3 then plus 1.
The number: 13↵
The result is 40.
```

而当用户输入了整数 12 时，程序运行结果如下：

```
The program gets a number.
If it is an even, output it directly,
otherwise multiply it by 3 then plus 1.
The number: 12↵
The result is 12.
```

从上面的运行过程可知，如果 if 语句的条件表达式结果为假，即 if 分支条件不满足，则不执行该分支，程序流程直接进入 if 控制结构之后的下一条语句，这里为最后一次 printf 函数调用。

可以使用下述代码：

```
if(a%2 != 0)
    result=a*3 + 1;
```

替换原代码中的条件判断表达式。使用不等于 0 取代了等于 1。考虑到被 2 整除的余数只有 0、1 两种可能，上述两种表述是等价的。

在 C 程序中，经常会出现判断某个数据对象值是否为 0 的操作，按照 C 语言对布尔类型值的约定，非 0 表示真，0 表示假，则只要 a % 2 为 1，a % 2 != 0 一定为真，而 a % 2 为 0，a % 2 != 0 一定为假，所以不等于判断完全可以省略，程序员可以使用下述语句代替：

```
if(a%2)
```

实际编程时，单路 if 语句主要出现在根据某种特定条件判断某项操作是否需要执行的场合。

2.3.2　if-else 语句

if-else 语句的格式如下：

```
if(条件表达式)
{
    语句序列 1
}
```

```
else
{
    语句序列 2
}
```

此形式的 if 语句处理过程为: 首先计算条件表达式的值, 若其值为真, 则执行真值条件分支语句序列 1; 否则执行假值条件分支语句序列 2。

此类 if 语句为典型的二路分支结构, 语句序列 1 和语句序列 2 只能有一个被执行。

【例 2-4】 编制程序, 接受用户输入的整数, 如果该整数为奇数则将其乘 3 加 1 后输出, 偶数则除以 2, 输出其结果。

程序代码如下:

```
//程序名称: Eg0204
//程序功能: 获取整数, 若为奇数则乘 3 加 1, 否则除以 2
#include<stdio.h>
#include "zylib.h"
int main()
{
    int a, result;
    /*输入部分*/
    printf("The program gets a number.\n");
    printf("If it is an even, divide it by 2,\n");
    printf("otherwise multiply it by 3 then plus 1.\n");
    printf("The number: ");
    a=GetIntegerFromKeyboard();
    /*计算部分*/
    if(a%2)
    result=a*3+1;      // a 为奇数
    else
    result= a/2;       // a 为偶数
    /*输出部分*/
    printf("The result is %d.\n", result);
    return 0;
}
```

在二路 if 分支结构中, 每条分支同样可使用复合语句。

2.3.3 if-else if-else 语句

if-else if-else 语句的格式如下:

```
if(条件表达式 1)
{
    语句序列 1
}
else if(条件表达式 2)
```

```
    {
        语句序列 2
    }
    else
    {
        语句序列 3
    }
```

此形式的 if 语句处理过程为：首先计算条件表达式 1 的值，若其值为真，则执行语句序列 1；否则计算条件表达式 2 的值，若其值为真则执行语句序列 2，否则执行语句序列 3。

if-else if-else 结构中的 else if 可以有很多个，这完全取决于程序员编程的需要，C99 规范对此没有任何限制。

由上述 if 语句执行过程可知，其多路分支仍然满足完全排斥执行的特性，绝对不会出现某次执行了其中两路分支以上的情况。

【例 2-5】 已知 2016 年 7 月 1 日为星期五。编制程序，接受用户输入的 1~31 之间的整数，按照下述格式将该日是星期几的信息打印在对应栏下。例如，2016 年 7 月 1 日打印在星期五 "Fr" 栏下：

```
Calendar 2016-07
---------------------------
Su  Mo  Tu  We  Th  Fr  Sa
---------------------------
                        1
---------------------------
```

而 2016 年 7 月 31 日则打印在星期日 "Su" 栏下：

```
Calendar 2016-07
---------------------------
Su  Mo  Tu  We  Th  Fr  Sa
---------------------------
31
---------------------------
```

程序代码如下：

```c
//程序名称：Eg0205
//程序功能：获取日期（1~31），在 2016 年 7 月月历上输出该日是星期几的信息
#include<stdio.h>
#include "zylib.h"
typedef enum {SUN, MON, TUE, WED,THU, FRI, SAT} WEEKDAY;
int main()
{
    int date;
    const WEEKDAY date_1= FRI;
    WEEKDAY weekday;
```

```
/*输入部分*/
printf("The program gets a date(1~31), \n");
printf("and prints a calendar of 2016-07 (just the date).\n");
printf("The date: ");
date=GetIntegerFromKeyboard();
if(date< 1 || date> 31)    //日期输入错误，输出错误信息后退出
{
  printf("Date error!\n");
  return 1;
}
/*计算部分，得到该日是星期几的信息*/
weekday= (WEEKDAY)((date+ (int)date_1- 1) % 7);
/*输出部分*/
printf("Calendar 2016-07\n");
printf("--------------------------\n");
printf("Su Mo Tu We Th Fr Sa\n");
printf("--------------------------\n");
//在指定位置输出该日是星期几的信息
if(weekday== SUN)
  printf("%2d\n", date);
else if(weekday== MON)
  printf("%6d\n", date);
else if(weekday== TUE)
  printf("%10d\n", date);
else if(weekday== WED)
  printf("%14d\n", date);
else if(weekday== THU)
  printf("%18d\n", date);
else if(weekday== FRI)
  printf("%22d\n", date);
else
  printf("%26d\n", date);    //已不再需要if分支，只可能为SAT
printf("--------------------------\n");
return 0;
}
```

星期信息的计算

程序首先定义新类型 WEEKDAY。按照枚举文字值的约定,SUN 为 0,MON 为 1, 其后依次递增 1,所以 FRI 为 5。

主函数 main 定义了一个常量 date_1,表示 2016 年 7 月 1 日为星期五 FRI。将常量 date_1 转换为整数与用户输入的日期 date 相加再减 1 后，如果星期按照星期日、星期一、……星期六、星期七、星期八顺序排列，上述表达式得到的结果其实为星期 x。这当然与星期的循环模式不符，取其除以 7 后的余数，该值即对应了星期几的数字。最后将其进行类型转换，赋值给 weekday 变量，此即为需要的结果。

本例代码是迄今为止最复杂的。main 函数主体框架仍然分成输入、计算和输出 3 个部分，这是本书一再强调的大多数程序的逻辑框架结构。

输入部分负责打印程序功能说明，提示用户输入数据，并接受用户输入。考虑到用户输入错误日期的情况，若日期输入错误则输出提示信息后退出程序。请注意条件分支中的 return 语句，它使得程序提前终止而不再执行后面的程序代码。

接下来为计算部分。在日期输入无误时，计算该日是星期几。

在输出阶段，程序需要根据星期几的信息在指定位置处输出日期。显然，对于

不同的星期信息，输出的场宽格式是不同的。

2.4 switch 分支结构

为解决根据 *weekday* 值判断该执行哪路分支的问题，前一节例 2-5 使用 7 路 if-else if-else 结构。在实际编程时此方法很不方便，为此本节引入 switch 结构，该结构可在部分场合替代 if-else if-else 结构。

2.4.1 switch 语句

一般地，switch 语句格式如下：
```
switch ( 表达式 )
{
case 常数表达式 1:
  语句序列 1
case 常数表达式 2:
  语句序列 2
...
case 常数表达式 n:
  语句序列 n
default:
  缺省语句序列
}
```
此处，case 与 default 关键字给出了表达式取值的各种可能情况，习惯上称其为子句。

switch 语句处理过程为：首先计算 switch 后面小括号里表达式的值，然后将该值与复合语句中 case 子句常量表达式的值逐一进行比较；若与某个值相同，则执行该 case 子句（分支）中的语句序列；若没有相同值，则转向 default 子句，执行缺省语句序列。

关于 switch 语句有以下几点需要说明。

（1）switch 表达式的值必须为整数类型、枚举类型或字符类型。

（2）case 后表达式必须为常数表达式，即或者为整型、字符型、枚举型文字或常量，或者为可以在编译期间计算出此类值的表达式，并且各个 case 后的常数表达式值必须互不相同。

（3）子句标识后必须有冒号。

（4）在 switch 语句中，default 子句可选。若没有 default 子句，且没有一个 case 的值被匹配，switch 语句将不执行任何操作。

（5）case 或 default 分支可包含单语句或多条语句构成的语句序列。与 if 语句不同，多条语句并不需要使用花括号括起来。此外也允许空语句，甚至什么语句都没有，连构成空语句标志的分号都可以省略。

switch 语句相当于多路选择开关，其执行流程如图 2-5 所示。由图 2-5 可知，switch 语句同样满足单入口单出口原则。

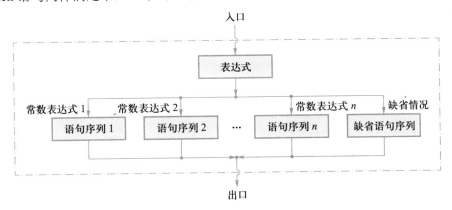

图 2-5 switch 分支结构流程图

switch 语句中的 case 子句和 default 子句仅仅起到标记语句序列开始的作用，它们并没有将这些语句序列分成多个不同的互不交叉的组。这与 if 语句完全不同——对于 if 语句而言，无论其构造多么复杂，每条分支都是互不交叉的，程序只能从中选择一组执行。

为了控制 switch 语句的执行流程，C 语言引入关键字 break，用于强制终止 switch 语句的执行，退出 switch 结构。

【例 2-6】 使用 switch 语句重新实现例 2-5。

因其他代码与前例完全相同，为节约篇幅，此处仅列出输出部分代码：

```c
/*输出部分*/
printf("Calendar 2016-07\n");
printf("---------------------------\n");
printf("Su Mo Tu We Th Fr Sa\n");
printf("---------------------------\n");
//在指定位置输出该日是星期几的信息
switch(weekday)
{
case SUN:
  printf("%2d\n", date);
  break;
case MON:
  printf("%6d\n", date);
  break;
case TUE:
  printf("%10d\n", date);
  break;
case WED:
  printf("%14d\n", date);
```

```
      break;
 case THU:
   printf("%18d\n", date);
   break;
 case FRI:
   printf("%22d\n", date);
   break;
 case SAT:
   printf("%26d\n", date);
   break;
 default:
   ;  //没有缺省情况需要处理
 }
 printf("----------------------------\n");
```

上述代码中 case 子句中 break 语句的目的就是终止当前语句序列的执行，使程序流程进入 switch 语句后的下条语句，即 printf 函数调用。

语法规则上，break 语句并不是 switch 结构所必需的。但是如果没有 break 语句，当某个 case 分支中的语句序列执行完毕后，程序会接着执行紧跟其后的语句。因为 case 和 default 仅仅起到语句标号的作用，并不表示各语句序列是已分组并且完全互斥的，所以"其后的语句"事实上为后一个分支的语句序列。

虽然编程时经常为 case 分支添加额外 break 语句看上去很麻烦，但是此类 switch 结构的实现策略在某些场合也会为程序员带来额外的好处。

【例 2-7】 编制程序，接受用户输入的年份和月份，输出该月天数。

程序代码如下：

```
//程序名称：Eg0207
//程序功能：接受用户输入的年份和月份，输出该月的天数
#include<stdio.h>
#include "zylib.h"
int main()
{
 int year, month, days_of_month;
 BOOL leap;
 /*输入部分*/
 printf("The program gets a year and a month,and prints number
 of days of the month.\n");
 printf("The year: ");
 year=GetIntegerFromKeyboard();
 printf("The month: ");
 month=GetIntegerFromKeyboard();
 if(month< 1 || month>12)
 {
   printf("Month error!\n");
   return 1;
```

```
    }
/*计算部分*/
leap=year % 4 == 0 &&year % 100!=0 || year % 400==0;
switch(month)
{
case 1:  case 3:  case 5:  case 7:  case 8:  case 10:  case 12:
  days_of_month= 31;
   break;
case 4:  case 6:  case 9:  case 11:
  days_of_month= 30;
   break;
case 2:
  days_of_month= 28 + (int)leap;
   break;
}
/*输出部分*/
printf("Number of days in %4d-%2.2d is %d.\n", year, month,
days_of_month);
  return 0;
}
```

没有 break 语句，甚至连空语句都没有，前面 7 个 case 子句意味着 month 取 1、3、5、7、8、10、12 时都会执行 case 12 中的语句序列，而 month 取 4、6、9、11 时都会执行 case 11 中的语句序列。

2.4.2 分支结构的嵌套

分支结构的某个分支仍然可以包含另一分支结构，此类现象称为分支结构的嵌套，在实际编程时相当常见。

例如，假设存在一个判断某个给定年份是否为闰年的函数 IsLeap，该函数接受一个表示年份的整型数据，若其为闰年返回 TRUE，否则返回 FALSE。则可以按照下述方法改写前例程序中的对应代码片段：

```
/*其他代码已省略*/
switch(month)
{
…
case 2:
  if( IsLeap( year ) )   //对于二月，需要判断是否为闰年
    days_of_month= 29;
  else
    days_of_month= 28;
  break;
…
default:
```

```
        days_of_month= 0;
    }
```

switch 语句中嵌套 switch 语句，if 语句中嵌套 switch 语句的情况与此类似。

单纯只有 if 分支的嵌套结构要稍微复杂一点，其原因是分支结构中可能存在 if 与 else 出现次数不同的情况。

例如，考虑表达某企业的工资晋级计划。该计划向在公司长期服务的老员工和虽然服务年限较短但年龄偏大的员工倾斜。计划规定，若员工服务年限未达 5 年，则若年龄不小于 28 岁长一级工资；若服务年限已达 5 年，长两级工资。那些服务年限短的小字辈不在此次调整工资之列。

设 *age* 表示员工年龄，*service_years* 表示服务年限，*salary_level* 表示工资级别。可能有读者编写出下述代码片段：

```
if(service_years<5)
    if(age>=28)
        salary_level+=1;
    else
        salary_level+=2;
```

上述代码正确吗？此处 if 出现了两次，而 else 仅仅出现一次，else 是与哪个 if 配对呢？

如果 else 是与第二个 if 配对，则上述程序片段实际表示"当服务年限不足 5 年时，若年龄不小于 28 岁，长一级工资，否则长二级工资；若服务年限已达 5 年以上（含），则不长工资。"这明显与要求不符。而如果 else 是与第一个 if 配对，则上述程序片段确实表达了题目要求。

那么，实际情况如何呢？C 语言规定，在没有明确 else 与 if 的配对关系情况下，else 与前面离它最近的同层次 if 配对。

请注意限定语"离它最近"与"同层次"。前者表示在源程序中与 else 相隔最少代码行的那个 if 是候选配对 if；后者则表示在确定配对 if 时，只考虑和 else 位于同层次的 if，底层嵌套 if 不在考虑之列。

为解决 else 与第一个 if 配对的问题，可使用复合语句将第二个 if 的层次降低一层：

```
if(service_years<5)
{
    if(age>=28)
        salary_level+=1;
}
else
    salary_level+=2;
```

有了花括号，编译器在分析 else 配对关系时，就再也不会分析低层次的 if 结构，而直接查找与 else 同层次的 if（这里为第一个 if）进行配对。

2.5 while 循环结构

程序中经常需要对某些数据对象进行同样的操作，这种现象称为操作执行的重复模式。C 语言实现重复模式的典型控制结构为循环，其中尤以 while 循环和 for 循环最常见。

2.5.1 while 语句

while 语句的语法格式如下：

```
while(条件表达式)
    循环体
```

此处，循环体既可以是单条语句，也可以是花括号封装的语句序列。

while 循环的执行流程如图 2-6 所示。首先计算条件表达式的值，当 while 语句括号中的条件表达式为真时，执行一次循环体中的语句序列。只要表达式值不为假，循环就一直重复执行下去；而一旦条件表达式值为假，循环就结束执行。如果首次判断条件即不满足，则循环体一次都不执行。

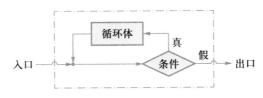

图 2-6 while 循环结构流程图

【例 2-8】 编制程序，接受用户从键盘输入的多个整数，计算它们的和并输出，用户输入 0 时表示数据输入结束。

程序代码如下：

```
//程序名称：Eg0208
//程序功能：接受多个整数，计算它们的和，输入 0 表示结束
#include<stdio.h>
#include "zylib.h"
int main()
{
  int n, sum= 0;
  /*输入与计算部分*/
  printf("The program gets some integers, and output their sum.\n");
  printf("To stop the inputing process, please input 0.\n");
  printf("Please input an integer: ");
  n=GetIntegerFromKeyboard();
  while(n)
```

```
{
  sum+=n;
  printf("The next integer: ");
  n=GetIntegerFromKeyboard();
}
/*输出部分*/
printf("The sum is %d.\n", sum);
return 0;
}
```

请注意程序结构。循环条件为用户输入的整数值，若该值为 0，则对应布尔类型的假，所以循环条件可以直接使用 n 表示。但是在首次进入循环时，n 从哪里来？程序员不能将 n 设为任意非 0 值，在循环体内 n 值会累加到 sum 中，将 n 设为任意非 0 值都不能得到正确的结果，而若将 n 设为 0，则循环一次都不会执行。因此，为保证数据输入至少执行一次，程序必须单独处理第一个整数的输入；在获得了第一个整数值后，才能进入循环，接受后续任意多个整数。

此类 while 循环的使用方法在编程中非常常见。若使用自然语言描述，其操作过程如下：

> 获取第一个数据对象
> while(与数据对象相关的循环条件)
> {
>   处理第一个数据对象
>   获取下一个数据对象
> }

读者应熟悉上述表达方法，它事实上是程序员在编写实际程序代码前表达程序流程的主要手段。

2.5.2　循环控制

上例中如果用户一直不输入 0 会发生什么事情？循环的条件表达式永远为真，这意味着循环将永远不会停止。

更进一步地，对于下述代码：

```
while(TRUE)
{
  ...
}
```

TRUE 作为常数，其值永远为真。这表明，如果循环体内没有能够停止循环执行的语句，此循环将无限执行下去。

事情总是具有两面性。虽然在大多数情况下，无限循环是有害的，但在某些特殊场合无限循环却是最自然的处理方式。

如何在需要的时候停止无限循环呢？C 语言提供了两个关键字 break 与 continue 对循环流程进行控制。

break 语句不仅可以出现在 switch 结构中，也可以出现在循环结构中。当 break 语句出现在循环中时，其意义是不管后面还有没有语句，都强制终止当前循环。

例 2-8 的循环代码可以使用 break 语句改写为

例 2-8：第 63 页

```c
while(TRUE)
{
  printf("Please input an integer: ");
  n=GetIntegerFromKeyboard();
  if(n==0)
    break;
  sum+=n;
}
```

此处，break 保证了即使循环本身为无限循环，但在用户输入了 0 之后仍然能够终止，0 即为所谓的哨兵。

当程序中出现无限循环时，其结构总是类似下述格式：

```c
while(TRUE)
{
    获取数据对象
    if( 数据对象==哨兵 )
      break;
    处理该数据对象
}
```

因为有了哨兵的存在，循环的最后一次迭代总是会提前终止。

编程实践中还存在一种情况，即一旦满足某种条件，循环体后面的代码就不应再执行，但是循环并不应结束，而是直接启动下一次循环迭代。此时使用 break 语句显然不符合要求，应使用 continue 替代。

【例 2-9】 编制程序，接受用户从键盘输入的多个整数，计算其中所有正整数的和并输出，用户输入 0 时表示数据输入结束。

程序代码如下：

```c
//程序名称：Eg0209
//程序功能：接受多个整数，计算其中正整数的和，输入 0 表示结束
#include<stdio.h>
#include "zylib.h"
int main()
{
  int n, sum= 0, count= 0;  // count 为计数器，用于记录第几个数
  /*输入与计算部分*/
  printf("The program gets some integers,\n");
  printf("and output the sum of all positive numbers.\n");
  printf("To stop the inputing process, please input 0.\n");
  while(TRUE)
  {
    count+=1;
    printf("Number %d: ", count);
```

```
        n=GetIntegerFromKeyboard();
        if(n==0)
          break;        //终止循环
        if(n<0)
          continue;   //仅终止循环当前迭代，不累加负数值
        sum+=n;
    }
    /*输出部分*/
    printf("The sum is %d.\n", sum);
    return 0;
}
```

2.6　for 循环结构

C 语言的 for 循环结构非常灵活，它可以是最容易理解的循环结构，也可以是最复杂而难以理解的循环结构。

2.6.1　递增递减表达式

类似前例中出现的对某个数据对象值递增 1 的操作：

```
count+=1;
```

在实际程序中类似语句很多。虽然 C 语言已经通过引入加赋、减赋这样的操作符简化了程序员的编码，但是它们仍然不够简便。为此，C 语言特别引入了两个一元操作符 "++" 与 "--" 来表达对数据对象值进行递增递减 1 的操作。例如上述语句其实可以书写为：

```
count++;
```

在 C 语言中，递增和递减操作符非常特殊——它们既可以出现在数据对象的前面，也可以出现在数据对象的后面。当出现在数据对象前时称为前缀递增或前缀递减操作符，此时它们是右结合的；出现在数据对象后时称为后缀递增或后缀递减操作符，此时它们是左结合的。

前缀递增递减操作符和后缀递增递减操作符的优先级是不同的，虽然它们的优先级都非常高，但后缀递增递减操作符的优先级更高（事实上，后者位于最高一级）。

当递增递减操作符出现在复杂表达式中时，其求值按照特殊规则进行。具体原则是，若递增递减操作符为前缀操作符，则该数据对象值在参与表达式运算前必须递增递减完毕；若递增递减操作符为后缀操作符，则该数据对象值在参与表达式运算后再进行递增递减。

考虑下述语句：

```
int a=3, b= 2,c;
c=++a*b;
```

a、*b*、*c* 的值分别为多少？答案是 4、2、8。前缀递增操作符首先计算，*a* 值递增 1
变为 4，然后再参与乘法运算，*c* 的结果自然为 8。

将最后一条赋值语句更换为：

```
c=a++*b;
```

a、*b*、*c* 的值分别为多少？答案是 4、2、6。程序首先取 *a* 值 3 与 2 相乘，*c* 的结果
为 6，然后再进行 *a* 的后缀递增操作，*a* 值变为 4。

表 1-2，第 24 页。

读者从中发现了什么？查一下表 1-2 看看这些操作符的优先级是如何定义的。
乘法操作符优先级为 13，前缀递增递减操作符优先级为 14，后缀递增递减操作符优
先级为最高级 15。可是，刚才是先做的后缀递增吗？错！所以，为避免运算错误，
尽量不要在程序中书写复杂表达式，尤其是带有递增递减操作符的复杂表达式。

2.6.2　for 语句

一般地，for 循环结构的语法格式如下：

```
for(初始化表达式；条件表达式；步进表达式)
    循环体
```

for 循环结构的控制流程如图 2-7 所示，其执行过程为：首先计算循环初始化表
达式，该表达式是首次进入循环前的准备工作——它仅在循环启动时做唯一一次；
其次计算循环条件表达式，以测试循环执行条件是否满足；如果条件表达式结果为
真，则执行一次循环体内部代码，否则结束循环；在一次迭代完成后，执行循环步
进表达式；然后再次执行条件表达式。整个执行流程由此一直重复下去。

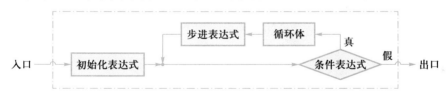

图 2-7　for 循环结构流程图

for 循环结构主要用于实现对不同的数据对象执行相同的操作，这在程序中广泛
存在。例如，假设程序中存在 *n* 个整数，希望将它们累加起来则可以编写下述代码
片断：

```
int i, sum=0;
for(i=0; i<n; ++i)
    sum+=i;
```

此处，变量 *i* 称为索引变量或循环计数器，而循环步进表达式就是前面刚刚讨论的
递增表达式。

需要说明的是，90% 的 for 循环步进表达式都是对索引变量的简单加加减减操
作，该表达式的最根本特征是通过修改索引变量的值来影响循环条件表达式的后续
测试结果。

【例 2-10】 编制程序，接受用户从键盘输入的某个整数 *n*，计算 $\sum_{i=1}^{n} i^2$ 的值并

输出。

程序代码如下：

```
//程序名称：Eg0210
//程序功能：接受某个正整数，计算从 1 到该数的平方和
#include<stdio.h>
#include "zylib.h"
int main()
{
  int n, i, sum;
  printf("The program gets a positive integer,\n");
  printf("and prints the squared sum from 1 to the number.\n");
  printf("The number: ");
  n=GetIntegerFromKeyboard();
  sum=0;
  for(i=0; i<=n; ++i)
    sum+=i*i;
  printf("The sum is %d.\n", sum);
  return 0;
}
```

for 循环结构中同样可以根据需要使用 break 语句与 continue 语句改变程序控制流程。

2.6.3　for 与 while 的比较

for 循环与 while 循环是等价的，两者可以互相替代，如下述 for 结构：

```
for( 初始化表达式；条件表达式；步进表达式 )
    循环体
```

与下述 while 结构性质完全相同：

```
    初始化表达式
    while( 条件表达式 )
    {
    循环体
    步进表达式
    }
```

一般地，如果只需要简单初始化和通过递增操作控制循环，for 循环是首选结构。由于 for 语句将循环控制因素全放置在循环头部，循环条件一目了然，这是 for 循环的优势所在。在多重循环场合，采用 for 循环结构使得程序结构更清晰——因为 for 循环控制因素的集中化策略，嵌套的每层循环控制机制泾渭分明。而若采用 while 循环，循环控制因素都放置在循环体中，有时不易理解循环控制逻辑。而如果没有初始化工作，采用 while 循环顺理成章。此外，如果要设计带哨兵的无限循环，while 循环是更好的选择。

另外，C 语言的 for 循环非常灵活。在使用 for 循环时，其循环头部的表达式并不是必不可少的。当然，即使省略了某个或某些表达式，分隔这 3 个表达式的分号

仍需要保留。

如果省略了初始化表达式，则意味着 for 循环没有初始化操作，此时若需要初始化循环变量或其他数据对象，可以像 while 循环一样将初始化语句放置在循环结构前，例如：

```
初始化表达式；
for( ；条件表达式；步进表达式)
循环体
```

而如果省略步进表达式，则应按下述格式使用 for 循环：

```
for(初始化表达式；条件表达式；)
{
    循环体
    步进表达式
}
```

条件表达式同样可省略，这意味着 for 循环没有终止条件，为无限循环：

```
for( 初始化表达式；；步进表达式 )
```

甚至有程序员会在程序中按下述方式书写 for 循环：

```
for( ；；)
```

此时的 for 循环显然与无限 while 循环完全等价。

本书建议，对于 for 循环，只有在确实不存在某个或某些表达式时才可以在循环头部省略它们，否则还是直接将它们书写在循环头部而不是循环结构前或循环体中，以保证程序代码更容易让人理解。

2.6.4 循环嵌套

在某个循环的循环体内又包含其他循环，就称为循环嵌套或嵌套循环。被嵌套的循环当然还可以再嵌套循环，形成多重循环结构。实际编程时多重循环非常常见。

for 和 while 循环都可以嵌套和互相嵌套。但是在编写多重循环时，被嵌套循环一定是完整的循环结构，而不能将内外两层循环结构互相交叉。

【例 2-11】 编制程序，按照下述格式打印九九乘法表。

```
Nine-by-nine Multiplication Table
-------------------------------------
    1   2   3   4   5   6   7   8   9
-------------------------------------
1   1   2   3   4   5   6   7   8   9
2       4   6   8  10  12  14  16  18
3           9  12  15  18  21  24  27
4              16  20  24  28  32  36
5                  25  30  35  40  45
6                      36  42  48  54
7                          49  56  63
8                              64  72
9                                  81
-------------------------------------
```

逗号表达式

C 语言定义了一种特殊的逗号表达式，即使用逗号将多个子表达式连接起来，其值为最后一个表达式的值。例如下述赋值语句：

$c = (a = 2, b = 3);$

使得 c 的值为 3。

for 循环头部不仅可以省略某个表达式，还可以使用逗号表达式将某个表达式设计得非常复杂。

程序代码如下：

```
//程序名称：Eg0211
//程序功能：打印九九乘法表
#include<stdio.h>
#include "zylib.h"
int main()
{
  int i, j;
  /*打印表头*/
  printf("  Nine-by-nine Multiplication Table\n");
  printf("—————————————————————————————————\n");
  printf( "  " );                    //两个空格，跳过竖排标志
  for( i=1; i<= 9; ++i )
    printf("%4d", i);                //横排 1~9 标志
  printf("\n");
  printf("—————————————————————————————————\n");
  /*逐行打印*/
  for( i=1; i<= 9; ++i )             //共打印 9 行，i 为行号
  {
    printf( "%2d", i );              //最左端竖排 1~9 标志
    for( j=1; j<=9; ++j )           //共打印 9 列，j 为列号
    {                                // 只打印上三角，下三角使用空格填充
      if(j<i)
        printf( "" );                //4 个填充空格
      else
        printf("%4d", i*j);
    }
    printf( "\n" );                  //结束一行打印，换行
  }
  printf("—————————————————————————————————\n");
  return 0;
}
```

由上述程序代码可知，内部循环经常会需要使用外层循环的索引变量。有时，内层循环的循环头部都会使用外层循环的索引变量，即内层循环的执行与外层循环索引变量的具体值有关。

2.7 问题求解与结构化程序设计

前述实例毕竟比较简单，问题规模较小，程序流程单一，写成程序代码后最长的程序加上注释和空行也不过几十行。而实际编程时经常会遇到问题规模很大，步

骤比这复杂得多的算法，此时如何设计程序就成为编写高质量程序代码的关键。

2.7.1　问题规模与程序结构化

本书强调，对于已编写好的正确程序而言，编译器只需要读一次，编译成可执行文件后编译器就再也不会去管它；与此相反，程序维护人员却需要反复阅读它。

那么，程序维护人员如何能够在一看到源程序就理解了程序运行逻辑与程序设计者的意图呢？在此，程序的源文件应能有助于程序维护人员理解程序目的，程序的书写规范应能清楚地显示程序中的控制流程。

接下来最自然的问题是，什么时候程序维护人员能够从源程序中"明显地"看到程序控制流程呢？几十年来的编程实践表明，那些具有单入口单出口的程序是明显的——控制流从单入口流入单出口流出，程序维护人员可以很容易确定程序运行逻辑。一般地，满足单入口单出口条件的语句称为结构化的，使用结构化语句设计的程序称为结构化程序。按照此定义，C 语言中的复合、选择与循环都是结构化元素。

单入口单出口的概念是为了程序更容易理解而设计的。问题规模越大，程序的结构化就越有意义。这里，问题规模是指程序所要操作的数据对象的数目与复杂程度。处理一两个整型数据对象的加减运算是简单的，处理 m 个 n 维向量或 $m \times n$ 矩阵数据对象呢？量变引起质变，如果不好好控制程序结构，最终的程序代码将非常难以理解和维护。

要使语句更容易理解，就应将语句层次化地组织起来，并将它们按照逻辑分组，每组都由一种控制结构与一个或多个子组构成。一旦将结构化语句定义为单入口单出口的，则它们在源程序中出现的次序就与程序运行过程完全一致了——不论结构化语句的内部是多么复杂，控制流都一定会从其单一入口流入，并从单一出口流出。

2.7.2　程序框架结构

请读者再次仔细审视本章的所有实例，有了基本语法知识储备，理解这些程序代码并不困难。但是，优秀的程序员不仅需要清楚地了解每行语句的目的，还需要清楚地了解隐藏在这些语句背后的逻辑。

尝试从整体的角度观察上述程序可以发现，除了数据定义部分，程序无非是对于特定的输入数据进行处理并输出处理结果的指令序列。因此，任何程序都可以像本书程序一样分解成输入、计算、输出 3 个部分。

这里，数据与代码的有机组合构成了一条一条语句；一条一条语句的有机组合构成了输入、计算与输出 3 个部分；输入、计算与输出这 3 个部分的有机组合又构成了主函数 main。

正像本章部分实例所揭示的，输入、计算和输出部分有时会混杂在一起，有时还可能并不在程序中明显出现。

2.7.3　程序范型

前面已指出，实际的程序代码总具有特定的通用模式，例如每个程序都可以分解成输入、计算与输出 3 个阶段。了解了这种通用模式，程序员就可以较容易地编写通用的代码。

例如，要操作 10 个整数，程序员可以编写下述代码：

```
for( i=1; i<=10; ++i )          //模式重复 10 遍
    ...                         //处理每个数据对象
```

此处的累加操作就是典型的重复模式，它会在 10 个整数上发生作用，而 for 循环完美地表达了这种重复模式的执行过程。

那么，如果是 n 个整数呢？程序员可以编写下述代码片段：

```
printf("Count of numbers: ");
n=GetIntegerFromKeyboard();
for(i=1; i<=n; ++i)          //模式重复 n 遍
    ...                      //处理每个数据对象
```

如果是 $m \times n$ 个整数呢？程序员可以编写下述代码片段：

```
printf("The number of rows of a matrix: ");
m=GetIntegerFromKeyboard();
printf("The number of columns of a matrix: ");
n=GetIntegerFromKeyboard();
for(i=1;i<=m; ++i)              //模式重复 m 遍
    for(j=1;j<=n; ++j)          //模式重复 n 遍
        ...                     //处理每个数据对象
```

如果不知道具体数据对象数目呢？假设存在两个哨兵分别用于终止循环和循环的当前迭代，程序员则可以编写下述代码：

```
while(TRUE)
{
    ...                          //获取数据对象
    if( 数据对象==一号哨兵 )
      break;
    if( 数据对象==二号哨兵 )
      continue;
    ...                          //处理该数据对象
}
```

上述简单的程序骨架为程序员提供了令人感兴趣的东西。看看用户数据是如何输入的：首先是输出说明该数据对象性质的提示信息，然后才是接受用户输入的数据对象值。当需要输入多个数据对象时，程序中同样发生了数据输入模式的重复现象。

此类重复模式称为程序范型。这里可以将它进一步概念化、一般化：

```
输出说明数据对象性质的提示信息，提醒用户输入数据；
将用户输入的数据值存入某个变量。
```

或者站在这段代码的角度，列写得更详细一点：

> 输入：说明数据对象性质的提示信息。
> 输出：数据值。
> 步骤 1：输出提示信息；
> 步骤 2：获取数据值并输出。

对上述程序流程而言，其输入为程序需要输出的内容，而输出则是程序需要输入的内容。

这表明，数据获取过程有很强的重复性，有经验的程序员完全可以编写一遍代码就应用到多种场合：

```c
int GetInteger(CSTRING prompt)
{
  int t;
  printf("%s", prompt);
  t=GetIntegerFromKeyboard();
  return t;
}
```

上述代码实现了一个新函数 GetInteger，它接受一个字符串参数，返回一个整数值。至于如何编写和设计函数，下一章将会详细展开讨论。

一旦有了函数 GetInteger，获取 $m \times n$ 个整数的过程就可以修改为：

```c
m=GetInteger("The number of rows of a matrix: ");
n=GetInteger("The number of columns of a matrix: ");
for(i=1; i<=m; ++i)           //模式重复 m 遍
  for(j=1; j<=n; ++j)         //模式重复 n 遍
    …                         //处理每个数据对象
```

少了两行代码的意义是巨大的——虽然额外编写的 GetInteger 代码有 7 行之多，但是请注意，GetInteger 只需要编写一次，当程序中需要连续输入成百上千个数据对象时，新程序的优势就凸显了出来。

当然，这里要强调，代码行的多少并不是程序员在设计程序时应该考虑的。只要能够完成程序任务，代码量再大都没有关系，关键是程序本身是否容易理解、维护和控制。

2.7.4 自顶向下逐步求精

从上述代码的逐步演化过程中可以发现，程序设计时从最底层开始分析与从最顶层开始分析所得到的程序代码是不同的。毫无疑问，对于两个数据对象的输入，后者所得到的程序代码稍长，但是代码质量更高——不仅易于理解，也易于维护。

一般地，先整体后局部更易于把握事物本质。对于某个客观问题，应首先从整体角度考虑问题，将其分割成多个逻辑上相互独立的部分，分别一一实现，最后再按照某种方法将这些部分组装起来，例如将主函数分解成输入、计算与输出 3 个部

代码长度与可理解性

很多 C 语言的初学者特别害怕教科书中出现超过 100 行的程序实例，这是完全没有必要的。

有 100 万行连续的 printf 函数调用，够多的吧？打印出来至少会有 2 万页，但是它不容易理解吗？

分，此类技术手段称为自顶向下的功能分解。这里，功能分解并不是盲目的，它必须按照程序需求来进行。

对于大而复杂的程序，功能分解并不能一步到位。此时，就需要采用所谓的逐步求精方法——首先获得一个个相互独立的部分，然后在实现这些部分时，再进行进一步的功能分解。例如，前述 m 和 n 值的输入代码可以进一步分解为对 GetInteger 函数的两次调用。新代码表明，GetInteger 函数可以按照更优雅、更高效的方式操作相似的数据对象。

这就是结构化程序设计的本意。

本 章 小 结

与前一章相呼应，本章讨论了 C 语言的代码控制方法。

本章指出，C 语言是结构化的程序设计语言，这里所谓的结构化包含了程序的控制结构规范化与模块化。结构化使得程序结构更清晰，提高了程序的可靠性、可读性与可维护性。

在 C 语言中，结构化由 3 种控制结构完成，这 3 种控制结构分别为顺序结构、分支结构与循环结构。简单的顺序结构由一组顺序执行的语句序列构成，这些语句本身可以是赋值语句、函数调用语句、输入输出语句等，复杂的顺序结构也可能包含一些顺序执行的复合语句（语句块）。

C 语言实现分支结构的方法有 if 语句与 switch 语句两种；实现循环结构的方法至少也有两种，一种是 while 循环，一种是 for 循环。当需要额外的流程控制时，可以在除 if 语句之外的其他分支和循环结构中使用 break 语句，而 continue 语句则只能出现在循环结构中。

此外，本章还专门介绍了条件表达式、关系表达式、逻辑表达式和递增递减表达式，这些表达式在实际编程时相当常见，读者应该尽量熟悉它们。为使读者对实际程序的开发原则有所认识，本章对枚举类型与用户自定义类型也做了必要的说明。

本章特别强调，在开发实际程序时，需要详细研究程序的实现策略，先整体后局部更易于把握事物的本质。使用功能分解与逐步求精技术，首先从整体角度考虑问题，将其分割成多个逻辑上相互独立的部分，分别予以实现，最后再按照程序逻辑将这些部分组装起来。

学习 C 语言的难点在于 C 语言不仅包括很多需要记忆的内容，还包括可能存在的陷阱与即使不是陷阱也是容易让人迷惑的使用技巧。要在"荆棘丛生"的 C 语言环境下寻找最终的目标答案是多么困难——当然，如果成功完成任务，又多有成就感！

会记固然重要，会想更重要；知识固然重要，能力更重要。

习　题　2

一、概念理解题

2.1.1　C 程序中的控制结构有几类？它们分别代表什么意义？

2.1.2　三元表达式是如何使用的？它的值是如何计算的？

2.1.3　什么是枚举类型？如何定义和使用枚举类型？什么是用户自定义类型？如何定义和使用用户自定义类型？枚举类型和用户自定义类型有什么意义？

2.1.4　C 程序中的关系操作符有哪些？它们分别代表什么意义？C 程序中的逻辑操作符有哪些？它们分别代表什么意义？

2.1.5　什么是布尔数据？为什么要在程序中使用布尔数据？

2.1.6　复杂逻辑表达式的计算遵照什么样的规则进行？它们是如何求值的？

2.1.7　参照本章提供的流程图样式，绘制单分支 if 语句与多路分支 if-else if-else 语句的流程图。

2.1.8　switch 语句是如何工作的？其头部括号中的表达式值类型可以为哪些类型？浮点数类型可以吗？

2.1.9　当多个 if 分支结构嵌套时，要注意些什么问题？如何解决它们？

2.1.10　递增递减表达式的计算原则是什么？

2.1.11　while 与 for 循环是如何工作的？for 循环和 while 循环有什么异同？如何将一种循环结构转换为另一种循环结构？

2.1.12　无限循环有什么意义？如何在程序中使用无限循环？break 语句与 continue 语句有什么异同？它们分别使用在什么场合？

2.1.13　在使用循环嵌套时，应注意些什么情况？

2.1.14　程序结构化有什么意义？为什么说问题规模越大，程序的结构化与合理组织越有意义？

2.1.15　什么是程序范型，其目的是什么？

2.1.16　如何使用自顶向下逐步求精的策略设计程序？

二、编程实践题

2.2.1　使用循环结构打印下述图形，打印行数 n 由用户输入。

```
    *
   ***
  *****
 *******
*********
```

2.2.2　与上题相关。使用循环结构打印下述图形，打印行数 n 由用户输入。图中每行事实上包括两部分，中间间隔空格字符数 m 也由用户输入。

```
    *     *********
   ***     *******
  *****     *****
 *******     ***
*********     *
```

2.2.3 编制程序，按照下述格式打印九九乘法表。仔细比较本题内层循环与例 2-11 内层循环实现上的异同。

```
            Nine-by-nine Multiplication Table
------------------------------------------------

         1    2    3    4    5    6    7    8    9
------------------------------------------------

 1    1
 2    2    4
 3    3    6    9
 4    4    8   12   16
 5    5   10   15   20   25
 6    6   12   18   24   30   36
 7    7   14   21   28   35   42   49
 8    8   16   24   32   40   48   56   64
 9    9   18   27   36   45   54   63   72   81
------------------------------------------------
```

2.2.4 编制程序，接受用户从键盘输入的某个正整数 n，使用无限循环按照公式

$$f(n) = \begin{cases} \dfrac{n}{2} & n = 2k,\ k \in \mathbf{N} \\ 3n+1 & n = 2k-1,\ k \in \mathbf{N} \end{cases}$$

反复计算其结果。你发现了什么？循环应该满足什么条件就可以终止？

2.2.5 接受用户输入的正整数 n，计算 $f(n) = 1 + \dfrac{1}{1!} + \dfrac{1}{2!} + \cdots + \dfrac{1}{n!}$ 的值。

2.2.6 打印所有 100 至 999 之间的水仙花数。所谓水仙花数是指满足其各位数字立方和为该数字本身的整数，例如 $153 = 1^3 + 5^3 + 3^3$。

2.2.7 假设你现在 30 岁，在工作一段时间后有了一定积蓄，准备拿出一笔钱（n 元）办理一张定期存单。按照国家规定，2015 年 5 月 11 日开始执行的定期存款年利率为：一年期 2.25%、二年期 2.85%，三年期 3.50%。只考虑这 3 种可能，编制程序，应如何办理定期存单才能在 30 年后得到最大收益？其收益最大为多少？n 值在程序运行时输入。

说明：① 在计算多年期存单时，银行并不计算复利，例如对于两年期存单，第一年结束时虽然会结算利息，但该利息并不会自动变成本金进入第二年利息结算；② 储户在填写定期存单时总是可以选择"到期自动转存"选项，它表示在存单期满后自动转存为同样存期的定期存单，上次的本金与利息额将作为新本金，也就是说转存时计算复利，按照经验，总是应该将存单设为自动转存；③ 按照国家法律，存款利息所得需缴纳 20% 的所得税，但目前免于征收，因此计算时不需要考虑所得税；④ 不考虑未来的利率与税率调整；⑤ 最后结果精确到分。

2.2.8 与上题相关。考虑到中国经济增长强劲，将上述积蓄投入到开放式基金中可以分享未来 30 年中国经济建设的成果，理应得到更高的回报。假设未来 30 年，开放式基金每年的投资回报率分别与定期存款一年期、二年期、三年期的年利率相同，比较在投入同样一笔本金的情况下，开放式基金与定期存单的收益差异。注意，开放式基金是按年计算复利的。历史数据表明，成熟市场中开放式基金的平均年收益率大约为 10%，请以年收益率分别为 10%、11%、……、20%，计算开放式基金的最终收益。

2.2.9 按照下述格式打印 2015 年 5 月日历：

```
Calendar 2015-05
---------------------------
Su  Mo  Tu  We  Th  Fr  Sa
---------------------------
                         1   2
 3   4   5   6   7   8   9
10  11  12  13  14  15  16
17  18  19  20  21  22  23
24  25  26  27  28  29  30
31
---------------------------
```

2.2.10　与上题相关。已知 2015 年 1 月 1 日为星期四。接受用户从键盘输入的月份值，打印 2015 年任意月份的日历。

2.2.11　与上题相关。接受用户从键盘输入的年份值与月份值，打印 2015 年以后（含）任意月份的日历，2015 年前的拒绝打印。

2.2.12　挑战性问题。某地刑侦大队对涉及 6 个嫌疑人的一桩疑案进行分析：① *A*、*B* 至少有一人作案；② *A*、*E*、*F* 至少有两人参与作案；③ *A*、*D* 不可能为同案犯；④ *B*、*C* 或同时作案，或与本案无关；⑤ *C*、*D* 中有且仅有一人作案；⑥ 如果 *D* 没有参与作案，则 *E* 也不可能参与作案。尝试编制程序，将作案人找出来。

参见：吴文虎. 程序设计基础[M]. 2 版. 北京：清华大学出版社，2004：39.

第 3 章 函数

1．掌握库函数的使用方法，理解函数原型的作用。

2．了解模块化是程序设计的重要原则，而函数是 C 语言实现模块化的途径。

3．进一步认识问题规模与程序结构的关系，能够将程序中出现的重复模式抽象为函数。

4．掌握实际参数与形式参数的概念，熟悉函数调用的值传递规则。

5．理解函数返回值的意义，掌握正确操作函数返回值的方法。

6．理解 C 语言中函数调用机制，能使用函数栈帧分析函数调用过程。

7．掌握程序测试的基本方法与手段。

8．了解代码优化的基本策略。

3.1 函数声明与调用

C 程序永远离不开函数，例如每个程序都必不可少的主函数 main。此外，前两章的部分示例还使用了本书附带的 zylib 库函数。这表明，C 程序既可以使用系统提供的函数，也可以使用他人或者自己编写的函数，所有这些函数都直接或者间接地为 main 函数使用。

一般地，C 语言中函数会以 3 种形式出现：函数声明、函数定义与函数调用，三者必须统一。

3.1.1 函数调用

当程序需要使用标准库函数执行某项操作时，可以编写类似下述代码：

```
printf("%2d", i);
```

此处，printf 函数就代表了某项具体操作的执行步骤或执行过程。

某种程度上，函数与程序非常相似，其差别体现在操作的粒度。事实上，C 程序本身就是一个函数——主函数，程序代码在进入主函数时开始执行，在退出主函数时结束。

概念上，称一函数使用另一函数的过程为函数调用，即一函数使用另一函数提供的服务完成自己的任务，此处调用其他函数的函数称为主调函数或客户函数，提供服务的函数称为被调函数或服务器函数。

在 C 程序中，函数调用就是表达式，这意味着它可以出现在表达式可以出现的任何位置。然而为准确使用函数调用，程序员还需要了解以下内容。

第一，实现上，函数是执行某项功能活动的指令序列。在程序中，这种功能活动或者频繁出现，或者与其他功能活动相对独立，因而有必要专门标记出来，并给它起个恰当的、能够描述其功能的名称。

第二，程序员在使用某函数时，书写该函数的名称，并在后面的小括号对里提供函数参数，例如前例中“%2d”和 i 都是函数参数。在函数调用时传递给函数的参数称为实际参数，它们是调用该函数执行操作任务时必须传递的信息。如果某函数不需要这些信息，则可以不写任何参数，但是表示函数调用标志的小括号对不能省略。

第三，部分函数在活动完成后会得到一个结果，此结果称为函数的返回值，例如函数 GetIntegerFromKeyboard 即带有一个整型返回值：

```
n=GetIntegerFromKeyboard();
```

很多初学者对函数返回值很迷惑。事实上，函数返回值仍然是一个数据对象，只不过其赋值操作由该函数进行，调用该函数的函数可以直接使用以参与后续运算。

第四，部分函数在执行完活动后，其操作过程已结束，所产生的影响也已发生，不需要返回任何结果，此时简单进行函数调用即可。例如可以将程序功能描述专门设计为函数 Welcome，在进入程序时执行一遍：

```
Welcome();
```

它还需要带回来什么结果吗？它不过是输出"This program …"信息的操作，执行完毕即可，并不需要返回任何信息。

3.1.2 函数原型

函数原型也称为函数声明，规定了函数名称、参数类型与返回值类型，其一般格式如下：

函数返回值类型 函数名称（ 形式参数列表 ）；

其中，函数返回值的类型必须是合法有效的 C 数据类型，它表示函数调用完毕后生成的数据对象，程序可以在函数调用完毕后使用该数据对象。函数名称为 C 合法标识符。在形式参数列表中，若形式参数个数多于一个，中间使用逗号分隔。每个形式参数均包括参数类型和参数名称两部分。

例如，下列语句都是典型的函数声明：

```
int Add(int x, int y);
void Swap(int x, int y);
void Evaluate();
```

Add 函数需要两个形式参数 x、y，函数返回值为整型。在实际调用 Add 函数时，主调函数必须相应传递两个整型的实际参数给它。由 Add 函数的名称可知，若程序员确实采用了名实相符的命名规则，则 Add 函数应该将传递过来的实际参数值相加，并将结果保存在返回值数据对象中。Add 函数调用完毕后，主调函数就可以使用该返回值参与后续运算。在实现 Add 函数，即编写 Add 函数所对应的实际计算代码时，Add 函数应与上述原型定义完全一致。

如果函数没有返回值，使用 void 类型表示程序员不关心其返回值，例如 Swap 函数与 Evaluate 函数。void 为 C 语言提供的特殊数据类型，笔者将其称为哑类型（简称哑型），它表示该数据类型未知或不存在这样的数据对象。

C 语言是一遍编译语言，因此它在调用某个函数前必须看到该函数的声明或定义，否则就不知道被调函数的入口地址。对于标准库函数，因为其声明或原型总是位于头文件中，所以使用标准库的函数时必须包含对应的头文件。

为什么需要函数原型（函数声明）呢？对于程序员，尤其是编写函数库的程序员而言，需要将函数的具体使用方法告诉使用者和编译器，使用者看到函数原型就知道该函数应如何使用，编译器看到函数原型就知道程序员对该函数的调用有没有问题。

哑类型

部分教科书将哑型称为无型或空值型，这并不妥当。在列写为函数返回值或出现在参数列表中时，void 确实表示"无"。但在某些场合，void 并不是"无"，更不是"空"，而是该数据对象的具体类型未知。参见 7.5.2 节，第 233 页。

在函数返回值为 void 时，之所以说"程序员不关心其返回值"，是因为在使用 void 表明某函数没有返回值时，部分编译器仍会给它提供一个整型返回值，只不过该返回值会被系统直接抛弃，用户无法使用。

3.2　函　数　定　义

虽然标准库提供了大量有用的函数，但期望这些函数能够覆盖所有应用场合仍然不切实际。在真正的程序开发过程中，程序员往往需要自定义大量函数以完成特定任务。

3.2.1　函数实现

编写函数的过程称为函数定义或函数实现，亦即给出函数的实际操作步骤。

一般而言，函数定义的语法规范如下：

> 函数返回值类型　函数名称（ 形式参数列表 ）
> {
> 　量的声明与定义序列
> 　函数操作语句序列
> }

与函数原型相同的第一行称为函数头，其格式必须与函数声明完全一致。花括号对括起来的函数实现代码部分（含花括号对）称为函数体。

在函数内部表达函数执行结束使用 return 语句。

【例 3-1】 编写函数 Add，求两个整数之和。

函数代码如下：

```
int Add(int x, int y)
{
  int t;
  t=x+y;
  returnt;
}
```

按照 C99 规范，在函数内部的数据对象声明必须放置在函数第一行执行语句前。

在调用 Add 函数时，主调函数需要分别传递两个值（实际参数）给形式参数 x、y，Add 函数使用 x、y 值计算 t 值，最后通过 return 语句将 t 值返回给主调函数。

return 语句所返回的数据对象的类型必须与函数声明中的返回值类型一致。此处 Add 函数的返回值类型为 int，而返回的数据对象 t 也必须定义为 int 型。

【例 3-2】 编写函数 Compare，比较两个整型数据 x、y 的大小。若 x 等于 y 返回 0，若 x 大于 y 返回 1，若 x 小于 y 返回-1。

函数代码如下：

```
int Compare(int x, int y)
{
  int t;
  if(x==y)
```

```
        t=0;
    else if(x>y)
        t=1;
    else
        t=-1;
    return t;
}
```

调用 Compare 函数时，t 将根据实际参数传递给 x、y 值的不同而取 0、1 或-1，函数结束时其值被返回给主调函数。

本例表明，在编写函数代码时完全可以使用 C 语言提供的控制结构；而有了控制结构的参与，函数能够完成非常复杂的任务。

如果函数没有形式参数，则函数声明与函数定义必须一致，都不能出现形式参数，否则编译器会将它们当作错误或者两个不同的函数。

在特殊场合，有时需要设计一些留待以后去实现具体细节的函数，这样的函数称为占位函数，其书写格式一般如下：

```
返回值类型 函数名称()
{
    return (返回值类型)0;
}
```

编写占位函数的最大目的是尽快获得某个问题的解决方案，以加速软件原型的开发进度，即使该解决方案似乎什么都没有解决。

3.2.2　函数返回值

函数返回值由被调函数生成，由主调函数使用。如果函数返回值类型不是 void，那么它就一定需要实际返回一个结果，即在函数中至少要包含一个 return 语句。

【例 3-3】　编写函数 Swap，互换整型数据 x、y 的值。

函数代码如下：

```
void Swap(int x, int y)
{
    int t;
    t=x,x=y,y=t;
    return;
}
```

在函数体中，return 语句可以出现在任意位置，而且可以出现任意多次。如例 3-2 实现的 Compare 函数完全可以修改为：

```
int Compare(int x, int y)
{
    if(x==y)
        return 0;
    else if(x>y)
        return 1;
    else
```

return 语句

语法上，return 语句的格式有两种：

return 表达式;
return(表达式);

它们都是合法有效的。后一种写法使得 return 语句看上去更像函数。

如果函数原型中类型声明为 void，则 return 语句简化为

return;

若 return 语句为函数最后一条语句，此时可省略。

例 3-2：第 82 页。

```
        return -1;
    }
```

对于函数调用而言，只要执行到第一条 return 语句，被调函数即停止，返回到主调函数中发起此次函数调用的位置，执行其下一条指令。

3.2.3　谓词函数

2.2 节：第 48 页。

2.2 节定义了类型 BOOL，该类型只有两个值：TRUE 或 FALSE。如果将该数据类型作为函数返回值类型会如何呢？

在 C 程序中，将 BOOL 类型作为函数返回值类型就意味着，在该函数执行完毕后，其返回结果只有 TRUE 或 FALSE 两种可能，可用于判断某个条件是否满足。

【例 3-4】　编写函数 IsLeap，判断某个给定年份是否为闰年。

函数代码如下：

```
BOOL IsLeap(int year)
{
    return( year % 4==0 &&year % 100!=0 || year % 400==0);
}
```

此处，IsLeap 函数就是典型的谓词函数，其目的就是判断给定年份是否为闰年，并在该年份为闰年时返回 TRUE，否则返回 FALSE。

谓词函数的另一个目的是用于表达某项操作是否成功完成。例如若需要将部分信息保存到磁盘文件中，程序员可能会编写下述代码：

```
BOOL WriteInfoToFile(CSTRING filename, CSTRING info)
{
    打开磁盘文件，写入具体信息，然后关闭文件
    if( 数据已正确写入 )
        return TRUE;
    else
        return FALSE;
}
```

接下来就可根据 WriteInfoToFile 函数返回值判断操作是否已成功完成。

总之，在需要判断某项条件是否满足或者对某项操作活动的执行效果进行测试时，谓词函数非常有用。

3.3　函数调用规范

编写函数的最大目的是将某项操作从程序的其他部分中独立出来，形成一个具名的基本操作单位。只有与其他函数进行交流，设计并实现函数才有意义，这里"与其他函数进行交流"是指程序中发生了函数调用。

为保证程序运行逻辑的正确性，C 语言对函数调用过程做了特别规定，此即为所谓的函数调用规范。

3.3.1 函数调用实例

【例 3-5】 编写程序将用户输入的两个整数相加，要求尽可能使用函数将程序中的操作独立出来。

程序代码如下：

```c
//程序名称: Eg0305
//程序功能: 计算两整数之和
#include<stdio.h>
#include "zylib.h"
// 函数名称: Welcome
// 函数功能: 在屏幕上输出欢迎信息
// 参    数: 无
// 返回值: 无
void Welcome();
// 函数名称: GetInteger
// 函数功能: 从键盘获取用户输入的整数
// 参    数: 字符串类型的提示信息 prompt
// 返回值: 用户输入的整数值
int GetInteger(CSTRING prompt);
// 函数名称: Add
// 函数功能: 将两个整数相加
// 参    数: 整数 x、y
// 返回值: x、y 之和
int Add(int x, int y);
int main()
{
  int a, b, sum;
  /*输入部分*/
  Welcome();
  a=GetInteger("The first number: ");
  b=GetInteger("The second number: ");
  /*计算部分*/
  sum= Add(a, b);
  /*输出部分*/
  printf("The sum is %d.\n", sum);
  return 0;
}
void Welcome()
{
  printf("The program gets two integers, and prints their sum.\n");
}
```

```
int GetInteger(CSTRING prompt)
{
  int t;
  printf("%s", prompt);
  t=GetIntegerFromKeyboard();
  return t;
}
int Add(int x, int y)
{
  int t;
  t=x+y;
  return t;
}
```

程序运行结果如下：

```
The program gets two integers, and prints their sum.
The first number: 10↵
The second number: 20↵
The sum is 30.
```

程序代码没有多少难度，肉没有什么"嚼头"，但是其骨架结构还是有些"啃头"的。

首先是程序书写风格。必要的注释、空行和段落缩进排版是本书着力推荐的，读者在编写程序时一定要遵照。

其次，程序中除 main 函数外的所有函数不仅有函数实现（函数定义），还有函数声明（函数原型），并且函数声明总是放置在 main 函数之前，函数实现总是放在 main 函数之后，这保证了 main 函数是程序定义的首个函数。

这里要强调的是，对于像本例这样的只有单一源文件的程序，不编写函数原型也是可以的，此时需要将所有其他函数定义都放置在 main 函数之前，以保证 main 函数是最后定义的函数。

为什么会有这样的规定呢？这是因为，编译器在分析 main 函数具体代码时，发现它需要使用 Welcome、GetInteger、Add 与 printf 等函数。这些函数在哪里？如何正确使用它们，或者说编译器去何处查找这些函数的正确调用格式呢？答案是——函数原型或函数定义。

如果所有函数原型出现在 main 函数前，则编译器在分析 main 函数时就已知道这些函数的调用格式。而若没有函数原型，并且函数具体定义列写在 main 函数后，则编译器在分析 main 函数时就找不到该函数定义格式，无法分析该函数调用是否正确。编译器从前向后进行一遍扫描，只读一遍源程序，因此在分析 main 函数时并没有看到被调函数定义。

对于标准库或其他设计者实现的函数库，其所有函数的调用格式都已固定，再让用户书写函数原型显然没有意义。因此，库的设计者会将所有外部可调用函数的函数原型都列写在单独的文件中，并与库的可执行代码一并提供给用户。

现在已经知道，这样的单独文件就是所谓的头文件。用户在使用函数库时必须要包含库的头文件，并且这种头文件包含操作应尽量书写在程序开头。这正是头文件的本意。

还要指出的是，虽然 C 语言允许程序员不书写函数原型，但是这种程序设计风格很不好——虽然看起来此方法可以少输入几行函数原型代码，编程时似乎更方便。

对于程序维护人员而言，不书写函数原型会给程序理解带来不必要的负担。程序维护人员一上来看到的都是不知道什么时候会被调用的函数定义（函数实现），他可能需要从头到尾通读代码才能发现 main 函数到底定义在什么地方，而在此之前其头脑中早已充斥了大量其他函数的实现细节，不利于理解程序主体框架。而不理解程序主体框架，搞清楚再多细节也是白搭。

最后，为完成程序任务，例中定义了 3 个函数分别用于完成各自任务，这些任务显然相互独立——它们仅在有限场合发生相互关联。如 Welcome 函数首先被调用，两次 GetInteger 函数调用紧随其后，接下来才是 Add 函数调用，程序员在编写 main 函数时必须保证这些函数的调用顺序。此处要完成 Add 函数调用，必须将前两次 GetInteger 函数调用的结果作为函数实际参数传递给 Add 函数。

总之，函数定义在程序中只能出现一次，编译器会将其与编译后的代码入口地址相关联；而函数声明（函数原型）可以出现多次。函数原型既可以出现在 main 函数之前，也可以像标准库一样将它们单独列写在头文件中，并在源文件中包含该头文件。每个使用某个函数的源文件都必须通过该函数的声明或原型通知编译器查找该函数的入口地址。函数原型、函数定义与函数调用的本质必须完全一致，它们必须是"一种东西的三种形态"，即都表示对特定数据进行的特定操作。

3.3.2 参数传递机制

由函数调用、函数声明与函数定义的关系可知，函数调用时的一项重要工作就是填写实际参数，使它们与函数原型中的形式参数相匹配。

关于形式参数与实际参数之间的关系，有几点需要说明。

（1）形式参数在函数调用发生时获得内存空间，进而接受相应实际参数的值。这意味着，只有发生函数调用，函数的形式参数才有意义——在函数定义阶段，内存中并没有该函数的形式参数。

（2）函数的实际参数既可以是简单常量或变量，也可以是复杂表达式或其他函数调用。函数调用发生前，所有实际参数表达式都将被计算并得到最终结果。但是，编译器并不保证这些实际参数表达式的计算顺序。

（3）如果函数的实际参数也是变量，则作为实际参数的变量名称与形式参数的名称可以不同，也可以相同，编译器能够区分它们，并不会将它们当作同一个数据对象对待。

（4）如果有多个函数参数，每个实际参数的值将依次赋给相应的形式参数，亦即函数调用时实际参数与形式参数会发生一次赋值操作。此称为参数传递时的值传递规则，是 C 语言的唯一一种参数传递规则。

（5）函数调用时的实际参数必须与函数声明（函数原型）和函数定义中的形式参数在数目、类型、顺序上保持一致，这里的"类型一致"是指实际参数与形式参数能够保持赋值兼容。赋值兼容并不强调实际参数与形式参数的类型完全一致，例如若形式参数类型为 int，实际参数类型为 short int，函数调用是允许的；此外，若形式参数类型为 short int，实际参数类型为 int，则在大多数编译器下也是允许的，但会触发警告，表明该赋值操作可能导致数据精度受损或丢失数据。

多个数据对象值组织成单一数据对象的方法是使用结构体，参见 6.4 节，第 194 页。
将列写在函数参数列表中的参数也作为函数输出集一部分的技术手段为指针，参见 7.2 节，第 216 页。

（6）实际参数仅仅是将值复制给形式参数，这是一个单向值传递过程，所以在实际参数与形式参数传值完成后，在函数内部对形式参数的任何改变都不会对实际参数产生任何影响。

（7）正是因为参数传递只有值传递机制，函数参数在函数调用时一般作为函数输入集合的一部分，而函数的输出集合则一般使用函数返回值表示。当需要输出多个数据对象值时，要么将这些数据对象值组织成单一数据对象，要么使用特殊手段将它们列写在函数参数列表中。

3.3.3 函数调用栈帧

例 3-5：第 85 页。
例 0-2：第 6 页。

了解 C 语言的函数调用原理有助于设计正确的函数。考查例 3-5 运行时各数据对象值的变化。为理解方便，仍使用例 0-2 引入的方框图绘制例 3-5 的存储布局。这样的方框图称为函数调用栈帧。

在 main 函数执行到第一条 GetInteger 函数调用前，其存储空间布局如图 3-1 所示。因为未进行赋值操作，所以其中 3 个变量 a、b、sum 的值未知，它们可能为任意位序列，但对于程序没有意义。

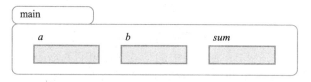

图 3-1 函数调用栈帧（一）：首次调用 GetInteger 函数前

当第一条 GetInteger 函数执行时，该函数也有自己的存储空间布局，如图 3-2 所示。

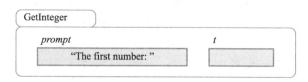

图 3-2 函数调用栈帧（二）：首次调用 GetInteger 函数，数据输入前

在获取用户输入并赋给数据对象 t 后，t 值为 10，此时 GetInteger 函数存储空间

布局如图 3-3 所示。

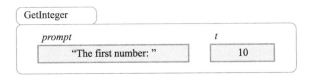

图 3-3 函数调用栈帧（三）：首次调用 GetInteger 函数，数据输入后

实际上，可以这样认识函数调用过程：

首先，程序运行时，任意时刻的程序流程只能位于一个函数中。该函数有属于自己专有的数据对象，主要是形式参数和在本函数内部定义的变量。这些变量因为仅局限于函数内部，所以称为局部变量。这些数据对象就构成了所谓函数调用环境中最重要的一部分——函数调用局部环境，它在函数被调用时开始出现，在函数结束时自动消失。

与此相对，还存在函数调用全局环境，主要由编译器和操作系统预定义的系统变量和全局变量组成。这里的全局变量是指该变量定义发生在函数之外，它们不属于任何函数，但可被其后定义的所有函数直接使用。

其次，一旦从某函数 A 进入另一函数 B，不论是从主调函数 A 进入被调函数 B 还是从被调函数 A 返回主调函数 B，程序流程都将从函数 A 转入函数 B 中，函数 A 的专有变量不再可见。

这表明，对于用 C 语言编写的每个程序，函数调用栈帧只有一份。所以在绘制函数调用栈帧时，可以将这些函数的局部环境叠加起来，通过使用 GetInteger 函数局部环境遮挡 main 函数局部环境，以表达 main 函数局部环境虽然存在但不再可见的特性，如图 3-4 所示。

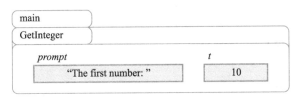

图 3-4 函数调用栈帧（四）：首次调用 GetInteger 函数，数据输入后

此后，首次调用 GetInteger 函数结束，其返回值通过赋值操作保存到 main 函数的变量 a 中，如图 3-5 所示。此时，因为 GetInteger 函数已结束，其局部环境自然随之消亡而不复存在。

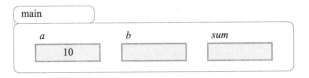

图 3-5 函数调用栈帧（五）：首次调用 GetInteger 函数结束

第二次调用 GetInteger 函数调用时，函数调用栈帧如图 3-6 所示，此时 main 函数局部环境再次被遮挡。

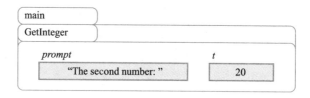

图 3-6 函数调用栈帧（六）：再次调用 GetInteger 函数，数据输入后

当再次调用 GetInteger 函数结束，函数调用栈帧如图 3-7 所示，两个数据对象 *a*、*b* 的值均已获得。

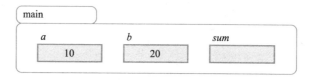

图 3-7 函数调用栈帧（七）：再次调用 GetInteger 函数结束

接下来，Add 函数被调用，实际参数 *a*、*b* 的值分别被传递给形式参数 *x*、*y*，Add 函数据此计算 *t* 值，如图 3-8 所示。

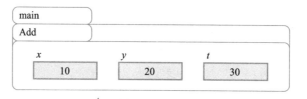

图 3-8 函数调用栈帧（八）：调用 Add 函数

当 Add 函数结束后，*t* 值返回给主调函数 main，然后再赋给变量 *sum*，如图 3-9 所示。

图 3-9 函数调用栈帧（九）：调用 Add 函数结束

此后 printf 函数被调用，栈帧同样需要再调整；而当 main 函数结束后，整个函数栈帧随着程序的结束而消亡。此处为节省篇幅，不再绘制其后栈帧图形，读者可以参照上述格式自行绘制。

从整个函数调用栈帧的变化看，发生函数调用时，程序只关心当前函数的调用环境，主要是函数局部环境，它所能看到的所有东西都属于此调用环境。函数调用过程就是选择并操作不同函数调用环境的过程。函数调用帧随着函数调用的变化而变化，并且满足先进后出规则，因为具有此种访问规则的数据结构称为栈，所以才称其为函数调用栈帧。

【例 3-6】 编写程序将用户输入的两个整数互换，要求尽可能使用函数将程序中的操作独立出来，输出互换前与互换后的数据对象值，检查程序运行结果是否正确。

程序代码如下：

```
//程序名称：Eg0306
//程序功能：互换两个整数
#include<stdio.h>
#include "zylib.h"
// 函数名称：Welcome
// 函数功能：在屏幕上输出欢迎信息
// 参    数：无
// 返回值：无
void Welcome();
// 函数名称：GetInteger
// 函数功能：从键盘获取用户输入的整数
// 参    数：字符串类型的提示信息 prompt
// 返回值：用户输入的整数值
int GetInteger(CSTRING prompt);
// 函数名称：Swap
// 函数功能：将两个整数互换
// 参    数：整数 x、y
// 返回值：无
void Swap(int x, int y);
int main()
{
  int a, b;
  /*输入部分*/
  Welcome();
  a=GetInteger("The first number: ");
  b=GetInteger("The second number: ");
  /*数据处理与输出部分*/
  printf("In main(): a = %d, b = %d\n", a, b);
  Swap(a, b);
  printf("In main(): a = %d, b = %d\n", a, b);
  return 0;
}
void Welcome()
{
  printf("The program gets two integers, and tries to swap
  them.\n");
}
int GetInteger(CSTRING prompt)
```

注意，Swap 函数声明与定义有问题，它并不能获得程序员想要的结果。

要解决此问题有两种方案，较差的方案见后，较好的方案请参阅 7.2 节，第 216 页。

```c
{
    int t;
    printf("%s", prompt);
    t=GetIntegerFromKeyboard();
    return t;
}
void Swap(int x, int y)
{
    int t;
    printf("In Swap():  x=%d; y=%d\n", x, y);
    t=x,x=y,y=t;
    printf("In Swap():  x=%d; y=%d\n", x, y);
    return;
}
```

程序运行结果如下：

```
The program gets two integers, and tries to swap them.
The first number: 10↵
The second number: 20↵
In main():  a: 10; b: 20
In Swap():  x: 10; y: 20
In Swap():  x: 20; y: 10
In main():  a: 10; b: 20
```

从上述程序运行结果中，读者发现了什么？

在 Swap 函数中虽然 x、y 发生了互换，但 main 函数中的 a、b 却维持原值不变，即互换的结果没有从 Swap 函数传播到 main 函数中。这是为什么呢？

通过跟踪栈帧，来看看导致这种现象的原因。

首先，调用 Swap 函数前的函数调用栈帧如图 3-10 所示，数据对象 a、b 的值分别为 10、20。

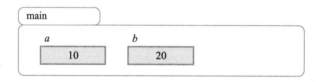

图 3-10　数据互换程序函数调用栈帧（一）：调用 Swap 函数前

程序流程进入 Swap 函数后，数据互换前的函数调用栈帧如图 3-11 所示，函数调用栈帧中的 main 函数局部环境不再可见，形式参数 x、y 获得 main 函数中变量 a、b 的值。

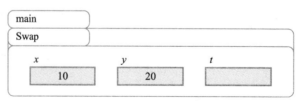

图 3-11　数据互换程序函数调用栈帧（二）：调用 Swap 函数，数据互换前

Swap 函数依次执行各条语句。当交换完成后，栈帧如图 3-12 所示，x、y 的值发生了互换，程序中的 printf 函数调用验证了这里的分析。

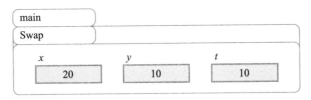

图 3-12　数据互换程序函数调用栈帧（三）：调用 Swap 函数，数据互换后

通过 return 语句，程序结束本次 Swap 函数调用，退出 Swap 函数。此时，Swap 函数局部环境消失，重新进入主函数 main。主函数局部环境继续存在，然而其中的数据对象 a、b 维持原值不变，也就是说，main 函数局部环境仍如图 3-10 所示。

为什么看起来完全正常的函数没有获得期望的结果呢？这是因为 C 语言的参数传递只有一种值传递机制，所有的参数传递都只能通过值的复制操作获得。系统将实际参数的值复制给形式参数，这种复制操作是单向不可逆的；一旦复制操作完成，系统就会割断形式参数与实际参数的联系，所有对形式参数的修改都不会反映到实际参数中。

如何修改程序才能达成互换两个数据值的目标呢？关键问题是，如何才能在 Swap 函数执行期间保持形式参数与实际参数的联系。显然，这种保持不能通过使用两个不同的数据对象来完成，即值的复制操作不能保证它们访问同一个数据对象。

一种可行但并不妥当的解决办法是，让 Swap 函数使用实际参数原来所代表的数据对象。此方法限定了不能将该数据对象列写在函数参数列表中。一旦将其列写在函数参数列表中，就意味着一定会发生值的复制操作。为此，可以将这些数据对象定义在函数之外，即使用所谓的全局变量。

程序代码如下：

```
//程序名称：Eg0306（第二版）
//程序功能：互换两个整数
#include<stdio.h>
#include "zylib.h"
// 全局数据对象定义，以保证所有函数都能访问
int a, b;
// 函数名称：Welcome
// 函数功能：在屏幕上输出欢迎信息
// 参    数：无
// 返 回 值：无
void Welcome();
// 函数名称：GetInteger
// 函数功能：从键盘获取用户输入的整数
// 参    数：字符串类型的提示信息 prompt
// 返 回 值：用户输入的整数值
int GetInteger(CSTRING prompt);
```

```
// 函数名称：Swap
// 函数功能：将两个整数互换
// 参    数：无
// 返 回 值：无
void Swap();
int main()
{
  /*输入部分*/
  Welcome();
  a=GetInteger("The first number: ");
  b=GetInteger("The second number: ");
  /*数据处理与输出部分*/
  printf("In main():  a: %d; b: %d\n", a, b);
  Swap();
  printf("In main():  a: %d; b: %d\n", a, b);
  return 0;
}
void Welcome()
{
  printf("The program gets two integers, and tries to swap
  them.\n");
}
int GetInteger(CSTRING prompt)
{
  int t;
  printf("%s", prompt);
  t=GetIntegerFromKeyboard();
  return t;
}
void Swap()
{
  int t;
  printf("In Swap():  a: %d; b: %d\n", a, b);
  t=a,a=b,b=t;
  printf("In Swap():  a: %d; b: %d\n", a, b);
  return;
}
```

　　一旦在函数之外定义全局数据对象，从该数据对象定义处开始一直到本文件结束，该数据对象都可以被其后所有函数直接使用，因此在实现 Swap 函数时不再需要将它们列写在形式参数表中。

　　这一次，程序的运行结果就没有任何问题了：

```
The program gets two integers, and tries to swap them.
The first number: 10↵
The second number: 20↵
```

```
In main():  a: 10; b: 20
In Swap():  a: 10; b: 20
In Swap():  a: 20; b: 10
In main():  a: 20; b: 10
```

然而，这种编程方法并不好。如前所述，此时全局变量 a、b 实际上是 Swap 函数全局环境的一部分。要透彻理解 Swap 函数的执行过程，仅仅查看 Swap 函数的源代码并不够，程序员还必须阅读源文件的其他部分。最糟糕的情况是，即使是如此简单的 Swap 函数，理解其机理也需要阅读程序全部源代码——至少要阅读所有涉及全局变量 a、b 的部分，而且最可能的，这些代码段会散落在源文件的各个角落。

将变量列写在函数的形式参数列表中具有特殊的意义。不仅函数内部声明的变量属于函数局部环境，函数的形式参数也同样属于函数局部环境。通过在函数的形式参数列表中封装一些形式参数，就在某种程度上扩充了函数局部环境。

通过值的复制操作，函数的形式参数就与外部变量发生了一次单向关联。值的复制操作是需要一段时间的，虽然这降低了程序效率，但这点损失是完全值得的——它们有助于向程序员表明，该函数是如何与外部环境发生作用的，即明晰函数的接口。

如果函数必须要与外界发生某种关系，那么在函数声明与函数实现时明确该关系要比将其隐含在源代码中好得多。这意味着使用参数作为函数与外界的接口比使用全局变量更容易理解，程序代码也更容易维护。

至少，程序员可以一看到 Swap 函数的声明与实现就能够了解，它接收两个外部变量的值，并且如果函数正确工作，它还会修改这两个变量的值。除此之外，Swap 函数再也不需要从外界接受任何其他信息。

看来，不是将 a、b 作为参数传递给 Swap 函数不好，而是传递的方法有问题——程序员需要一种能够在形式参数与实际参数间建立双向关联的机制。现在这种机制还无法建立，但 7.3 节会详细研究如何建立它。

7.3 节：第 220 页。

3.3.4 函数嵌套调用

C 语言规定，所有函数都是平行独立的，函数不能嵌套定义，即不能在某个函数内部定义另外一个函数。但是函数嵌套调用是允许的。如在例 3-5 中，main 函数在定义中包含了对 GetInteger 函数的调用，而 GetInteger 函数在定义中又包含了对 GetInteger 函数的调用，这样就形成了一种函数嵌套调用的关系，如图 3-13 所示。

例 3-5：第 85 页。

程序运行时，主函数 main 调用 GetInteger 函数，程序流程从 main 函数进入 GetInteger 函数。当 GetInteger 函数调用 GetIntegerFromKeyboard 函数时，程序流程转而进入后一函数中。当 GetIntegerFromKeyboard 函数执行完毕，程序流程从该函数返回 GetInteger 函数中调用 GetIntegerFromKeyboard 函数的位置，继续执行紧跟在该位置后的语句序列。GetInteger 函数执行完毕，程序流程又返回 main 函数中调用 GetInteger 函数的位置，继续执行其后的语句序列；以此类推。当 main 函数执行完毕，整个程序运行结束。

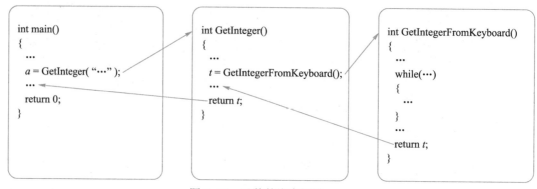

图 3-13　函数的嵌套调用

例 3-6：第 91 页。　　　　例 3-6 代码也是典型的函数嵌套调用——事实上，绝大多数 C 程序都具有函数嵌套调用，读者可参照图 3-13 分析例 3-6 代码的函数调用顺序。

4.4 节：第 118 页。　　　　函数除了可以调用其他函数外，还可以直接或者间接调用自身，形成递归调用，有关递归的知识将在 4.4 节详细讨论。

3.4　程序的结构化与模块化

有了编写函数的一般经验，本节讨论函数抽象与结构化、模块化以及程序结构之间的关系。

3.4.1　结构化与函数抽象

前面已指出，为控制和简化复杂的软件结构，结构化程序设计方法将客观问题按照需求进行自顶向下的功能分解，并逐步求精。如此构造的程序就由一组基本的、相互独立的、具有单入口单出口的函数组成，从而保证了程序的可靠性、可读性与可维护性。在此过程中，程序往往被认为是对数据对象进行操作的过程序列。

因为解决大多数问题所对应的过程长而复杂，所以合理地控制程序规模和复杂程度是编写优良程序代码的关键。结构化程序设计提供了分割程序并使程序结构化的方法，以使程序易于创建、理解和维护。

结构化程序设计的主要抽象工具是函数抽象，体现了要执行的命令、计算或任务，构成了一个又一个的函数。

此类技术操作起来相当复杂，请读者仔细阅读本章实例的骨架结构，体会其原理。

通过将程序中的不同子任务划分为函数，main 函数更容易理解，这显而易见——main 函数中再也没有了复杂的数据输入、计算与输出的实现细节。对于大多数程序维护人员而言，在 main 函数层次，只了解基本信息就已足够。程序员只需知道在声明一些变量后，对某些函数的连续调用能够完成 main 函数的计算任务即可，只有在必须了解某个被调函数具体实现细节时，他才需要阅读其具体实现代码。

此外，读者还要注意，程序中所有函数都具有单入口单出口特性，控制流被约束在单向流动环境中。经过层次化的逻辑分割与重组，程序源代码不仅容易阅读和维护，也与程序运行逻辑紧密吻合。

3.4.2 模块化与函数抽象

在 C 语言中，函数的重要性无与伦比。作为构成模块化结构的最小单位，函数可以当作独立的单元来处理——程序员可以仅实现函数一次，就多次使用它们；并且多个函数还可以组织在一起构成函数库。

按照自顶向下的方法，总是可以将大问题先分解为较小的模块，这些子模块有机地组织在一起，形成原问题的解决方案。同样，每个子模块也可以由若干个更小的模块构成。

复杂问题总是较难解决，它们往往需要花费更多的时间或者人力。用这种方法逐层分解，可以将复杂问题转化为若干简单问题，实践上更容易解决。

那么，依据什么原则进行模块划分呢？首先，应考虑顶层抽象模块，它们控制和影响问题整体的解决，其次才是底层模块，后者负责处理具体问题，应最后再考虑。

从日常经验中也能体会到，过多沉迷于细节对把握整体没有多少好处，所谓"一叶障目，不见泰山"不外如是。所以，在解决复杂问题时，首先从较高层次考虑问题，然后逐步利用降低层次。通过层次划分，问题的解决方案从抽象逐渐具体，直到最终实现层面上的全部细节。

高层模块只关心低层模块能做什么，并不需要了解底层模块具体怎样做，所以模块设计的原则之一是各层之间的独立性。同时，同一层次的模块也应该尽量保持独立，每个模块只完成某个特定独立的功能，各个模块间较少相互影响，这样可以使每个模块的可理解性、可维护性更好，也更有利于团队开发。

尽管如此，并没有关于如何进行模块划分的形式化方法。模块划分的优劣与问题领域和开发者的经验直接相关。前人的程序开发经验值得借鉴，例如模块规模应当适中，通常每个函数以不超过 60 行代码为宜；模块层数和在同一层中的模块数目应该适中；一个模块决策应只影响它控制域内的模块；模块间信息传递应尽量简洁明确；模块应在确定输入下有确定输出；那些程序中频繁出现的重复模式应抽象为函数等。

部分读者可能会混淆结构化和模块化这两个概念。它们的含义既有交叉，也有区别。结构化是指组织、控制程序代码的技术手段，例如分支结构、循环结构、函数定义等。而模块化则是为降低问题求解难度而使用的程序设计方法，它通过将程序分解成多个独立模块分别予以实现，并通过合理装配过程完成最终设计。所以说，模块化更强调程序设计，而结构化更强调程序编码，它们的交叉点就是 C 程序中无所不在的函数。

3.5 程序测试与代码优化

程序设计的最后工作是进行程序测试与代码优化，前者用于保证程序的正确性，后者用于保证程序的运行效率。

3.5.1 程序测试

使用 C 编写的任何程序都是结构化的，但不要以为结构化的程序就一定是正确的或好的——它们还必须经过验证与测试。

对于只包含顺序语句的程序段而言，一般一次测试即可。注意，这里仅仅是"一般"，而不是"总是"。例如对下面摄氏温度到华氏温度转换程序而言，仅有一次测试是不够的。

【例 3-7】 编写程序，实现从摄氏温度到华氏温度值的转换。温度转换公式为 $f = 1.8\,c + 32$，c 为摄氏温度值，f 为转换后的华氏温度值。

程序代码如下：

```
//程序名称：Eg0307
//程序功能：将摄氏温度转换为华氏温度
#include<stdio.h>
#include "zylib.h"
// 全局数据对象声明
float f, c;
// 函数名称：GetFloat
// 函数功能：从终端获取用户输入的浮点型数据
// 参    数：prompt 表示提示信息
// 返 回 值：用户输入的数据
float GetFloat( CSTRING prompt );
// 函数名称：Input
// 函数功能：输入摄氏温度值，将实际输入操作隐藏在函数内部
// 参    数：无
// 返 回 值：无
void Input();
// 函数名称：Evaluate
// 函数功能：计算华氏温度值，将实际计算过程隐藏在函数内部
// 参    数：无
// 返 回 值：无
void Evaluate();
// 函数名称：Output
```

```
// 函数功能：输出华氏温度值，将实际输出操作隐藏在函数内部
// 参    数：无
// 返 回 值：无
void Output();
//主函数连续调用 Input、Evaluate 与 Output 函数，无其他具体代码
void main()
{
  Input();
  Evaluate();
  Output();
}
void Input()
{
  //调用 GetFloat 函数进行 c 值的实际输入操作
  c=GetFloat( "Input a temperature value(C): " );
}
void Evaluate()
{
  f=c*1.8+32;
}
void Output()
{
  printf( "Temperature value(F) is %.2f.\n", f );
}
float GetFloat( CSTRING prompt )
{
  float t;
  printf( "%s", prompt );
  t=GetRealFromKeyboard();
  return t;
}
```

　　程序中主函数仅仅连续调用 Input、Evaluate 与 Output 函数，函数体内再无其他具体代码，如此保证了程序框架结构尽可能清晰。

　　上述程序正确吗？读者可以尝试输入 100，程序输出为 212.00，似乎一点问题也没有。请再输入 -280 试试。程序保证可以输出正确结果，但关键是存在这样的温度吗？不，绝对零度的物理原则必须遵守，所以首先应在头文件包含指令与全局数据对象声明之间添加 *absolute_zero* 常量定义以表达绝对零度的概念：

```
const float absolute_zero=-273.15;
```

　　接下来需要将验证用户输入数据有效性的代码添加到 Input 函数中：

```
void Input()
{
  //调用 GetFloat 函数进行 c 值的实际输入操作
  c=GetFloat( "Input a temperature value(C): " );
  //判断温度值是否低于绝对零度
```

此处进行数据有效性检查的代码的最恰当添加位置就是在 Input 函数中。为什么？
习题 3.2.3，第 102 页。

```
while( c<=absolute_zero )
{
    printf( "The temperature value is below %.2f.\n", absolute_
    zero );
    c=GetFloat( "Input a value greater than absolute zero: " );
}
}
```

温度转换实例表明，编写程序是容易的，而要编写完全正确的程序却非常困难。为保证程序正确性，有太多的细节需要考虑。对于优秀程序员而言，最重要的品格是耐心。

对于带有流程控制结构的程序，其测试任务更加复杂，例如 if 与 switch 语句的每个分支都需要测试——程序运行前不能保证控制流一定不经过某个分支，即使该分支确实很少执行。

循环结构的测试比分支结构还要复杂。所有程序员都必须认真回答 3 个问题：① 循环的初始条件正确吗？② 循环的终止条件正确吗？③ 循环的重复模式正确吗？对这 3 个问题的回答将影响循环程序的正确性。

3.5.2 程序效率与代码优化

接下来讨论程序文本对运行效率造成的影响。仍以前面的温度转换程序为例。f 与 c 的类型为 float，而文字 1.8 的类型为 double，32 的类型为 int，因此 f 值的计算需要进行类型转换，c 的类型需要转换为 double，32 的类型转换为 double，计算结果类型为 double，在赋值给 f 时需要再转换为 float。这里需要 3 次类型转换。

转换次数不多，浪费的时间有限，但如果程序代码要重复执行很多次，运行效率显然也会大打折扣。改进程序效率的方法很简单，使用下述文字声明即可：

```
void Evaluate()
{
    f=c*1.8F+32.0F;          //此时不需要类型转换
}
```

此类代码优化方法推荐大家一定要使用。

另外一种循环优化策略就是所谓的循环展开。对于如下循环程序

```
for( i = 0; i < 5; i++ )
    printf( "%d\n", i );
```

不考虑语句在执行时间上的差异，其中语句共执行了多少条次？答案是 17 条次——循环初始化表达式 1 次，条件表达式 6 次，步进表达式 5 次，循环体内部代码 5 次。如果使用下述代码：

```
printf( "%d\n", 0 );
printf( "%d\n", 1 );
printf( "%d\n", 2 );
printf( "%d\n", 3 );
printf( "%d\n", 4 );
```

代替呢？答案是 5 条次。这表明，将循环结构完全展开成顺序结构使得代码条数更少，程序运行效率更高。

如何针对特定的计算机系统结构进行程序优化是编译器领域的研究问题之一。但是大多数时候，这种优化策略与本书一再强调的结构化程序设计思维不符。对于程序员而言，循环展开技术只有在对程序运行时间要求非常严苛的场合才可以使用。

总之，正确性并不是程序的全部，效率与可读性也应是程序员追求的目标。程序员应该时刻记住，代码优化不仅仅是编译器的事情，也是程序员的责任。程序员同时还要记住，代码优化是把双刃剑，用得不好会伤到自己——它会极大地降低程序的可读性与可维护性，并且导致最终目标代码臃肿不堪。

本 章 小 结

本章指出，结构化与模块化是现代程序设计的重要原则，复杂问题应该分解为多个简单模块以降低问题复杂性，使求解过程更容易。在进行模块划分时，各个子模块间需要尽量保持独立，模块间的信息传递通过函数参数、返回值以及全局变量实现。

在 C 中实现模块化的主要途径为函数。程序中函数可能出现在 3 种场合：函数原型或声明、函数定义或实现、函数调用，这 3 种场合出现的函数性质必须一致。

函数定义时，必须给出函数返回值类型、函数名称、形式参数列表与函数体。函数声明时，则必须给出函数返回值类型、函数名称与形式参数列表。每个函数在使用前都必须已定义或声明。本书建议读者在主函数前或某个头文件中书写函数原型，而将函数实现定义在主函数之后，这将有助于从整体把握程序逻辑。

函数调用时需给出函数名称与相应实际参数，实际参数与形式参数的个数、类型、顺序必须完全对应或赋值兼容。实际参数与形式参数采用值传递机制交换信息，一旦进入函数，形式参数与实际参数的关系就不再存在。一般地，系统为每个程序维持一个函数调用栈帧。在函数调用时栈帧会跟随函数调用过程不断调整，以保证函数在各自局部环境下执行。

使用 C 语言编写的任何程序都是结构化的，但结构化的程序并不一定就是正确的或好的，程序必须经过验证与测试。同时，程序源代码的质量优劣对程序运行效率有重要影响，那些效率较差的算法尤其。因此，程序员负有程序优化的责任。

那些无法回避的问题

在进行结构化程序设计时，有太多的细节需要考虑：程序控制流如何流动？程序是否正确有效？程序执行效率能否进一步提高？程序可读性是否很好，读者能否仅从程序源代码就完全了解程序计算过程？程序是否具有很好的可维护性与可重用性？这些问题是每位程序员在设计程序时都无法回避的。

习 题 3

一、概念理解题

3.1.1 什么是函数？在 C 程序中设计函数有什么意义？

3.1.2 在声明和使用函数的过程中，函数名称需要出现多少次？分别在什么场合？

3.1.3 如何书写函数原型？书写函数原型的目的是什么？

3.1.4 如何调用函数？调用函数时要注意哪些问题？

3.1.5 什么是函数定义？在定义函数时要注意哪些问题？

3.1.6 函数返回值有什么意义？

3.1.7 谓词函数有什么意义？

3.1.8 形式参数与实际参数分别代表什么意义？在进行函数调用时，形式参数与实际参数是如何保持对应的？

3.1.9 C 程序中函数参数传递机制是如何规定的？

3.1.10 函数调用是如何工作的？函数调用栈帧是如何调整以反映程序流程的？

3.1.11 当发生函数嵌套调用时，函数的调用与退出是如何进行的？

3.1.12 结构化、模块化与函数有什么关系？在进行程序开发时，为什么需要结构化与模块化？它们有什么差别？

二、编程实践题

例 3-7：第 98 页。
3.2.1 为例 3-7 和过去编写的每个程序编写 Welcome 函数，这样的函数显然既不需要参数，也没有返回值。

3.2.2 编制函数 GetDouble 与 GetString，要求能够：① 输出主调函数调用时传递的提示用户输入数据的字符串信息；② 将用户输入结果返回给主调函数。提示：可参考 GetInteger 与 GetFloat 函数的实现，可以使用 zylib 库中的函数 GetRealFromKeyboard 与 GetStringFromKeyboard 完成你的工作。如果不能使用 zylib 库，又该如何实现呢？

3.2.3 修改例 3-7 的原始程序，分别在 main 与 GetFloat 函数中添加对温度值进行有效性检查的代码。仔细体会这两种方法与书中方法在实现上的差异。为什么说将这些代码添加在 Input 函数中是最恰当的？

3.2.4 编写一函数 IsPrime，判断某个大于 2 的正整数是否为素数。

3.2.5 编写一函数 gcd，求两个正整数的最大公约数。

3.2.6 与上题相关。编写一函数 lcm，求两个正整数的最小公倍数。

习题 2.2.4：第 76 页。
习题 2.2.5：第 76 页。
3.2.7 使用函数重新实现习题 2.2.4。

3.2.8 挑战性问题。使用函数重新实现习题 2.2.5。要求函数在获得 1.0E-12 级的精度后停止。

3.2.9 据说有个脑子不太好使的富翁和一个脑子很灵光的骗子。有一天骗子对富翁说："我搞了一个基金会，您将短期不用的富余资金存到我这里吧。存期就 30 天，第一天您只需要存入一分钱，第二天存入两分钱，以此类推，以后每天存入的资金是前一天的 2 倍，直到 30 天期满（含）。从您存入的第一天开始您就可以每天最多支取 30 万元，一直到 30 天期满。"富翁的脑子没转过来，欣然同意。俩人立了字据，约定富翁按照上述要求存入资金，并且每天按照最大额度支取，合约结束后两人互不相欠。请问 30 天后富翁支取了多少钱，存入了多少钱？富翁是否亏损，如果亏损，亏损了多少？如果获利，获利多少？编写两个函数分别计算富翁的支取与存入资金。

3.2.10 假设需要编写一个通讯录管理程序，现已完成添加、删除、查找操作：

```
void Add();
void Delete();
void Search();
```

另外，主函数与初始化函数 Initialize、结束处理函数 Finalize 也已完成：

```
int main()
{
    Initialize();
```

```
            Run();
            Finalize();
    }
```

现在需要完成 Run 函数，其基本任务是：① 显示用户菜单，列出用户可以使用的 3 个命令和退出命令；② 当用户输入整数 1 时，执行添加操作；输入 2 时，执行删除操作；输入 3 时，执行查找操作；输入 0 时，退出。使用无限循环实现函数 Run。要求尽可能将其中的操作按照性质抽象为不同的函数。例如，显示用户菜单的操作应抽象为函数 ShowCommand，接受用户输入的操作应抽象为 ReceiveCommand，根据用户输入执行相应命令的操作应抽象为 ProcessCommand。

3.2.11　已知 2015 年 1 月 1 日为星期四。设计一函数打印 2015 年以后（含）某年某月的日历，2015 年以前的拒绝打印。为完成此函数，设计必要的辅助函数可能也是必要的。

3.2.12　挑战性问题。继续上一题。按月打印 2015 年以后（含）某年的全年日历，2015 年以前的拒绝打印。要求将程序中出现的所有重复模式都设计为函数。每月间有一空行。

第 4 章 算法

1. 了解算法的基本概念与特征。
2. 掌握算法的伪代码与流程图描述方法。
3. 了解同一问题具有多种解决方法，能针对特定问题设计算法。
4. 熟悉递归函数的概念，能正确使用递归设计程序。
5. 掌握容错处理的基本方法和手段。
6. 了解算法效率与算法设计的关系，能分析简单算法的时间复杂度。

4.1 算法概念与特征

算法在程序设计中占有重要地位，直接决定最终程序的编码质量。

4.1.1 算法基本概念

如前所述，算法是解决问题的方法和步骤。那么，为什么要引入"算法"呢？

任何工程项目都包含计划、设计、实施、验收等工序，开发软件也不例外。在软件开发项目中，算法设计的目的是给出解决实际问题的逻辑描述，而后程序员才能够根据所设计的算法进行实际编码。

不设计算法而直接编写程序的方法效果不好。这种策略可以解决简单的小问题，但对于大型而又复杂的软件项目，其结果只能是延误工期，甚至导致项目最终流产。

【例 4-1】 使用数字 1~9 设计 3×3 幻方（纵横图）。所谓幻方是指其所有行、列和对角线数字之和均为某个固定值。对于 3×3 幻方，该值为 15。

具体算法如下：

步骤 1：把 1 写在第一行中间一格。

步骤 2：在该格右上方的那一格中写入下一个自然数。在此过程中，若该数已超出 3×3 幻方范围，则平移，即相当于认为幻方外围仍然包含同样的幻方，而该数就写在外围幻方的同样位置。每写完 3 个数后，将第 4 个数写在第 3 个数的下方格子中。

步骤 3：重复步骤 2，直到所有格子均填满。

算法结果如图 4-1 所示。

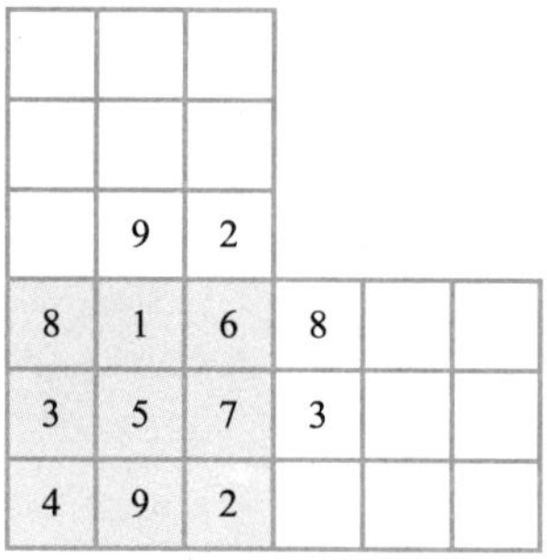

图 4-1 3×3 幻方

【例 4-2】 使用算法描述在英文词典中查找某个单词的过程。

具体算法如下：

步骤 1：翻开词典的任意一页。

步骤 2：若所查词汇按字母顺序在本页第一个单词前，则向前翻开任意一页，重复步骤 2；若所查词汇在本页最后一个单词后，则向后翻开任意一页，重复步骤 2。

步骤 3：若上述两条件均不满足，则依次比较本页单词，或者查出该单词，或者得到该单词查不到的结论。

如上述两例所见，算法可用来描述人们解决问题的操作过程，自然也可以用来描述计算机解决问题的操作过程，这就是计算机科学领域中的算法概念。前提是，在设计计算机可操作的算法时，所有操作步骤都必须能够转化成计算机可理解的指令序列。

4.1.2　算法基本特征

一般地，算法具有下述典型特征。

（1）有穷性。任何算法必须在它所涉及的每一种情况下，都能在执行有限步后结束。例 4-1 满足此条件，在 9 个数字填写完毕后算法自然结束；例 4-2 同样满足此条件，无论词典有多厚，总是可以在有限的步骤内找到一页，要么该单词在该页中，要么该单词不存在。

（2）确定性。算法每一步骤的顺序和内容都必须有确切规定，不能有模棱两可的解释。确定性保证了多次执行某算法时，相同的输入可以得到相同的结果。在计算机中，算法不允许存在二义性。例 4-1 和例 4-2 满足此条件，其中所有步骤都是确切无疑的，不存在任何二义性。

（3）输入。每个算法都有零个或多个输入。输入是指算法执行时必须从外界获得的必要数据，如算法的加工对象、初始数据与初始状态等。例 4-2 的输入有两个，一是需要查找的单词，一是英语词典；而例 4-1 表面上没有任何输入，算法需要操作的值 1~9 已经直接包含在算法中。

（4）输出。每个算法至少有一个输出。算法是为解决某一特定问题而设计的，显然应至少包含一个输出步骤，显示结果。无任何输出信息的算法没有任何意义。例 4-1 的输出就是最终的幻方，而例 4-2 的输出则是是否查找到该单词的结论。

（5）有效性。算法的所有操作都是基本的，并且能够在一段时间内完成，即算法的每一步都能使其执行者（人或机器）明确其含义并可以实现其中所有操作。按照这样的定义，例 4-1 与例 4-2 显然都是有效的，不用书写任何程序，任何人都可以使用纸笔作业完成它们。

总之，在设计算法时，必须确保其同时具备这五大基本特征。请注意，"正确性"并不是算法特征。程序员所设计和实现的内容仅仅是"算法"，而不是"正确的算法"。算法正确性必须证明，这属于算法分析的范畴。

符合上述基本特征的算法可以精确地描述任务操作过程。但是，算法并不一定可以给出问题的精确解，而只是说明如何才能得到解。因此，精确性也不是算法的特征。

4.2 算法描述

如例 4-1 与例 4-2 所示，算法可以使用自然语言描述。此时，可能会因为自然语言的模糊性与二义性导致程序员在理解上出现偏差。因此，计算机领域需要寻找更精确的算法描述手段。这种技术手段不止一种，最常用的为伪代码和流程图。

4.2.1 伪代码

任何一种计算机程序设计语言都既能描述算法又能实际编译执行，但是其最大缺点是算法思想容易被语言细节所掩盖。

最自然的描述算法的工具是伪代码。伪代码就是虚假的程序代码。程序员在设计算法时，使用混合自然语言和计算机语言的文字和符号描述算法流程。

下面为使用伪代码描述的几种程序基本结构。

（1）顺序结构：

    执行某任务

    执行下一任务

（2）if 分支结构：

    if（ 条件表达式 ）

      处理条件为真的情况

    else

      处理条件为假的情况

（3）switch 分支结构：

    switch（ 条件变量 ）

    {

    case 常数表达式 1：处理分支 1

    case 常数表达式 2：处理分支 2

    ...

    case 常数表达式 n：处理分支 n

    default：处理缺省分支

算法描述工具的意义

对程序员而言，编程前需要对算法逻辑关系进行详细分析，并给出清晰描述，使其成为编码依据。有了算法描述工具，程序员就可以不受具体计算机语言的语法约束，集中精力去研究实际问题的逻辑。

对用户和程序维护人员而言，如果需要了解程序逻辑，搞清楚算法是如何实现程序功能即可，一般不需要直接阅读程序。

```
    }
```

（4）for 循环结构：

```
for ( 初始化表达式；条件表达式；步进表达式)
{
    循环内部代码的逻辑描述
}
```

（5）while 循环结构：

```
while (条件表达式)
{
    循环内部代码的逻辑描述
}
```

习题 4.1.3，第 137 页。如何使用伪代码描述上一节给出的例 4-1 与例 4-2？

伪代码书写格式自由，并无严格的语法规则限定，只要把意思表达清楚，书写格式清晰易读即可。

使用伪代码的好处是：首先，自然语言更容易表达设计者的思想，通过使用上述基本程序控制结构描述方法，也能够清楚描述算法流程；其次，使用伪代码书写的算法便于修改。复杂算法在设计阶段总是需要经过反复修改才能定型，这为灵活方便地描述算法以及提高算法可读性创造了良好的条件。

4.2.2 流程图

流程图又称为程序框图，是程序员普遍采用的算法描述工具。流程图的特点是使用框图表示各种操作，使用流程线表示算法步骤在时间上的执行顺序。图 4-2 列出了流程图中频繁使用的几种典型框图和符号。

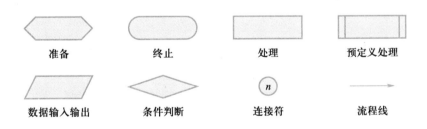

图 4-2 常用流程图的框图与符号

下面通过两个例子说明绘制具体算法的流程图时需注意的一些问题。图 4-3 为例 4-1 的流程图。

例 4-1：第 106 页。

算法流程首先从准备框开始，接下来是在首行中间一格书写 1 的处理过程，然后判断下一数字的书写位置（1 的右肩格）是否已超出幻方范围。若超出了幻方范围，则将该数字书写在其右肩格对应幻方格中，否则直接在右肩格书写第二个数。
当上述操作完成后，算法判断是否已书写完 3 个数。若结论为否，则返回重新计算
右肩格位置，书写下一数。若结论为是，则将下一数直接书写在该格下方格中。算
法最后判断 9 个自然数是否已书写完毕，若否则返回继续书写下一数，若是则算法
结束。

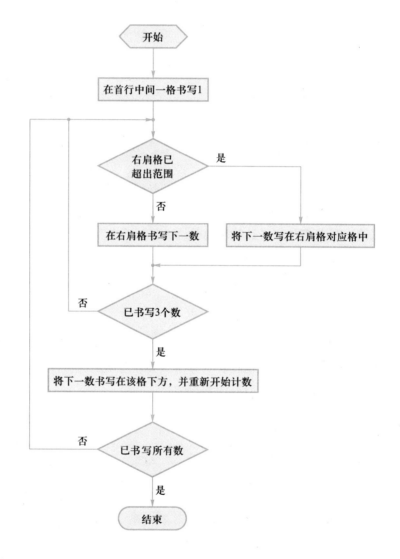

图 4-3   例 4-1 的流程图

例 4-2：第 106 页。

图 4-4 为例 4-2 的流程图。图中各符号的含义与图 4-3 类似。不过要注意其中
预定义处理框的使用。对于查找单词的情况，程序可能需要根据是否查找到某单词
进行特殊处理，此类处理方法极有可能已预先做了规定，因此图中使用预定义处理
框来表达这种情况。

很多时候复杂的流程图无法在单个页面上完整表达，此时就需要使用连接符将多个流程图连接起来。如图 4-5 所示，图 4-5(a)中 1 号连接符表示算法流程将在图 4-5(b)1 号连接符位置继续。对于复杂的算法流程而言，这样的连接符可能有很多个。

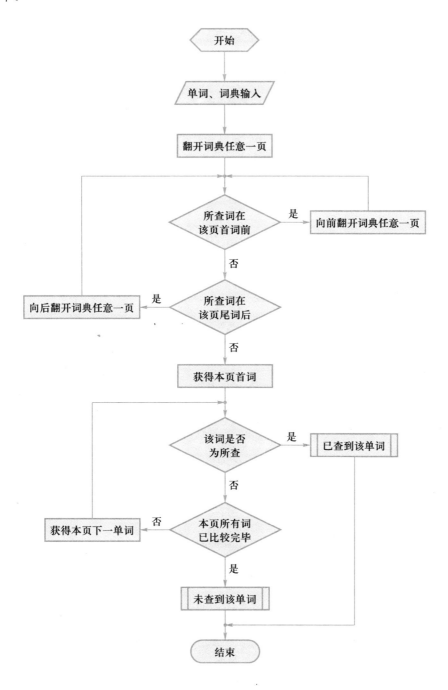

图 4-4　例 4-2 的流程图

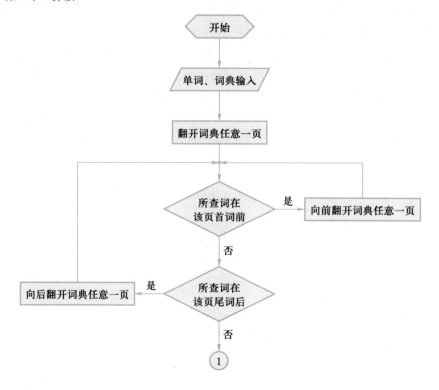

（a）上半部分流程图

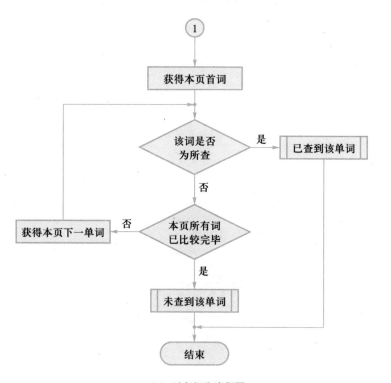

（b）下半部分流程图

图 4-5　流程图中连接符的使用

4.3 算法设计与实现

算法设计通过构造操作过程来解决实际问题。在设计算法时，程序员不仅需要保证其具备算法 5 个基本特征，还要遵循自顶向下逐步求精的设计原则。算法实现则是指在计算机上实现该算法，即用某种程序设计语言编写程序解决该问题。

本节通过两个经典数学问题说明如何设计和实现算法。本节的问题都有多种解决途径，不同算法有时差异巨大，其效率有高有低。

4.3.1 素性判定问题

数论的一个核心问题是判断某个数是否为素数。那么，如何设计算法判断某个大于 2 的整数 n 是否为素数呢？如果直接从定义出发，最直接的方法就是判断它除了 1 和自身外是否还有其他因子，这里需要逐个判断 2 到 $n-1$ 之间的数是否为 n 的因子。若没有因子，则该数自然为素数。

有没有读者已完成第 102 页的习题 3.2.4？你使用的是什么算法？

1. 素性判定函数 IsPrime

据此分析，大于 2 的正整数 n 的素性判定可以使用下述策略：

> 输入：大于 2 的正整数 n。
> 输出：该数是否为素数，若为素数返回 TRUE，否则返回 FALSE。
> 步骤 1：设除数 i 为 2。
> 步骤 2：判断除数 i 是否已为 n。若为真返回 TRUE，否则继续。
> 步骤 3：判断 $n \% i$ 是否为 0。若为 0 返回 FALSE，否则继续。
> 步骤 4：将除数 i 递增，重复步骤 2。

按照上述策略实现函数 IsPrime。该函数检验整数 n 的素性，并返回布尔结果。

【例 4-3】 素性判定函数 IsPrime 第一版。

函数代码如下：

```
BOOL IsPrime(unsigned int n)
{
  unsigned int i= 2;
  while(i<n)
  {
    if(n % i == 0)
      return FALSE;
    i++;
  }
  return TRUE;
}
```

为验证上述实现为算法，有必要按照算法的 5 个基本特征逐一对照。

（1）有穷性。上述函数执行时间有限，最耗时的步骤发生在 while 循环，需要 n

次迭代。不管 n 有多大，即使需要一万年才能完成 while 循环，它也终归能结束。

（2）确定性。上述函数的所有操作都是确定的、无歧义的。

（3）输入。函数具有一个输入，满足算法输入要求。

（4）输出。函数具有一个输出，满足算法输出要求。

（5）有效性。上述函数中每项操作都是基本的、计算机可实现的或程序员通过纸笔作业可得到结果的，因而是有效的。

这表明，上述实现策略是算法。接下来的问题是，该算法正确吗？程序员需要证明，对于每个给定的合法 n 值，算法都能给出正确答案。

算法程序中 while 循环的条件表达式保证了所有超过 2 的正整数值都会获得判定，因而不存在某个合法 n 值未得到判定的情况。另外，对于任意合法 n 值，算法使用从 2 到 n-1 的每个数作为分母去除 n，并且如果余数为 0，表示 n 为合数，素性判定得到结论 FALSE。当所有数都处理完毕却未得到结果，则表明 n 不存在 2 到 n-1 之间的因子，n 必然为素数。如此即完成了算法的正确性证明。

简单算法的正确性证明比较简单，而有些复杂算法的正确性证明十分困难，需要深厚的数学背景。

3.5.1 节: 第 98 页。

即使有了正确性证明，算法也应进行测试，即测试算法是否总能得到正确答案。算法测试通过使用精心准备的数据集作为输入重复执行算法，来查看算法结果是否正确。按照 3.5.1 节的讨论，数据集必须能够涵盖素数与合数情况，并且必须测试循环体的第一次、中间某次和最后一次迭代的正确性。

2．IsPrime 函数第二版

与大多数问题一样，素性判定的方法不止一种。例 4-3 使用的方法虽然直接，但并不巧妙。在 n 值很大时，该算法效率很低。通过稍稍改变算法实现策略，可以提高 IsPrime 函数的执行效率。

考虑大于 2 的正整数 n。若 n 为合数，则 n 一定有因子 p（$2 \leqslant p < n$），同时一定有正整数 q，使得 $p \times q = n$。不失一般性，设 $p \leqslant q$，故有 $p^2 \leqslant p \times q = n$，即 $p \leqslant \sqrt{n}$。这意味着，若某个正整数 n 为合数，则其一定有不大于 $\sqrt{n}$ 的因子；相反，若 n 没有不大于 $\sqrt{n}$ 的因子，则其一定为素数。因此，算法完全没有必要从 2 检验到 n-1，而只需要检验到 $\sqrt{n}$ 即可。

【例 4-4】 素性判定函数 IsPrime 第二版。

求平方根函数

sqrt 为 C 标准库提供的求平方根函数。该函数接受一个 double 类型的参数，返回其平方根，返回值类型同样为 double。

sqrt 函数定义位于 C 的标准数学库中，使用时需要包含对应的头文件 "math.h"。

函数代码如下：

```
BOOL IsPrime(unsigned int n)
{
  unsigned int i=2;
  while(i<=(unsigned int)sqrt(n))
  {
    if(n % i == 0)
      return FALSE;
    i++;
  }
  return TRUE;
}
```

IsPrime 函数第二版的算法验证与证明与第一版算法类似。在验证、证明或测试上述算法时要注意 $\sqrt{n}$ 小于 2 的情况。n 取 3 时，$\sqrt{n}$ 小于 2，此时循环体不会执行。此时算法直接返回 TRUE。幸好，3 确实是素数。

3．IsPrime 函数第三版

其实 IsPrime 函数第二版的实现策略还可以进一步优化。如果某个正整数 n 为偶数，那么它一定是合数，这是毫无疑问的。所以算法完全没有必要逐一递增，而应隔一递增进行素性判定。

【例 4-5】 素性判定函数 IsPrime 第三版。

函数代码如下：

```
BOOL IsPrime(unsigned int n)
{
  unsigned int i= 3;
  if( n % 2 == 0 )
    return FALSE;          //首先判定偶数的非素性
  while(i<=(unsigned int)sqrt(n))
  {
    if(n % i == 0)
      return FALSE;
    i+=2;                  //跳过所有偶数
  }
  return TRUE;
}
```

算法开始时通过 if 语句判定自然数 n 是否为偶数，如果 n 为偶数则直接返回 FALSE，否则算法从 3 到 $\sqrt{n}$ 检验 n 的素性。当 n 能整除以 i 时，表明 n 为合数。如果所有判定均不满足，说明 n 一定为素数。

在验证、证明或测试上述算法时同样需要注意 $\sqrt{n}$ 小于 3 的情况。对于 n 取 3～8 之间的数，$\sqrt{n}$ 小于 3，此时循环体不会获得执行。此时该数的素性判定只能通过算法开始处的偶数判定获得。幸好，3～8 之间的所有偶数都是合数，所有奇数都是素数。

4．IsPrime 函数第四版

素性判定函数 IsPrime 还有一个难以发现的问题，该错误也许在程序测试中并没有显示出来。调用 IsPrime 函数第三版上千次可能都能得到正确答案，但却仍然隐含了错误。例如，在某台计算机上调用 IsPrime 函数可以得到正确答案，在另一台上却出现错误。

1.1.2 节指出，浮点数存在表示误差，因此依靠严格相等的概念去测试浮点型数据对象十分危险。设数 n 为某个素数的平方。不妨取 n 为 121，其平方根理论上为 11，但 sqrt 函数的返回值既可能是 11.000 000 000 000 00，也可能是 11.000 000 000 000 01 或 10.999 999 999 999 99。虽然后两者与 11 几乎相同，但最后一种在转换为整数后却足以影响循环条件的判断结果，导致循环少执行一次，算法永远没有机会检查 11 能整除 121，从而最终得到 121 为素数的错误结论。

1.1.2 节：第 14 页。

浮点数的误差处理

笔者在自己的英特尔酷睿双核处理器上测试至 1 000 000 未发现此现象，估计此问题已在新硬件中获得解决。

不过为保证程序的可移植性，添加必要的误差处理功能还是非常有必要的。

将程序正确性建构在机器数据表示的精确性上是不合适的。对于本例，可以修改源代码使得计算机数据表示精度不会影响最终结果。

【例 4-6】 素性判定函数 IsPrime 第四版。

函数代码如下：

```
BOOL IsPrime(unsigned int n)
{
  unsigned int i= 3;
  if(n % 2 == 0 )
    return FALSE;
  while(i<=(unsigned int)sqrt(n) + 1 )
  {
    if(n % i == 0)
        return FALSE;
    i+= 2;
  }
  return TRUE;
}
```

既然 n 的平方根作为循环上界可能不够，为保险起见，可稍微调整上界。如此虽对效率有一点微弱影响，但却保证了程序正确性。

5．IsPrime 函数第五版

还需要说明的是，理论上看似高效的算法有时实际效率反而更低，上述 IsPrime 函数第四版就是典型的案例。

在每次循环迭代时，IsPrime 函数都调用 sqrt 函数计算 n 的平方根。这实际上完全没有必要。因为 n 值是固定的，所以 sqrt 函数的结果同样固定不变，多次计算完全没有意义。为此，可在进入循环前计算 n 的平方根并保存，这样就可以避免多次计算，大大提高程序效率。

【例 4-7】 素性判定函数 IsPrime 第五版。

函数代码如下：

```
BOOL IsPrime(unsigned int n)
{
  unsigned int i= 3, t= ( unsigned int )sqrt(n) + 1;
  if( n % 2 == 0 )
    return FALSE;
  while(i<=t)
  {
    if(n % i == 0)
        return FALSE;
    i+= 2;
  }
  return TRUE;
}
```

因此，请仔细检查循环体内是否存在可放到循环前的操作。如果有，将其放在循环前计算并保存，循环迭代时直接使用该值，以此来提高程序效率。这是 3.5.2 节推荐的第二种程序优化情况。

3.5.2 节：第 100 页。

6．算法选择

设计算法时，对程序效率的追求具有重大意义。比较 IsPrime 函数的不同版本，可以发现第五版显然更高效。但另一方面，最初算法也有优点，它易于理解，而且更符合素数定义。

事情总具有两面性，如果过分强调程序效率，程序代码就难以理解、阅读和维护，而要过分强调程序可读性和可维护性，则程序效率一定不会特别高。程序员在设计程序时必须在这样的两难间小心选择实现策略。

特别要强调的是，当需要在若干算法间进行选择时，首要原则是算法正确性。在保证算法正确性的前提下，才能考虑效率、可读性和可维护性。

在某些实际应用中，程序效率是关键因素。例如对于一个繁忙的国际空港而言，可能几秒钟就会起降一架航班，如果机场的航空管制系统需用一分钟才能计算出两架飞机可能发生碰撞事故，这样的程序毫无价值，而一个可以在 0.1 秒内完成这项工作的程序就能拯救生命。

另一方面，对于那些很多程序员共同参与完成的大型的程序运行时间非关键因素的应用程序，可读性和可维护性更为重要，此时程序效率就必须让位于程序可读性和可维护性。

这表明，没有完美无缺的算法，任何算法都有优点和缺点。以执行时间来衡量某算法可能是高效的，但往往艰涩难懂；相反，更易懂的程序往往效率较低。究竟采用哪种算法取决于实际应用的需要。在设计程序时，程序员需要在诸多因素间找到平衡点，此即为算法评估。

夫尺有所短，
寸有所长。
——春秋·屈原，《楚辞·卜居》

4.3.2　最大公约数问题

另一个能反映算法选择对程序运行效率影响的例子是求最大公约数。对于两个正整数 x 和 y，最大公约数就是能够同时整除 x 和 y 的正整数集中的最大者。

要求编写函数，求两个正整数 x 和 y 的最大公约数。考虑到该函数需要接受两个正整数参数，并返回它们的最大公约数，故函数原型可设计如下：

```
unsigned int gcd( unsigned int x, unsigned int y );
```

首先讨论最简单的穷举算法，然后再研究效率更高的辗转相除算法（也称欧几里得算法）。

1．穷举法

穷举法非常直接。它需要尝试其中每种可能，然后得到最终答案。很明显，最大公约数不可能比 x、y 的较小者还大，否则就不能整除。因此首先看 x、y 的较小者是否满足最大公约数条件。若不满足，则递减它，一直找到该数为止。

【例 4-8】　使用穷举法求两个正整数的最大公约数。

函数代码如下：

```
unsigned int gcd( unsigned int x, unsigned int y )
```

```
{
    unsigned int t;
    t=x<y? x : y;
    while( x % t !=0 || y % t !=0 )
        t--;
    return t;
}
```

有没有读者已完成第 102 页的习题 3.2.5? 你使用的是什么算法?

穷举算法可以保证最终结果的正确性。算法思路是尝试所有可能情况,由于最大公约数不可能大于 x、y 的较小者 t,而穷举法正是从 t 开始尝试,所以当结束循环时,必然已经试过了最大公约数和 t 之间的所有数。若程序一直找不到满足条件的数,则 t 最终会减小到 1,而 1 即为所求,所以算法必然会在有限步内结束并返回正确结果。

2. 辗转相除法

穷举法的效率有时非常差。例如,对于互质的两个正整数 997 和 1 000,穷举法需要 997 次迭代才能得到最大公约数 1。

为缩短算法执行时间,可以使用下述辗转相除法计算最大公约数:

输入:正整数 x、y。

输出:最大公约数。

步骤 1:x 整除以 y,记余数为 r。

步骤 2:若 r 为 0,则最大公约数即为 y,算法结束。

步骤 3:否则将 y 作为新的 x,将 r 作为新的 y,重复上述步骤。

【例 4-9】 使用辗转相除法求两个正整数的最大公约数。

如何证明辗转相除法确实是算法,并且是正确的呢? 参见习题 4.1.10,第 137 页。

函数代码如下:

```
unsigned int gcd( unsigned int x, unsigned int y )
{
    unsigned int r;
    while( TRUE )
    {
        r=x % y;
        if(r)
            x=y,y=r;
        else
            return y;
    }
}
```

辗转相除法的效率比穷举法高很多。对于 997 和 1 000,只需要 4 次迭代就可以得到结果。

4.4 递归算法

递归是一种简化复杂问题求解过程的手段。递归首先逐步化简问题,同时保持问题性质不变,直到问题最简,然后通过最简问题的答案逐步得到原始问题的解。

4.4.1 递归问题的引入

一般而言,计算机领域所讨论的递归类似于数学上的递推公式。例如,阶乘公式 $n! = 1 \times 2 \times \cdots \times n$ 使用递推公式表示就是 $n! = \begin{cases} 1 & n=0 \\ n \times (n-1)! & n>0 \end{cases}$;而斐波那契数列的递推公式为 $f(n) = \begin{cases} 1 & n=1,2 \\ f(n-1) + f(n-2) & n>2 \end{cases}$。

请注意递推公式的写法。每个递推公式都是多段函数,其中包括一个或一些最简单情形,其次才是真正的递推关系。此处,要想获得 $n!$ 的值将 $(n-1)!$ 乘上 n,要想获得 $f(n)$ 的值将 $f(n-1)$ 与 $f(n-2)$ 相加。此类操作可以一直进行,直到递推公式的最简单情形。在整个计算过程中,问题规模 n 逐步递减。这是非常重要的特征,也是程序员可以照此编码的基础。

递推公式为程序员设计递归算法提供了可能。递归算法的本质在于将问题分解为更小一些的子问题,对子问题可以用同样的算法解决。例如将问题规模 n 分解为问题规模 $n-1$ 与某个数的乘积,或将问题规模 n 分解为问题规模 $n-1$ 与问题规模 $n-2$ 之和。当子问题达到可直接获得答案时分解过程结束,进而由这些子问题逐步组装,得到原始问题的解。

读者可以将递归过程理解为两步,首先是逐步分解问题的递推过程,其次是根据最简单情形组装最终答案的回归过程。递推与回归是相辅相成的,这也正是称其为递归的原因。

4.4.2 典型递归函数实例

【例 4-10】 求非负整数 n 的阶乘。
使用循环实现的函数代码如下:

```
unsigned int GetFactorial( unsigned int n )
{
  unsigned int result=1, i=0;
  while(++i<=n )
    result*=i;
  return result;
}
```

使用递归方法解决此问题。由前述阶乘定义可知,在求解 $n!$ 时,可先将问题转化为求解 $(n-1)!$ 的问题。若 $n-1$ 为 0,则 $n!$ 已可通过 $(n-1)! \times n$ 获得,否则继续将 $(n-1)!$ 的问题转化为 $(n-2)!$ 的问题。如此,问题逐渐简化,问题规模不断变小,一直到退化为 0 可直接获得答案的情形。此后就可以根据最简单情形的解组装出最终答案。

具体递归函数代码如下:

```
unsigned int GetFactorial( unsigned int n )
```

```
{
  unsigned int result;
  if(n==0)
    result=1;
  else
    result=n* GetFactorial(n-1);
  return result;
}
```

GetFactorial 函数首先需要判断最简单情形，并在满足该条件时直接求解——对应了递推公式中的简单情形；而对于非最简单情形，递归函数调用自身，这对应递推公式中的递推关系。

需要在函数内部调用自身是递归函数的典型特征。递归函数总是直接或间接地调用自身完成同样性质的子问题求解。

【例 4-11】 求斐波那契数列的第 n 项，$n \geqslant 1$。

递归函数代码如下：

```
unsigned int GetFibonacci(unsigned int n )
{
  if(n==2||n==1)
    return 1;
  return GetFibonacci(n-1) + GetFibonacci(n-2);
}
```

上述递归函数同样需要首先检查最简单情形，并在满足最简单情形时直接给出答案，然后按照递推关系式递归调用自身求解第 n 项值。请注意，本例没有使用局部变量存储临时结果，而直接返回 1 或递归调用后的计算结果。

上述递归函数代码对应的循环结构代码如下：

```
unsigned int GetFibonacci( unsigned int n )
{
  unsigned int i, f1, f2, f3;
  if(n==2 || n==1)
    return 1;
  f2=f1=1;
  for(i=3;i<=n;i++)
  {
    f3=f1+f2,f1=f2,f2=f3;
  }
  return f3;
}
```

递归与循环有很多相似之处，它们的执行都涉及所谓的重复模式，其差异主要体现在如下 4 点。

（1）循环使用显式的循环结构重复执行代码段，而递归则使用重复的函数调用重复执行代码段。

（2）循环在满足其终止条件时终止执行，而递归则在问题简化到最简单情形时终止执行。

（3）循环的重复是在当前迭代执行结束时进行的，递归的重复则是在遇到对同名函数的调用时进行。

（4）循环和递归都可能隐藏程序错误，循环的条件测试可能永远为真，递归可能永远退化不到最简单情形。

理论上，任何递归程序都可以使用循环迭代的方法解决。两相比较，递归函数的代码更短小精悍，并且一旦掌握了递归的思考方法，递归程序也更容易理解。

4.4.3 递归函数调用的栈帧

对于上述递归函数，在程序实际运行时递推和回归过程到底是如何进行的呢？下面以阶乘计算为例分析递归函数调用栈，假设例 4-10 的完整程序代码如下： 例 4-10：第 119 页。

```c
#include<stdio.h>
#include<math.h>
#include "zylib.h"
void Welcome();
unsigned int GetInteger(CSTRING prompt);
unsigned int GetFactorial(unsigned int n);
int main()
{
  unsigned int n, result;
  Welcome();
  n=GetInteger("Input a non-negative number: ");
  result=GetFactorial(n);
  printf("%d!=%d.\n",n,result);
  return 0;
}
void Welcome()
{
  printf("The program gets a number and evaluates the factorial.
  \n");
}
unsigned int GetInteger( CSTRING prompt )
{
  unsigned int t;
  printf(prompt);
  t=GetIntegerFromKeyboard();
  return t;
}
unsigned int GetFactorial(unsigned int n)
{
  unsigned int result;
  if(n==0)
    result=1;
  else
```

```
    result=n* GetFactorial(n-1);
  return result;
}
```

按照 3.3.3 节关于函数调用栈帧的讨论，可以绘制如图 4-6 所示的调用
GetFactorial 函数前的 main 函数栈帧。为简化问题，设 n 值为 3。

3.3.3 节: 第 88 页。

图 4-6　main 函数的栈帧

当 main 函数以 3 为参数调用 GetFactorial 函数时，系统产生一个新的栈帧，并
在该栈帧中执行以 3 为实际参数的 GetFactorial 函数，如图 4-7 所示。

图 4-7　第一次以 3 为参数调用 GetFactorial 函数时的栈帧（进入函数时）

因为 3 并不是最简单情形，所以要计算其结果必须以 2 为参数递归调用
GetFactorial 函数。此时，系统会再次产生一个新帧，如图 4-8 所示。注意，第一次
调用的 GetFactorial 函数并没有结束，其栈帧仍然存在。

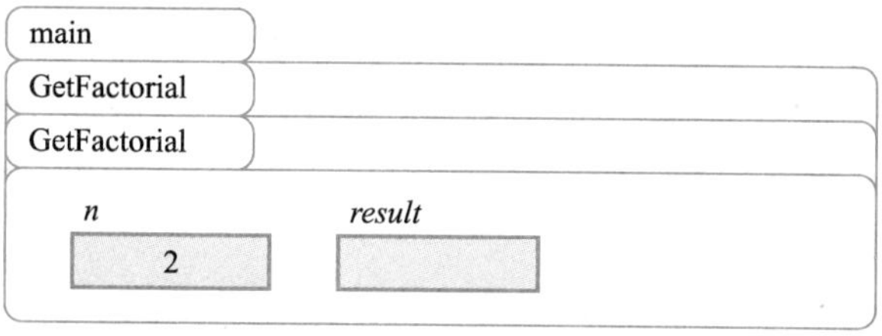

图 4-8　第二次以 2 为参数调用 GetFactorial 函数时的栈帧（进入函数时）

参数 2 仍然不是最简单情形，继续以 1 为参数递归调用 GetFactorial 函数，于
是又产生了一个新的栈帧，如图 4-9 所示。

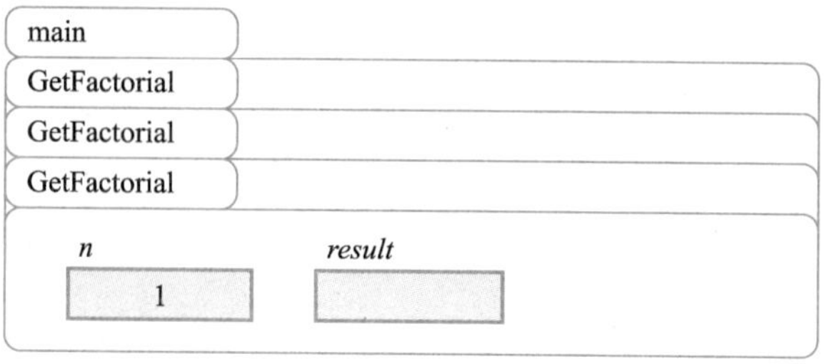

图 4-9　第三次以 1 为参数调用 GetFactorial 函数时的栈帧（进入函数时）

到此为止都是递归函数的递推过程，1 已为最简单情形，此时可以直接计算结果，其值为 1，如图 4-10 所示。

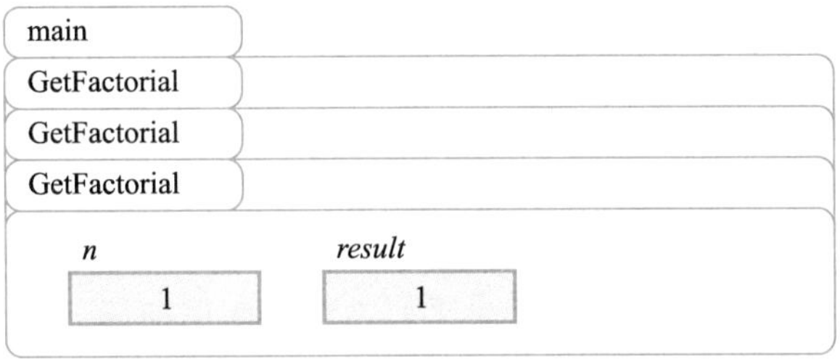

main
GetFactorial
GetFactorial
GetFactorial

n　　　　　*result*
1　　　　　1

图 4-10　第三次以 1 为参数调用 GetFactorial 函数时的栈帧（退出函数前）

一旦第三次调用的 GetFactorial 函数结束执行，其栈帧消失，结果返回给主调函数（此处为第二次调用的 GetFactorial 函数）。此时第二次调用的 GetFactorial 函数就可以据此计算结果，如图 4-11 所示。

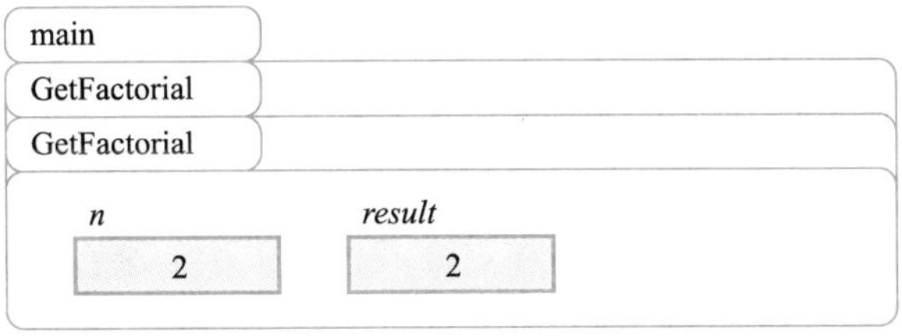

main
GetFactorial
GetFactorial

n　　　　　*result*
2　　　　　2

图 4-11　第二次以 2 为参数调用 GetFactorial 函数时的栈帧（退出函数前）

继续回归过程，第二次 GetFactorial 函数调用结束，栈帧消失，结果返回给第一次调用的 GetFactorial 函数，此时栈帧如图 4-12 所示。

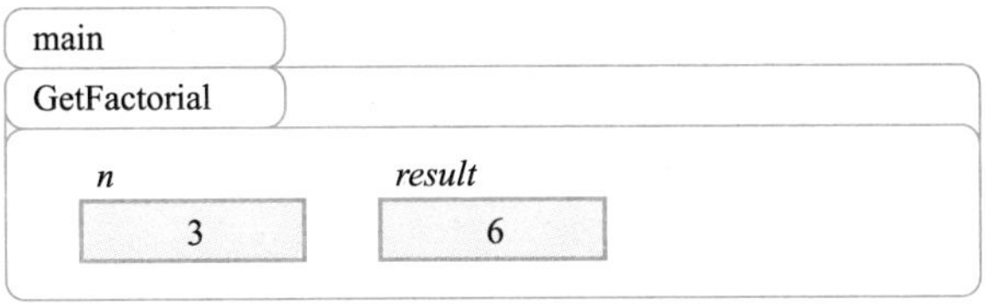

main
GetFactorial

n　　　　　*result*
3　　　　　6

图 4-12　第一次以 3 为参数调用 GetFactorial 函数时的栈帧（退出函数前）

当第一次调用的 GetFactorial 函数也已结束执行，其栈帧消失，结果返回给 main 函数，此时栈帧如图 4-13 所示。

main

n　　　　　*result*
3　　　　　6

图 4-13　递归调用 GetFactorial 函数结束后的栈帧

虽然递归在简化程序实现方面具有明显优势，但也应看到，递归在执行过程中存在的逐层加深的函数调用过程会导致程序运行效率急剧下降，同时过深的函数调用会严重消耗系统可用栈空间，导致函数调用栈的溢出，系统崩溃。所以针对具体问题，选择递归实现还是迭代实现需要根据问题复杂性和程序效率加以综合考虑。

4.4.4 递归信任

在程序设计实践中，程序员经常需要从整体和局部两个方面考虑问题。部分场合需要考虑程序整体行为，部分场合又需要考虑程序局部行为。整个程序设计过程就是程序员的思维在整体与局部间不停切换的奇妙历险。

然而在分析递归问题时，上述思考过程可能会导致一些问题。虽然对计算机而言，递归函数与普通函数没什么两样，但是如果跟踪递归算法流程，程序员很快会发现其过于复杂而难以理解。

因此，即使在理论上跟踪递归流程确实能够揭示递归的全部工作细节并进而证明其正确性，跟踪递归流程也是完全没有必要和不可行的。那么如何验证和证明递归算法的正确性呢？

这里有一项重要原则要记取，那就是不管任何复杂细节而仅考虑单一层次上的操作。引入递归的目的是使程序员远离算法细节而不是陷入算法细节的泥潭无法自拔。理解和使用递归时，程序员需要在更高的抽象层次上进行思考。

递归信任与数学归纳法

　　递归信任的问题讲起来很玄乎，实际上一点都不复杂。回忆中学数学课本中的数学归纳法是如何工作的。递归算法类似。

一个基本假设是，只要递归调用时的参数比原始参数在某种程度上更简单，则递归调用就一定能获得正确答案。心理学上，这种简单递归调用一定正确工作的假设称为递归信任。

在设计递归算法时，建立递归信任非常重要。很多初学者总是怀疑递归的正确性，从而不自觉地跟踪递归过程。对于大部分递归算法，跟踪其调用栈的结果不是将脑子搞得有点晕乎乎的，就是非常晕乎乎的！

有了基本的递归信任，读者就可以发现所有递归算法在设计上都满足特定的规律。一般地，递归算法总是可以表达成如下的形式：

```
if (最简单情形)
{
    直接得到最简单情形下的解
}
else
{
    将原始问题转化为稍简单一些（降低问题规模）的一个或多个子问题
    以递归方式逐个求解上述子问题
    以合理有效的方式将这些子问题的解组装成原始问题的解
}
```

此即为所谓的递归范型，例如可将例 4-10 的递归函数套用到上述范型中：

例 4-10：第 119 页。

```
unsigned int GetFactorial(unsigned int n)
{
    unsigned int result;
    if(n==0)          //最简单情形
```

```
        result=1;              //不使用递归直接获得最简单情形下的解
    else                       //问题分解为 n-1 的阶乘
                               //递归函数调用格式为 GetFactorial(n-1)
                               //原始问题的装配方法为 n* GetFactorial(n-1)
        result=n* GetFactorial(n-1);
    return result;
}
```

【例 4-12】 Hanoi 塔问题。假设有 3 个分别命名为 X、Y 和 Z 的塔座，在塔座 X 上插有 n 个直径大小不同、从小到大分别编号为 1, 2, …, n 的圆盘，如图 4-14 所示。现要求将塔座 X 上的 n 个圆盘移动到塔座 Z 上并按相同顺序叠放，圆盘移动时必须遵循下述规则。

（1）每次只能移动一个圆盘。

（2）圆盘可以插在 X、Y 与 Z 中的任意塔座上。

（3）任何时刻都不能将较大的圆盘压在较小的圆盘上。

如何实现移动圆盘的操作呢？

图 4-14　Hanoi 塔问题

要使用递归，首先需要回答以下两个问题。

（1）是否存在某种简单情形，在该情形下问题很容易解决。就汉诺塔问题而言，只有一个圆盘时是最简单情形。

（2）是否可将原始问题分解成性质相同但规模较小的子问题，且新问题的解答对原始问题有关键意义。

第二个问题比较复杂，需要仔细观察。对于 n>1，可以考虑稍简单一些的情况，例如 n-1 个圆盘。如果能将 n-1 个圆盘移动到某个塔座上，则可以移动第 n 个圆盘。这正是问题的答案，首先将 n-1 个圆盘移动到塔座 Y 上，然后将第 n 个圆盘移动到 Z 上，最后再将 n-1 个圆盘从 Y 上移动到 Z 上。

由此可以写出下面的伪代码：

```
void MoveHanoi( unsigned int n, HANOI from, HANOI tmp, HANOI to )
{
    if(n==1)
        将一个圆盘从 from 移动到 to
    else
    {
        将 n-1 个圆盘从 from 以 to 为中转移动到 tmp
        将圆盘 n 从 from 移动到 to
        将 n-1 个圆盘从 tmp 以 from 为中转移动到 to
    }
}
```

Hanoi 塔问题的由来　Hanoi（汉诺）塔问题由法国数学家 Edouard Lucas 在 1880 年首次提出，其广泛传播受益于法国数学家 Henri De Parville 在 La Nature 一书中所描述的类似传奇故事。

汉诺塔问题现在除了用于解释递归原理好像还没有其他什么实际用途；并且，如果一定要跟踪递归工作过程，汉诺塔问题又足够复杂到会使大多数程序员放弃努力——这迫使程序员不得不培养基本的递归信任。

也正基于此，大多数教科书在介绍递归时都使用汉诺塔问题，它事实上已成为计算机文化遗产的一部分，本书因而一仍旧贯。

参见：Eric S. Roberts. Programming Abstractions in C[M]. New Jersey: Addison-Wesley, 1998: 197.

完整程序代码如下：

```c
//程序名称：Eg0412
//程序功能：Hanoi 塔
#include<stdio.h>
#include<math.h>
#include "zylib.h"
// 枚举类型 HANOI，其文字分别表示 3 个圆柱的代号
typedef enum{X, Y, Z} HANOI;
void Welcome();
unsigned int GetInteger(CSTRING prompt);
// 函数名称：MoveHanoi
// 函数功能：移动 n 个圆盘
// 参    数：n 为圆盘数目，from 为原位置，tmp 为中转，to 为目标
// 返 回 值：无
void MoveHanoi(unsigned int n, HANOI from, HANOI tmp, HANOI to);
// 函数名称：ConvertHanoiToString
// 函数功能：将 HANOI 类型转换为字符串输出
// 参    数：x 为 HANOI 类型，其取值为 3 个圆柱代号 X、Y、Z
// 返 回 值：转换后的字符串。若 x 有误，则返回"Error"
STRING ConvertHanoiToString( HANOI x );
// 函数名称：MovePlate
// 函数功能：将第 n 个圆盘从 from 移动到 to
// 参    数：n 为圆盘编号，from 为原位置，to 为目标位置
// 返 回 值：无
void MovePlate(unsigned int n, HANOI from, HANOI to);
int main()
{
  unsigned int n;
  Welcome();
  n=GetInteger("Input number of plates: ");
  MoveHanoi(n, X, Y, Z);
  return 0;
}
void Welcome()
{
  printf("The program shows the moving process of Hanoi Tower.\n");
}
unsigned int GetInteger(CSTRING prompt)
{
  printf(prompt);
  return GetIntegerFromKeyboard();
}
void MoveHanoi(unsigned int n, HANOI from, HANOI tmp, HANOI to)
{
```

```
  if(n==1)
    MovePlate(n, from, to);
  else
  {
    MoveHanoi(n-1, from, to, tmp);
    MovePlate(n, from, to);
    MoveHanoi(n-1, tmp, from, to);
  }
}
void MovePlate(unsigned int n, HANOI from, HANOI to)
{
  STRING from_str, to_str;
  from_str=ConvertHanoiToString(from);
  to_str=ConvertHanoiToString(to);
  printf("%d: %s --> %s\n", n, from_str, to_str);
}
STRING ConvertHanoiToString(HANOI x)
{
  switch( x )
  {
  case X:
    return "X";
  case Y:
    return "Y";
  case Z:
    return "Z";
  default:
    return "Error";
  }
}
```

HANOI 为 Hanoi 塔座的枚举类型，形式参数 *from*、*tmp*、*to* 为诸如 X、Y、Z 的塔座编号。为表示圆盘移动过程，程序使用 MovePlate 函数模拟，打印某圆盘从源塔座到目标塔座的移动过程。此外，为将枚举类型值转换为字符串输出，程序中还实现了一个辅助函数 ConvertHanoiToString。

程序运行结果如下：

```
The program shows the moving process of Hanoi Tower.
Input number of plates: 4↵
1: X --> Y
2: X --> Z
1: Y --> Z
3: X --> Y
1: Z --> X
2: Z --> Y
1: X --> Y
```

```
4: X --> Z
1: Y --> Z
2: Y --> X
1: Z --> X
3: Y --> Z
1: X --> Y
2: X --> Z
1: Y --> Z
```

由本例可知，对于复杂问题使用递归方法可以获得非常简洁的程序。

递归编程时，只要选择了正确的任务分解样式，标识了正确的简单情形并实现了正确的递归策略，则递归一定能够正常工作。如果递归不正确，则原因只能出在上述 3 点中，而不会是递归机制本身的问题。因此，在查找递归程序错误时，只需要检查一层递归即可，跟踪递归的栈帧没有任何意义。

为保证递归正确工作，必须回答下述 6 个问题。

（1）递归实现是否检查了最简单情形。在尝试将问题分解成子问题前，首先应检查问题是否已足够简单。在大多数情况下，递归函数以 if 开头，如果程序不是这样，请仔细检查源程序确保了解所编写代码的准确含义。

"最简单情形不能调用递归" 是指不能直接或间接调用自身，但可以调用与本递归算法完全无关的其他递归算法。

（2）是否解决了最简单情形。大量递归错误都是因为没有正确解决最简单情形所导致的。注意，最简单情形不能调用递归。

（3）递归分解是否使问题更简单。只有分解出的子问题更简单，递归才能正确工作，否则将形成无限递归，算法无法终止。

（4）问题简化过程是否能够正确回归最简单情形，还是遗漏了某些情况。例如汉诺塔问题需要调用两次递归，程序中如果遗漏了任意一个都会导致错误。

（5）子问题是否与原始问题完全一致。如果递归过程改变了问题实质，则整个过程肯定会得到错误结果。

（6）使用递归信任时，子问题的解是否正确组装为原始问题的解。任务只是递归过程的一部分，将子问题的解正确组装以形成原始问题的解也是必不可少的步骤。

递归是重要的算法设计方法之一，程序员必须熟练掌握它。

4.5　容　　错

所谓容错是指允许错误的发生。一般地，程序在运行时总会遇到各种各样的复杂情况。这些情况在程序员设计、验证和测试程序时可能并不存在，例如用户输入了错误数据，发布了错误命令等。程序必须考虑一旦出现异常或错误情况时应如何处理。

一般地，在出现了某种异常或错误情况时，不外乎以下 3 种解决方法。

（1）该情况为很少见的特殊情形和普通错误。程序可忽略该错误继续运行，不会对最终结果造成负面影响。

（2）该情况属于用户输入错误。此时应通知用户错误性质，提醒用户更正其输入后重新开始计算。

（3）该情况为致命错误。程序必须通知用户错误性质，并停止运行，将错误局限在某个范围内，保证错误不会传播。

4.5.1　数据有效性检查

在讨论程序测试时，3.5.1 节引入了数据有效性检查的基本方法。一般地，对用户输入数据有效性进行检查的方法总是类似于：

```
void GetUserInput()
{
    获取用户输入数据
    while( 用户输入数据无效 )
    {
        通知用户输入数据有误，提醒用户重新输入数据
        重新获取用户输入数据
    }
}
```

例如对于例 3-7，绝对零度的检验是必需的，因此程序必须具有必要的容错处理功能： 例 3-7：第 98 页。

```
void Input()
{
    c=GetFloat("Input a temperature value(C): ");
    while(c<=absolute_zero)
    {
        printf("The temperature value is below %.2f.\n", absolute_zero);
        c=GetFloat("Input a value greater than the absolute zero: ");
    }
}
```

对数据有效性进行检查不仅适用于用户输入数据的场合。事实上，对于任意函数，如果某个参数的取值范围可能超出其物理意义，数据有效性检查就必须进行。

【例 4-13】　求斐波那契数列的第 n 项，$n \geqslant 1$。要求能进行容错处理。

递归函数代码如下：

```
unsigned int GetFibonacci(unsigned int n)
{
    //确保 n 所有取值都得到了处理
    if(n==0)
        return 0;
    if(n==2||n==1)
        return 1;
    return GetFibonacci(n-1) + GetFibonacci(n-2);
}
```

对于斐波那契数列,原始算法没有考虑参数 n 为 0 的可能。数列的第 0 项有没有意义? 程序员设计算法前必须搞清楚此问题。有的专家认为斐波那契数列没有第 0 项,有的专家认为斐波那契数列的第 0 项就是 0——这保持了数列性质未变。因此,在 n 为 0 时上述代码简单返回 0。

4.5.2 程序流程的提前终止

某些情况下,算法接收到某个不具有物理意义的输入,程序继续运行会带来不可估量的负面影响,此时应提前终止程序运行。

C 标准库提供了一个函数 exit 用于提前终止程序运行,该函数定义于 stdlib 库中,故调用此函数前必须包含头文件 "stdlib.h"。

exit 函数接受一个整型参数(称为退出码),用于表示程序退出的原因。作为一般原则,每个程序都应详细描述所有可能的退出原因,并使用常量或常数定义它们。在满足某个退出条件时,程序使用该常数或常量作为退出码调用 exit 函数。

【例 4-14】 素性判定函数 IsPrime 第六版。要求能进行容错处理。

在设计素性判定函数时已指出,前述各版本仅能解决大于 2 的自然数素性判定问题,它们并不能扩展到非负整数集。按照一般结论,2 是素数;1 是否为素数,数学家们没有统一意见。此外,0 并不是自然数,素性判定也没有意义。算法必须能够体现这一点,即不管参数 n 的某个取值是否有物理意义,算法都必须处理它们——如果某个取值是语法规则允许的,但却没有任何物理意义,那么程序中一定要给出这种情况如何处理的代码。

据此程序员可以修改 IsPrime 函数,将其实现为:

```
const int failed_in_testing_primality=1;
BOOL IsPrime(unsigned int n)
{
 unsigned int i=3, t=(unsigned int)sqrt(n) + 1;
 if(n<=1)        // 在 n 为 0、1 时输出错误信息,终止程序运行
 {
   printf( "IsPrime: Failed in testing the primality of %d.\n", n );
   exit(failed_in_testing_primality);
 }
 if(n==2)        //确认 2 的素性
   return TRUE;
 if(n%2==0)
   return FALSE;
 while(i<=t)
 {
   if(n%i==0)
      return FALSE;
   i+=2;
 }
```

```
    return TRUE;
  }
```

在此，通过 exit 函数在函数异常时提前结束。并且，如果后续程序需要针对此情况进行特殊处理，在素性测试函数终止后，通过系统提供的特殊技术手段可以获得素性测试程序的退出码。

总是在程序中联合使用 printf 函数与 exit 函数不太方便。为此，zylib 库实现了一个函数 PrintErrorMessage，该函数第一个参数 *on* 为 BOOL 类型，表示程序是否继续运行，如果其值为 TRUE 则表示程序继续运行，否则退出；其他参数的意义与 printf 完全相同。PrintErrorMessage 函数的一个重大改进是输出的错误信息中包含了错误发生时的具体时间。

素性判定函数 IsPrime 第六版的具体代码如下：

```
BOOL IsPrime(unsigned int n)
{
  unsigned int i=3,t=(unsigned int)sqrt(n)+1;
  if(n<=1)        // 在 n 为 0、1 时输出错误信息，终止程序运行
    PrintErrorMessage(FALSE, "IsPrime: Failed in testing the
    primality of %d.", n );
  if(n==2)        //确认 2 的素性
    return TRUE;
  if(n%2==0)
    return FALSE;
  while(i<=t)
  {
    if(n%i==0)
        return FALSE;
    i+=2;
  }
  return TRUE;
}
```

有了上述代码，当用户输入 1 时，程序运行结果如下：

```
The program gets a number and tests its primality.
Input a non-negative number: 1↵
[2007-01-10 15:19:41]IsPrime: Failed in testing the primality of 1.
```

同样地，Hanoi 塔问题中的 ConvertHanoiToString 函数应修改为：

```
STRING ConvertHanoiToString(HANOI x)
{
  switch(x)
  {
  case X:
    return "X";
  case Y:
    return "Y";
  case Z:
```

```
        return "Z";
    default:
        PrintErrorMessage(FALSE, "ConvertHanoiToString: Illegal
        parameter.");
    }
}
```

4.5.3 断言与不变量

在 C 程序中另外一种进行容错处理的技术手段是使用断言。

可以证明，任何程序中都存在一些特定点（位置），只要程序运行到该点，即程序控制流到达该处，关于某个计算状态的判断就总是成立的。在程序设计语言中，断言就是指关于该计算状态的判别式。

例如，IsPrime 函数第七版可以实现为：

```
BOOL IsPrime(unsigned int n)
{
    unsigned int i=3,t=(unsigned int)sqrt(n)+1;
    assert( n> 1 );     //判定 n>1 是否成立。若成立继续运行，否则终止
    if(n==2 )
        return TRUE;
    if(n%2==0)
        return FALSE;
    while(i<=t)
    {
    if(n%i==0)
        return FALSE;
        i+=2;
    }
    return TRUE;
}
```

在 C 中，assert 其实并不是函数而是宏，其声明位于 C 语言的头文件 "assert.h" 中。因此若要在程序中使用断言，就必须包含该头文件。

有关宏的进一步讨论，请读者参阅 5.4 节，第 153 页。

当程序包含断言时，若断言括号内判别式的逻辑值为真，则什么事情都不做——就好像那条断言语句根本不存在；若判别式为假，则触发一条调试消息，显示内容一般为断言失败信息，并给出断言判别式具体内容以及该断言所在的文件名和行号，然后终止程序运行。

断言像其他语句一样被编译成二进制指令保存在最终程序中，其最主要目的是调试那些算法逻辑还不太清晰的程序。调试工作完成后，最终程序中一般不再需要断言指令。例如对于 IsPrime 函数，如果所有主调函数都已保证 n 值不小于 2，则该断言就不再有任何意义。

此时，程序员可能希望在最终可执行文件中消除断言代码。C 规定，如果在包含头文件 "assert.h" 前定义了 NDEBUG 宏，则程序中所有断言都会被自动忽略，例如：

```
#define NDEBUG
```

```
#include<assert.h>   //使用断言宏必须包含的头文件
BOOL IsPrime(unsigned int n)
{
  unsigned int i, t;
  assert(n>1);         //若 NDEBUG 宏已定义，则简单忽略断言语句
  ...
}
```

程序设计理论界使用更精确的术语"不变量"表示断言。不变量的含义是指无论程序如何运行，断言的值都应保持不变。编程时使用术语"断言"表示出现在程序中的判断代码，而理论上使用"不变量"表示程序运行时应具有的恒定属性。

不变量是程序最重要的特性之一，它在程序代码文本与动态计算过程之间构建了一个桥梁。通过该桥梁，程序员能够根据程序静态代码文本的性质了解动态计算过程的性质，从而有助于编写正确的程序代码。

总结而言，容错在程序开发中拥有十分重要的地位。有了容错，程序的健壮性才有了基本保证。程序员可以通过数据有效性检查，在发生错误或某些异常情况下更正错误或提前终止程序运行，还可以使用断言为程序提供另一容错途径和调试手段。在开发程序时可以根据错误和异常情况的性质合理选择。

4.6 算法复杂度

解决实际问题时需要对算法进行性能分析，例如算法执行效率如何？有没有更好的算法？该如何评估算法效率？虽然不要求每位程序员都是算法分析专家，但了解算法分析的一些基础知识对算法设计有很大帮助。

4.6.1 引入复杂度的意义与目的

对于普通程序员而言，算法分析主要依靠直觉而不是丰富的数学知识。例如，对于下述代码：

```
BOOL IsPrime(unsigned int n)
{
  unsigned int i=2;
  while(i<n)
  {
    if(n%i==0)
      return FALSE;
    i++;
  }
  return TRUE;
}
```

断言和提前终止的差别

断言和程序提前终止不同。

一般地，当将提前终止代码编写在程序中时，只要遇到该错误或异常情况，程序流程就会退出。

而若使用断言，则仅在未定义 NDEBUG 宏时才会终止程序。亦即，程序中的断言可以取消。

目前主流的意见已从推荐使用断言转变为使用提前终止语句，即将所有错误代码都编写在最终可执行程序中。

其问题规模为 n，算法的执行步数或执行时间与 n 近似成正比，即 n 值越大，程序运行时间越长，其变化趋势维持线性关系。

再如下述代码：

```
BOOL IsPrime(unsigned int n)
{
  unsigned int i=3,t=(unsigned int)sqrt(n)+1;
  assert(n>1);
  if(n==2)
      return TRUE;
  if(n%2==0)
      return FALSE;
  while(i<=t)
  {
      if(n%i==0)
        return FALSE;
      i+=2;
  }
  return TRUE;
}
```

其问题规模同样为 n，但算法执行步数或执行时间却不是与 n 近似成正比，而是与 $\sqrt{n}$ 近似成正比，即变化趋势与 $\sqrt{n}$ 近似维持线性关系。

这表明，对于同一问题，后一种算法比前一种算法需要时间更少，即后一种算法效率更高，并且问题规模 n 越大，效果越明显。

那么，到底如何衡量算法的效率差异呢？理论计算机科学专家认为，如果使用 n 表示算法的问题规模，则算法的性能随 n 的变化而变化的趋势称为算法的计算复杂度，简称复杂度。

一般地，描述算法性能的最重要指标有两个——执行时间长短和所占用存储空间大小。衡量前者的复杂度称为时间复杂度，衡量后者的复杂度称为空间复杂度。目前存储硬件对大部分应用程序而言都不太重要——价格不高且很容易扩充，所以本节只关注时间复杂度。

4.6.2 大 O 表达式

理论计算机科学家们使用大写字母 "O" 表示算法复杂度，例如 $O(n)$ 表示算法复杂度与问题规模 n 成正比，$O(\sqrt{n})$ 表示算法复杂度与问题规模 n 的平方根近似成正比，而 $O(n^2)$ 则表示算法复杂度与问题规模 n 的平方近似成正比。大 O 表达式近似地描述了算法性能的本质。

使用大 O 表达式的根本目的是获得算法性能随着问题规模 n 的变化趋势，因而着眼点是定性描述而不是定量描述，故一般仅保留关系式中最重要的部分。具体化简规则如下。

（1）忽略所有对变化趋势影响不大的项。例如若表达式包括多项，则除最高阶项外的其他项均忽略。

（2）忽略所有与问题规模无关的系数。例如，若有函数关系式 $f = 2n^2 + 3n + 5$，化简后为 $f \propto n^2$，此时用 $O(n^2)$ 表示该算法复杂度为平方级的。

一般地，常用算法复杂度有以下几种。

（1）常数级，记为 $O(1)$，表示执行时间与问题规模无关。

（2）对数级，记为 $O(\log n)$，表示执行时间与 $\log n$ 近似成正比。

（3）平方根级，记为 $O(\sqrt{n})$，表示执行时间与 $\sqrt{n}$ 近似成正比。

（4）线性级，记为 $O(n)$，表示执行时间与 n 近似成正比。

（5）$n\log n$ 级，记为 $O(n\log n)$，表示执行时间与 $n\log n$ 近似成正比。

（6）平方级，记为 $O(n^2)$，表示执行时间与 n^2 近似成正比。

（7）立方级，记为 $O(n^3)$，表示执行时间与 n^3 近似成正比。

（8）指数级，记为 $O(2^n)$，表示执行时间与 2^n 近似成正比。

（9）阶乘级，记为 $O(n!)$，表示执行时间与 $n!$ 近似成正比。

上述常用算法复杂度称为标准复杂度类型，它们的执行时间变化趋势逐级递增。实践中，在问题规模 n 不大时，任何算法复杂度类型都可以接受；但当问题规模 n 很大时，指数级以上的算法复杂度不可接受。

为衡量问题的可解决性，理论计算机科学家们认为，那些具有多项式级的算法是较好的算法，凡是可以在多项式时间内能解决的问题都是易处理的问题，即对该问题存在 $O(n^k)$ 级（k 为与 n 无关的常数）的算法。而那些不能在多项式时间内解决的问题都是不易处理的问题。

实践中有很多问题迄今为止未找到多项式级的算法，当然也没有证明在多项式时间内不能解决它们。这些问题是理论计算机科学领域悬而未决的问题，只要攻克了其中任何一个——不管是找到了某种算法还是给出了不能在多项式时间内解决该问题的证明，都一定会获得计算机领域的最高奖——图灵奖。

4.6.3 复杂度估计

对于下述程序代码，如何估计它的复杂度呢？

```
for(i=0;i<n;i++)
    sum+=i;
```

一般地，假设问题规模为 n，算法总执行时间 T 可使用执行步数 f 来衡量。显然，算法执行步数 f 是问题规模 n 的函数。若算法执行步数 f 正比于 n，即 $f \propto n$，则称该算法复杂度为线性的；若算法执行步数 f 正比于 n^2，即 $f \propto n^2$，则称该算法复杂度为平方级的；等等。

在估计算法时间复杂度时，有个小技巧。因为复杂度不考虑低阶项与系数，所以可只考虑算法解决问题时随问题规模 n 变化的特征，这些特征几乎总是与循环结构相关。

对于上例，无论循环体中 printf 函数每次迭代的执行时间有多长，它都与问题规模无关，因而是常数级的；而算法本身会执行 n 次，这与问题规模有关。故上述

算法时间复杂度为 $O(n)$。

再如，对于下述代码：

```
for(i=0;i<n;i++)
    for(j=0;j<n;j++)
        sum+=i*j;
```

二重循环使得循环体执行 n^2 次，故算法时间复杂度为 $O(n^2)$。

现在来看一个稍微复杂一点的例子。对于下述代码：

```
for(i=0;i<n;i++)
    for(j=i;j<n;j++)
        sum+=i*j;
```

循环体的执行次数与外层循环的循环变量值有关。当 i 为 0 时，内层循环执行 n 次；i 为 1，内层循环执行 $n-1$ 次；……；i 为 $n-1$，内层循环执行 1 次。故循环体总执行步数为 $n+(n-1)+\cdots+1=\dfrac{1}{2}n^2+\dfrac{1}{2}n$，算法时间复杂度同样为 $O(n^2)$。

实践中，部分算法的时间复杂度非常难以估计，需要深奥的数学知识。

本 章 小 结

本章与第 3 章紧密相关，主要研究算法定义与特征、算法描述方法与工具、算法设计原则、递归算法、容错与算法复杂度等问题。

概念上，算法是解决问题的方法和步骤。对于计算机程序而言，算法必须能够编程实现。算法具有 5 种典型特征：有穷性、确定性、输入、输出和有效性。注意，正确性和精确性并不是算法的本质特征，它们必须由程序员予以保证或证明。

描述算法时，可以使用伪代码或流程图。伪代码书写方便，修改容易，主要用于分析和设计算法的场合；而流程图更美观，主要用于算法设计完毕后编撰说明文档的场合。

本章通过几个经典实例表明，很多问题都具有多种解决方案，而不同解决方案的差异可能极大。因此在设计和实现算法时，程序员应仔细权衡可读性、可维护性与算法效率的要求，慎重选择合适的算法。

递归是极为重要的程序设计方法，很多复杂问题可以使用递归设计简洁优雅的程序代码。读者应了解，编写递归程序的关键是递归信任。读者应严格按照本章的递归范型设计递归算法，并认真回答 4.4.4 节提出的 6 个问题。此外，所有递归程序理论上都可以使用迭代方法代替，并且迭代方法效率往往更高。但在求解复杂问题时，递归的方便性和可理解性往往超出对执行效率的追求。

4.4.4 节：第 124 页。

容错是算法设计时必须考虑的关键问题之一，是保证程序健壮性的关键技术。一般地，在解决现实问题时，数据对象的取值范围极有可能超出其具有的物理意义，此时必须进行容错处理。另外，设计良好的算法应该允许用户犯错误，并且在用户犯错误时予以提醒，并给予更正的机会。

为定性描述算法效率，本章引入算法复杂度的概念。算法复杂度与问题规模有关，习惯上使用大 O 表达式表示。在书写大 O 表达式时，那些低阶项和与问题规模无关的系数都可以也应该省略。

习　题　4

一、概念理解题

4.1.1　什么是算法？算法有哪些基本特征？为什么说正确性与精确性并不是算法的基本特征？

4.1.2　什么是伪代码？使用伪代码描述算法有什么好处？你认为使用伪代码描述算法有什么不足？

4.1.3　使用带有结构化程序结构的伪代码描述例 4-1 与例 4-2 的算法。

例 4-1：第 106 页。
例 4-2：第 106 页。

4.1.4　什么是流程图？流程图的基本符号有哪些？它们分别对应了什么样的程序结构或组织方式？使用流程图描述算法有什么好处？

4.1.5　使用流程图描述本章给出的素性判定函数 IsPrime 与最大公约数函数 gcd。

4.1.6　什么是容错？它有什么意义？

4.1.7　容错主要用于处理什么情况？有哪些技术手段可以完成这些工作？

例 4-10：第 119 页。

4.1.8　证明例 4-10 给出的两种解决方案都是算法。

4.1.9　证明例 4-11 给出的两种解决方案都是算法。

例 4-11：第 120 页。

4.1.10　挑战性问题。证明例 4-9 给出的辗转相除方法确实是算法。感兴趣的读者可以查阅欧几里得的原著《元素》。

例 4-9：第 118 页。

4.1.11　什么是递归？在编写递归程序时需要回答哪些基本问题？

4.1.12　什么是递归信任？为什么需要递归信任？

4.1.13　什么是算法复杂度？为什么需要引入算法复杂度的概念？

4.1.14　如何化简大 O 表达式？如何估计算法的时间复杂度？

4.1.15　下列两个算法的时间复杂度分别为多少？

算法 A

```
unsigned int A( unsigned int n )
{
  unsigned int i, result=0;
  for(i=1;i<=n;i++)
  {
    result+=i;
  }
  return result;
}
```

算法 B

```
unsigned int B(unsigned int n)
{
  unsigned int i=n, count=0;
  while(i>=1 )
  {
    i/=2,count++;
  }
  return count;
}
```

4.1.16　挑战性问题。阅读有关软件工程、程序设计理论方面的著作，以《试论程序的可读性、可维护性与效率》为题，写一篇 3 000～5 000 字的论文。

二、编程实践题

4.2.1　设计算法，将某个合数 n 分解为若干素数的乘积，如 $6 = 2 \times 3$。

4.2.2　编写程序，接受用户输入的自然数 m、n，调用例 4-9 给出的 gcd 算法计算最大公约数。同时设计一算法 lcm，调用 gcd 算法获得最小公倍数，并调用 lcm 算法输出最小公倍数。

例 4-14：第 130 页。

4.2.3　编写程序，接受用户输入的自然数 n，调用例 4-10 给出的递归 GetFactorial 算法打印 1~n 之间所有数的阶乘，要求每行打印一个。

4.2.4　编写程序，接受用户输入的自然数 n，调用例 4-11 给出的递归 GetFibonacci 算法打印斐波那契数列的前 n 项，要求每行打印 5 个数后换行，并保证数据能够右对齐。如果不清楚最少需要多大场宽，简单设定场宽为 10。

4.2.5　编写程序，接受用户输入的自然数 n，调用例 4-14 给出的 IsPrime 函数终极版输出 2~n 之间的所有素数。要求每行打印 5 个素数后换行，并保证数据能够右对齐。

4.2.6　存在自然数 n，其所有小于自身的因子之和等于该数，这样的数称为完数。设计算法，判断某个给定的自然数 n 是否为完数，要求具有容错处理功能。

4.2.7　继续上一题。设计算法，打印 1~9 999 间的所有完数。上一题的容错功能是否符合本题要求？

4.2.8　假设有一对小兔子，一个月后成长为大兔子，从第二个月开始，每对大兔子生一对小兔子。不考虑兔子的死亡，设计算法求第 n 个月的兔子总数。你是如何将此问题抽象为计算机可解决的问题的？

4.2.9　不使用递归设计算法，求二项式系数 C_n^k。

4.2.10　继续上一题。已知 $C_n^k = \begin{cases} 1 & k = 0, n \\ C_{n-1}^k + C_{n-1}^{k-1} & 0 < k < n \end{cases}$，使用递归方法求解 C_n^k。

4.2.11　给定一个自然数 n，求其各位数字之和，例如数 1 234 的各位数字之和为 10。

4.2.12　继续上一题。重复上一过程，一直得到 1~9 之间的数。如 1 234 得到的各位数字之和为 10，继续计算，得到 10 的各位数字之和为 1。

4.2.13　继续上一题。检查 1~99 999 之间的所有数，最终结果中出现次数最多的数字是几？出现次数最少的数字呢？

4.2.14　挑战性问题。在实际编程中，存在这样一种情况：有两个函数 A、B，其中函数 A 要完成计算任务必须调用函数 B，而函数 B 要完成计算任务又必须调用函数 A。这种现象称为交叉递归。使用交叉递归方法判断某个给定自然数的奇偶性。提示：函数原型可设计如下：

```
BOOL IsOdd(unsigned int n );       //判定 n 是否为奇数
BOOL IsEven(unsigned int n );      //判定 n 是否为偶数
```

关键是如何设计算法，保证两个函数可以进行交叉递归调用。

4.2.15　为以前编写的所有程序添加必要的容错功能。

习题 3.2.12：第 103 页。

4.2.16　挑战性问题。与习题 3.2.12 相关。如何按照下述格式打印呢？同样要将程序中所有重复操作都抽象为函数。注意下述要求：① 各月份间有 3 个空格；② 星期日前没有额外空格；③ 部分月份需要 6 行才能打印完毕。

```
Calendar 2018-01      Calendar 2018-02      Calendar 2018-03
--------------------  --------------------  --------------------
Su Mo Tu We Th Fr Sa  Su Mo Tu We Th Fr Sa  Su Mo Tu We Th Fr Sa
--------------------  --------------------  --------------------
    1  2  3  4  5  6               1  2  3               1  2  3
 7  8  9 10 11 12 13   4  5  6  7  8  9 10   4  5  6  7  8  9 10
14 15 16 17 18 19 20  11 12 13 14 15 16 17  11 12 13 14 15 16 17
21 22 23 24 25 26 27  18 19 20 21 22 23 24  18 19 20 21 22 23 24
28 29 30 31           25 26 27 28           25 26 27 28 29 30 31
--------------------  --------------------  --------------------
```

```
Calendar 2018-04            Calendar 2018-05            Calendar 2018-06
-------------------         -------------------         -------------------
Su Mo Tu We Th Fr Sa        Su Mo Tu We Th Fr Sa        Su Mo Tu We Th Fr Sa
-------------------         -------------------         -------------------
 1  2  3  4  5  6  7                 1  2  3  4  5                        1  2
 8  9 10 11 12 13 14         6  7  8  9 10 11 12         3  4  5  6  7  8  9
15 16 17 18 19 20 21        13 14 15 16 17 18 19        10 11 12 13 14 15 16
22 23 24 25 26 27 28        20 21 22 23 24 25 26        17 18 19 20 21 22 23
29 30                       27 28 29 30 31              24 25 26 27 28 29 30
-------------------         -------------------         -------------------


Calendar 2018-07            Calendar 2018-08            Calendar 2018-09
-------------------         -------------------         -------------------
Su Mo Tu We Th Fr Sa        Su Mo Tu We Th Fr Sa        Su Mo Tu We Th Fr Sa
-------------------         -------------------         -------------------
 1  2  3  4  5  6  7                 1  2  3  4                           1
 8  9 10 11 12 13 14         5  6  7  8  9 10 11         2  3  4  5  6  7  8
15 16 17 18 19 20 21        12 13 14 15 16 17 18         9 10 11 12 13 14 15
22 23 24 25 26 27 28        19 20 21 22 23 24 25        16 17 18 19 20 21 22
29 30 31                    26 27 28 29 30 31           23 24 25 26 27 28 29
-------------------         -------------------         30
                                                        -------------------


Calendar 2018-10            Calendar 2018-11            Calendar 2018-12
-------------------         -------------------         -------------------
Su Mo Tu We Th Fr Sa        Su Mo Tu We Th Fr Sa        Su Mo Tu We Th Fr Sa
-------------------         -------------------         -------------------
    1  2  3  4  5  6                    1  2  3                           1
 7  8  9 10 11 12 13         4  5  6  7  8  9 10         2  3  4  5  6  7  8
14 15 16 17 18 19 20        11 12 13 14 15 16 17         9 10 11 12 13 14 15
21 22 23 24 25 26 27        18 19 20 21 22 23 24        16 17 18 19 20 21 22
28 29 30 31                 25 26 27 28 29 30           23 24 25 26 27 28 29
-------------------         -------------------         30 31
                                                        -------------------
```

第 5 章　程序组织与软件工程

◉
学习目标

1. 熟悉 C 程序的组织结构，掌握源文件与头文件的差异。
2. 掌握接口的概念，理解接口是用户和库之间的界面和信息交流通道，理解接口是实现程序抽象的手段。
3. 了解 C 语言标准库的常用接口与常用函数，掌握通过相关接口调用库函数的方法。
4. 了解接口设计的一般原则，掌握库的接口定义与编码实现的方法。
5. 了解实体的作用域与生存期的概念，掌握在程序中定义实体的方法。
6. 掌握宏的定义与使用方法，了解含参宏与函数的差异。
7. 了解条件编译的目的与意义，能使用条件编译命令控制代码编译过程。
8. 了解典型的软件开发流程，能够按照软件开发流程编写实际的应用程序。

5.1 库 与 接 口

总体而言，现代程序设计离不开库的支持。库中存在大量经过严格测试的基本功能模块，这些模块为开发实际程序提供了极大的方便。当需要使用库提供的某项功能时，按照其接口直接调用即可，库的存在免除了程序员从头设计所有功能的负担。

因而，能够熟练编写程序实现某种功能固然重要，能够合理使用已有的成果也十分重要。

5.1.1 库与程序文件

如前所见，源程序文件可以包含一个或多个函数，而一个程序可以由一个或多个这样的源程序文件组成，只是其中有且仅有一个源程序文件包含唯一的 main 函数。

例如，本书中出现的大量实例都涉及 3 个文件，一个是保存 main 函数的文件——笔者习惯上将其命名为 "main.c"，一个 zylib 库源文件 "zylib.c" 和对应头文件 "zylib.h"。

这 3 个文件间的关系如图 5-1 所示。当 "main.c" 文件中的 main 函数调用 GetIntegerFromKeyboard 函数时，只能通过 zylib 库的头文件 "zylib.h" 进行。此处，头文件 "zylib.h" 充当 zylib 库的接口，包含 zylib 库向外界提供的所有函数的原型，而源文件 "zylib.c" 则包含这些函数的具体实现代码。

图 5-1 用户、接口与库的关系

正如汽车司机可以不了解发动机的结构与原理一样，库的用户关心的是库能不能提供正确的功能模块，而不是这些功能模块的实现细节。具体而言，通过库的接口使用库提供的功能，程序员不需要知道这些功能到底是谁实现的以及如何实现的，他唯一需要了解的就是按照什么样的格式调用这些函数或模块才能保证程序正确工作。

接口的全部目的即在于此。作为程序抽象的一种重要途径，通过将功能的实现者（库）与使用者（用户）相互分离，隐藏功能的实现细节，接口使得用户可以在更高层次上考虑程序实现。

库的设计者在库完成设计和编码后向用户提交库时有两种方式：一是提供库的头文件和源文件；二是提供库的头文件和编译后的库可执行代码（一般为 ".lib" 文件）。对于后者，库的使用者看不到库的源代码，因而从库的实现细节中完全解脱出来，同时也保证了库具体设计的保密性。

无论采用哪种方法，库的使用者都必须在工程项目中包含对库的引用。对于第一种方式，需要将库的头文件和源文件包含在工程项目中。对于第二种方式，需要保证工程项目能够包含库的头文件，并将库的可执行代码文件添加到工程项目中。直接将库的头文件和可执行文件复制到标准包含路径和库路径下是不行的——C 编译器并不能自动识别和引用用户添加的库。

5.1.2 标准库

标准库并不是 C 语言本身的组成部分。但是，几乎所有支持标准 C 的编译器产品都提供相应的标准库以供用户使用。通过在源程序中包含相关头文件就可以使用标准库的功能。

1. 标准 I/O 库

最常用的 C 标准库是标准 I/O 库，该库的接口就是一直在用的"stdio.h"。标准 I/O 库中包含了很多与用户输入输出有关的函数，如表 5-1 所示。

表 5-1　标准 I/O 库提供的常用函数

函　数　原　型	函　数　说　明
STRING gets(STRING *buffer*);	从标准输入设备获取字符串，调用结束后可以通过参数访问该字符串。返回值也为该参数值，若发生错误，则返回哑字符串
int printf(CSTRING *fmt*, ⋯);	按照 *fmt* 格式的规定向标准输出设备输出信息，返回输出的字符个数。若发生错误则返回某个负值
int puts(CSTRING *str*);	向标准输出设备输出字符串信息
int scanf(CSTRING *fmt*, ⋯);	按照 *fmt* 格式的规定从标准输入设备获取信息，返回已成功赋值的字段个数。若没有字段被赋值返回 0；若 *fmt* 为哑字符串（不存在），则发生错误

表中所列仅为最常用的 4 个，还有部分与文件相关的常用函数将在 8.2 节讨论。注意，这里 CSTRING 为 zylib 库中定义的数据类型，其具体解释见 7.4 节，读者这里只需要记住它表示参数 *fmt* 和 *str* 是不可更改的字符串常量，函数内部不会也不能改变字符串的内容。8.2 节：第 249 页。

7.4 节：第 227 页。

标准 I/O 库是最常用的 C 标准库。

2. 标准数学库

大部分常用的数学函数都定义在 C 标准库的数学库中，其头文件为"math.h"。表 5-2 列出了常用的数学函数。

表 5-2　标准数学库提供的常用函数

函　数　原　型	函　数　说　明
double acos(double *x*);	反余弦函数。*x* 须位于-1 与 1 间，返回值位于 0～π间，单位为弧度
double asin(double *x*);	反正弦函数。*x* 须位于-1 与 1 间，返回值位于 0～π间，单位为弧度
double atan(double *x*);	反正切函数。返回值位于 $-\frac{1}{2}\pi \sim \frac{1}{2}\pi$ 间，单位为弧度
double cos(double *x*);	余弦函数。参数单位为弧度；*x* 绝对值不小于 263 时损失部分精度
double exp(double *x*);	以 e 为底的指数函数，即 e^x
double fabs(double *x*);	*x* 的绝对值

续表

函 数 原 型	函 数 说 明
double floor(double *x*);	不大于 *x* 的最大整数，以双精度浮点数表示
double fmod(double *x*, double *y*);	浮点数整除 *x/y* 后的余数，即相当于 *x%y*
double log(double *x*);	自然对数函数，即 ln*x*
double log10(double *x*);	对数函数，即 $\log_{10}x$
double pow(double *x*, double *y*);	幂函数，即 x^y
double sin(double *x*);	正弦函数。参数单位为弧度；*x* 绝对值不小于 263 时损失部分精度
double sqrt(double *x*);	*x* 的平方根。*x* 不能小于 0，否则返回值无定义
double tan(double *x*);	正切函数。参数单位为弧度；*x* 绝对值不小于 263 时损失部分精度

数学库函数的使用非常简单。一般地，数学上如何使用这些函数，程序就如何使用它们。

3．标准辅助函数库

辅助函数库的头文件为"stdlib.h"，其中包含常用工具函数，如终止程序运行、内存动态分配和释放、字符串与数值的转换等，如表 5-3 所示。

表 5-3 标准辅助函数库提供的常用函数

函 数 原 型	函 数 说 明
double atof(CSTING *str*);	将字符串 *str* 转换为双精度浮点型值，*str* 必须为合法浮点数
int atoi(CSTRING *str*);	将字符串 *str* 转换为整型值，*str* 必须为合法整数
long atol(CSTRING *str*);	将字符串 *str* 转换为长整型值，*str* 必须为合法整数
void exit(int *status*);	终止程序，返回退出状态 *status* 给启动本程序的程序
void free(void**p*);	释放由 *p* 指向的动态分配的内存
STRING itoa(int *value*, STRING *str*, int *radix*);	将整数转换为字符串，*value* 为待转换整数，返回值与 *str* 保存转换后的字符串，*radix* 表示 *value* 的进制（2~36 之间），如二进制、十进制等
void*malloc(size_t *size*);	动态分配 *size* 字节的内存，返回其首地址。size_t 相当于无符号整型
int rand();	返回 0~RAND_MAX 间（闭区间）的随机整数，RAND_MAX 为预定义常数
void srand(unsigned int *seed*);	以 *seed* 作为随机数发生器的种子初始化随机数发生器

辅助函数库中的函数都比较常用，尤其是 exit、malloc、free、rand 和 srand 函数。读者已经在 4.5.2 节学习了 exit 函数的使用方法，rand 和 srand 函数将在下一节讨论，malloc 和 free 函数将在 7.5.2 节详细研究。

4.5.2 节：第 130 页。
7.5.2 节：第 233 页。

5.1.3 头文件的包含策略

在 C 程序中，包含头文件有两种手段，一是使用尖括号，二是使用双引号，例如：

```
#include<stdio.h>
#include"zylib.h"
```

其基本原则是，凡是标准库头文件都使用尖括号，凡是用户自定义的头文件或他人提供的未与编译器和标准库一同发布的头文件都使用双引号。

使用尖括号包含策略时，系统只检查在安装编译器时设置的标准包含路径是否存在该头文件，该路径一般为"<编译器安装目录>\include"。

使用双引号包含策略时，系统则首先检查包含此头文件的文件所在目录，然后检查工程项目中其他所有包含了此头文件的文件所在目录。如果没有找到该头文件，系统才会进一步检查标准包含路径。

因为程序员编写的头文件几乎总是和自己的源代码一起存放，所以应该使用双引号包含格式。

可以在包含头文件时列写头文件绝对路径。假设源文件"main.c"位于目录"D:\FOP\Examples\Chap04\Eg0414"下，而头文件"zylib.h"位于目录"D:\FOP\Examples\Zylib"下。使用绝对路径包含头文件时，格式如下：

```
#include"D:\FOP\Examples\Zylib\zylib.h"
```

如果想使用相对路径包含头文件，则可以使用下述方法：

```
#include"..\..\Zylib\zylib.h"
```

此处，".."表示进入上一级目录，第一个".."进入"main.c"所在目录"Eg0414"的父目录"Chap04"，第二个".."则进入"Chap04"的父目录"Examples"，然后包含其子目录"Zylib"下的头文件"zylib.h"。

注意，虽然 C 语言本身区分大小写，但头文件包含部分只与文件查找相关，如果操作系统本身不区分大小写（例如 Microsoft Windows），头文件名是否使用大小写并不影响程序编译。此外，头文件路径分隔符并不是转义字符，因而也不需要使用'\\'表示'\'，虽然使用'\\'也是合法的。

5.2　随　机　数　库

在设计库时，库的设计者要时刻记住，用户能看到的只有接口，也只有通过接口，用户才能够调用相关库模块。这一点非常重要，设计库时必须从此出发考虑用户需求。

5.2.1　随机数生成

C 语言提供了两个函数 rand 与 srand 用于生成随机数。这两个函数的原型均位于头文件"stdlib.h"中。按照标准库的实现，rand 函数"随机"生成 0～RAND_MAX 之间（闭区间）的某个整数。

【例 5-1】　编写程序，用 rand 函数生成 5 个随机数。

程序代码如下：

```
#include<stdio.h>
#include<stdlib.h>
int main()
{
  int i;
  printf("On this computer, RAND_MAX = %d.\n", RAND_MAX);
```

随机性

计算机所生成的随机数一般并不完全随机，它只能按照一定的规则生成看上去似乎完全随机的数。因此，计算机生成的随机数应称为"伪随机数"。

实现上，新的伪随机数需要使用上个随机数作为输入而获得。读者可以将此过程理解为黑箱，给它一个输入就能得到一个结果。

在获取首个随机数时，计算机使用某个固定值作为默认输入，习惯上称其为种子。因此程序的两次执行会获得同样的伪随机数序列。这显然不合适。

为了保证程序的多次执行能够得到不同的伪随机数，必须在程序每次执行前调用 srand 函数设定伪随机数发生器的种子。

其实即便如此，也不能保证完全"随机"。当程序两次执行的间隔很短时，时间差很小，此时生成的伪随机数非常接近或完全相同。

```
printf("Five random numbers as follows:\n");
for(i=0;i<5;i++)
  printf("%d,",rand());
printf("\n");
return 0;
}
```

在笔者的计算机上，无论运行多少次，其结果总是如下：

```
On this computer, RAND_MAX = 32767.
Five random numbers as follows:
41, 18467, 6334, 26500, 19169;
```

为确保程序每次运行都能得到不一样的结果，在生成第一个随机数前，必须调用 srand 函数进行伪随机数发生器的初始化操作，通过提供给 srand 函数一个独特的参数以保证每次程序运行都能获得不同的结果。

【例 5-2】 修改上例，使用 srand 函数初始化伪随机数发生器，保证每次运行程序都能获得不同的随机数序列。

程序代码如下：

```
#include<stdio.h>
#include<stdlib.h>
#include<time.h>
int main()
{
  int i;
  printf("On this computer, the RAND_MAX is %d.\n", RAND_MAX);
  printf("Five numbers the rand function generates as follows:
\n");
  srand((int)time(0));  //使用当前时间作为伪随机数发生器的种子
  for(i=0;i<5;i++)
    printf("%d;",rand());
  printf("\n");
  return 0;
}
```

为使得伪随机数发生器每次生成的伪随机数都不同，必须保证每次运行程序时 srand 函数接受的参数会发生变化——最直接的手段就是使用系统当前时间作为 srand 函数的参数。

C 标准库提供的时间函数 time 返回系统当前时间，刚好可以作为 srand 函数的参数，该函数需要带一个参数，本程序简单传递 0。time 函数定义于 time 库中，要使用此函数必须包含头文件"time.h"。

5.2.2　接口设计原则

C 标准库提供的随机函数使用起来不太方便，例如如果要生成 1~6 之间的随机数该怎么办呢？要生成 0~1 之间的浮点数型的随机数呢？下面研究如何使用 C 标准库提供的功能设计随机数库以方便用户使用。

在进行库设计时，最重要的工作不是实现库代码，而是设计库接口。接口的目的是简化程序设计，尤其是对于解决大型复杂问题，良好的接口可以使程序更有层次和条理，大大提高程序的可复用性和可维护性。

一般地，设计良好的库应该满足下述 4 项基本原则。

（1）用途一致。接口中各功能属于同一类问题，接口用途不一致有可能导致用户对库功能的误用。

（2）操作简单。接口中各函数调用方便，并最大限度隐藏实现细节。

（3）功能充足。接口应具有足够的功能，能满足不同潜在用户的需求，具有普遍性，这就需要设计者对接口所涉及的问题有广泛深入的了解。

（4）性能稳定。接口在投入使用前应进行严格测试，以确认各功能在不同情况下都可以达到预期效果。

总之，接口设计是十分复杂艰巨的任务，不但要求设计者对当前问题有深刻理解，还要具有一定的预见性。

5.2.3 随机数库接口

【例 5-3】 设计随机数库接口。

按照上述 4 项基本原则，可以将随机数库接口设计如下：

```
/*头文件"zyrandom.h"*/
/**********************************************************/
/*随机数库接口*/
/**********************************************************/
// 函数名称：Randomize
// 函数功能：初始化伪随机数发生器
// 参    数：无
// 返 回 值：无
// 使用说明：在生成第一个随机数前，调用此函数初始化伪随机数库
//          注意，此函数只应执行一次
void Randomize();
// 函数名称：GenerateRandomNumber
// 函数功能：随机生成介于 low 和 high 之间（闭区间）的整数
// 参    数：low 和 high 分别表示区间下界和上界；确保 low 不大于 high，否则程序终止
// 返回值：伪随机数
int GenerateRandomNumber(int low, int high);
// 函数名称：GenerateRandomReal
// 函数功能：随机生成介于 low 和 high 之间（闭区间）的浮点数
// 参    数：low 和 high 分别表示区间下界和上界；确保 low 不大于 high，否则程序终止
// 返 回 值：伪随机数
double GenerateRandomReal(double low, double high);
```

对于随机数库而言，需要提供的基本功能有以下几个。

（1）能够对随机数库进行初始化工作。

（2）能够生成介于两个整数之间的随机整数。

（3）能够生成介于两个浮点数之间的随机浮点数。

这些基本功能的性质是一致的、完备的，同时操作也是简单的，这满足了接口设计的前 3 项基本原则。

随机数库接口
　　随机数库仅提供 3 个函数，扣除注释，代码行仅有短短 3 行。

5.2.4　随机数库实现

【例 5-4】 实现随机数库。

程序代码如下：

```c
/*源文件"zyrandom.c"*/
#include<stdlib.h>
#include<time.h>
#include "zyrandom.h"
#include "zylib.h"
/*********************************************************/
/*随机数库实现*/
/*********************************************************/
void Randomize()
{
  srand((int)time(0));
}
int GenerateRandomNumber(int low, int high)
{
  double _d;
  if(low>high)
    PrintErrorMessage(FALSE, "GenerateRandomNumber: Make sure
    low<=high.\n");
  _d= (double)rand()/((double)RAND_MAX + 1.0);
  return low+(int)(_d*(high-low+1));
}
double GenerateRandomReal(double low, double high)
{
  double _d;
  if(low>high)
    PrintErrorMessage(FALSE, "GenerateRandomReal: Make sure low
    <=high.\n");
  _d=(double)rand()/(double)RAND_MAX;
  return low+_d*(high-low);
}
```

代码本身没有多少需要讲解的地方，需要注意的只有以下两点。

（1）库的实现严格按照 5.1.3 节给出的头文件包含策略进行。

5.1.3 节：第 144 页。
（2）考虑库设计好之后，实现代码一般不需要向外界暴露，所以库中定义的不对外公开的所有数据对象（这里都是局部变量）均采用单下划线开头的命名规范。

5.2.5　库测试

库设计完成后，需要进行严格测试。只有通过严格测试，才可以认为库的性能是稳定的。测试时必须验证库中每个函数的正确性，以及它们在互相调用情况下的正确性。

对于随机数库，测试过程至少包括下述两方面。

（1）单独测试。对于 GenerateRandomNumber 与 GenerateRandomReal 函数不仅

要测试接受合法参数时是否正确，还要测试接受非法参数时是否正确，即算法容错功能是否正常；而对于 Randomize 函数则要测试是否正确执行。

（2）联合测试。对于 Randomize 函数，要测试它能否正确工作，可能需要多次运行程序以查看生成的随机数是否真正随机。此外，还要测试混合生成整型和浮点型随机数是否会导致问题。

总之，程序测试必须考虑可能出现的各种情况。测试计划越完备，涉及的细节越丰富就越能发现潜在的问题，最终发布的库代码才越健壮。

5.3 作用域与生存期

要理解 C 程序如何工作，就必须理解程序中的量与函数的定义与使用规则，这里涉及 4 个基本概念——作用域、可见性、存储类与生存期。

5.3.1 量的作用域与可见性

标识符的有效范围称为作用域，而可见性则确定该标识符在程序中某个特定位置是否可以被引用。离开其作用域，标识符不可见。反之，在其作用域内，标识符不一定可见。

在 C 中，函数内部量的声明一般放置在函数开头，即量的声明和定义前不能有任何实质性的操作代码。这些量（包括变量、常量与函数的形式参数）称为局部数据对象，它们属于函数局部调用环境的一部分。

局部数据对象具有块作用域，仅在定义它的花括号对（块）内有效。具体而言，具有块作用域的数据对象其有效性从定义处开始一直延续到定义该数据对象的块结束。这保证多个函数中量的名称即便相同，也代表不同的数据对象。

可以在程序代码中使用花括号定义嵌套块。需要强调的是，嵌套块不仅可以出现在分支或循环等控制结构中，还可以单独出现，例如：

```
int f(int x,int y)
{
  int t;
  t=x+y;
  {          //单独出现的花括号对用于引入嵌套块
    int n=2;//允许在嵌套块中定义数据对象，其作用域仅限本块
    printf("n=%d.\n",n);
  }
  return t;
}
```

请注意上例中 n 的定义位置。如果没有嵌套块，n 不能出现在 t 的赋值语句之后；此外，即使存在嵌套块，n 也必须定义于嵌套块的开始处。

嵌套块的最大好处在于，实际程序中经常会出现一些仅在某个块内才有意义的

一次性数据对象

可以将定义在嵌套块内的数据对象理解为一次性数据对象。只要离开该块，该数据对象就不再有意义。

一次性数据对象的最大优势是能够增强程序可读性。数据对象的定义与使用位置在源文件中不会间隔得太远，程序逻辑清晰。

但是，一次性数据对象也有缺点。如果一个函数在不同的嵌套块内定义了多个同名的一次性数据对象，在理解程序时一定要注意它们代表不同的内容。

此外，如果一次性数据对象与全局数据对象同名，会使得全局数据对象不可见。故而在程序中使用一次性数据对象时必须把握好度。

数据对象，此时可以将它们直接定义于块内而不是函数开始处，以增加程序的可读性。

那些定义在任何块或函数参数列表之外的数据对象为全局的，它们属于函数全局调用环境的一部分。全局数据对象具有文件作用域（也称为全局作用域），其有效性从定义处开始一直延续到本文件结束。如果定义全局数据对象的文件被其他文件所包含，则这些全局数据对象的有效性会进一步延续到宿主文件结束。

除了块作用域与文件作用域，C 函数原型中出现的形式参数名称具有特殊的函数原型作用域，即其有效性仅在函数原型的参数列表中有效。这暗示，允许在函数原型与函数实现中使用不同的形式参数名称。只要返回值类型、函数名称、参数列表中参数个数、各参数的类型与顺序完全一致，它们就是同一个函数。也正基于此，在 C 中列写函数原型时完全可以省略形式参数名称。

【例 5-5】 阅读下述程序代码，指出程序运行结果。

```
1   int i;              /*全局变量 i 作用域开始，可见*/
2   int main()
3   {
4     int n;            /*局部变量 n 作用域开始，可见*/
5     i=10;             /*全局变量 i 有效且可见*/
6     printf("i=%2d;n=%2d\n",i,n);
7     n=f(i);
8     printf("i=%2d;n=%2d\n",i,n);
9   }                   /*局部变量 n 作用域结束，不再可见*/
10  int n;              /*全局变量 n 作用域开始，可见*/
11  int f(int x)          /*形式参数 x 作用域开始，可见*/
12  {
13    i=0;              /*全局变量 i 有效且可见*/
14    printf("i=%2d;n=%2d\n",i,n);
15    n=20;             /*全局变量 n 有效且可见*/
16    {                 /*嵌套块开始*/
17      int i=n+x;      /*局部变量 i、x 有效可见；全局变量 n 有效可见；全局变量 i 有效但不可见*/
18      printf("i=%2d;n=%2d\n",i,n);
19    }                 /*局部变量 i 作用域结束，全局变量 i 有效且可见*/
20    return ++i;
21  }                   /*局部变量 x 作用域结束，不再可见*/
22                      /*文件结束，全局变量 i、n 作用域结束*/
```

程序段中最左边的数字为行号。第一行定义的 i 作为全局变量，其作用域将一直持续到本文件结束（即到第 22 行为止）。第 4 行定义的 n 作为局部变量，其作用域从第 4 行持续到第 9 行。所以，main 函数中引用的 i 为全局变量 i，n 为局部变量 n。第 10 行定义的 n 为全局变量，所以其作用域从定义处开始到第 22 行结束。调用 f 函数时，i 值传递给形式参数 x，函数结果赋值给 n。

在函数 f 的实现中，x 具有块作用域，故而其有效性一直维持到函数结束（第 21 行）。注意，由于第 17 行在嵌套块内定义一个新的具有块作用域的同名变量 i，

所以在新的 i 有效性（第 17 行至第 19 行）结束前，虽然全局变量 i 作用域仍在，数据对象仍有效，但已无法通过变量名访问它——此时通过变量名 i 访问的都是第 17 行定义的新 i，全局变量 i 不可见。故而，第 18 行引用的 i 为第 17 行定义的新 i，而不是第一行定义的全局变量 i。

程序运行结果如下：

```
i =10;n =-858993460
i =0; n =0
i =30;n =20
i =1; n =1
```

需要强调的是，全局数据对象若没有初始化，则默认其初始值为 0 或位序列 0 所代表的该类型数据值。局部数据对象若没有初始化，则其初始值未知。这正是第一次输出 n 值时打印了一串奇怪数字的原因。

5.3.2 量的存储类与生存期

生存期表示量和函数在程序运行期间存续的时间长短，即其从生到死的时间范围。C 程序使用存储类表示量和函数的生存期。作用域表达量的空间特性，而存储类反映量存续的时间特性。

那些具有全局作用域的数据对象（全局变量）具有静态（全局）生存期，即在程序运行期间其值一直存在——其生死只跟程序是否运行有关。

除非特别指定，那些具有块作用域的数据对象（局部变量）具有自动（局部）生存期，即程序流程在每次进入该块时为该数据对象分配新的存储空间，并在退出该块时释放其存储空间。并且如果在声明数据对象时进行了初始化工作，则初始化工作会在每次分配存储空间时进行一次。这意味着，局部数据对象的生死由程序流程是否进入该块而定。

在 C 中，如果要使某个局部数据对象具有静态生存期，则可以在定义数据对象时使用 static 关键字修饰，例如：

```
int f(int x)
{
    static int count=0;        //定义静态局部变量 count,函数结束后仍存在
    printf("x=%d.\n",x);
    return++count;
}
```

【例 5-6】 编写程序，连续调用 3 次上述 f 函数，查看其输出，仔细体会 static 关键字的意义。

程序代码如下：

```
#include<stdio.h>
int f(int x);
int main()
{
    int i;
```

```
      for(i=1;i<4; i++ )
        printf("Invoke func %d time(s): Return %d.\n", i, f(i));
      return 0;
    }
```

运行上面程序，可以得到如下结果：

```
    x = 1.
    Invoke f 1 time(s): Return 1.
    x = 2.
    Invoke f 2 time(s): Return 2.
    x = 3.
    Invoke f 3 time(s): Return 3.
```

此处，static 关键字使得局部变量 *count* 不再像普通局部变量那样随着函数调用结束而消失，其生存期将一直从程序启动到程序结束——这是称其为静态局部变量的根本原因。在下次调用该函数时，*count* 变量使用上次调用结束时的值。对于本例，每次 main 函数调用 f 函数，静态局部变量 *count* 都会递增 1，所以可以使用 count 记录 f 函数被调用的次数。

虽然使用 static 声明的局部数据对象具有静态（全局）生存期，可以在程序运行期间一直存在，但这并不意味着该局部静态变量的作用域发生了变化。*count* 仍然具有块作用域，仍然只能在 f 函数内部使用，在该函数之外不可见——即使它活着，别的函数也不能访问它。

静态局部变量的初始化操作是在 main 函数执行前完成的，此操作只做一遍。所以在进入 f 函数时，*count* 不会进行任何初始化操作，自然也不会进行重复初始化操作。

static 除了可以修饰局部数据对象，还可以用来修饰本来就具有静态生存期的全局数据对象，此时其意义有所不同。static 修饰的全局数据对象使得其作用域仅限定在本文件内部，当然它仍然具有文件作用域，并且整个程序运行期间都存在。

使用 static 修饰全局数据对象的最大目的是使其成为本文件（模块）私有的数据对象，其他文件（模块）不能使用。

5.3.3　函数的作用域与生存期

与数据对象不同，在 C 中，所有函数都具有文件作用域和静态生存期，即它们在程序每次运行时都存在，并且可以在本文件内函数原型或函数定义首次出现后的任意合法位置调用。

然而，按照函数与其他文件中函数的调用关系，可将函数分为外部函数与内部函数。如果函数能被其他文件中的函数所调用，则称为外部函数，否则称为内部函数。默认时所有函数都是外部函数。

若要声明和定义内部函数，应在函数原型和函数定义前添加 static 关键字，例如：

```
    static int Transform(int x);    //保证本函数仅能在本文件中使用
```

```
static int Transform(int x)
{
    ...
}
```

这将保证该函数只能在本文件中使用，其他文件即使了解该函数的存在，也不能调用。

5.3.4 声明与定义

声明不是定义。对于函数，定义就是给出其实现代码，而声明则是给出其函数原型。对于量，问题稍稍有些复杂。普通量的声明都是定义，例如：

```
int a;
```

既是声明也是定义——它隐含了为变量 a 分配存储空间的任务。

读者可以这么理解，定义会在程序中产生一个新的实体，而声明则仅在程序中引入一个实体。这里的实体并不一定是在程序运行时产生的东西。事实上，只要求它能够在编译器编译程序时产生即可。按此说明，当使用下述代码声明 BOOL 类型时：

```
typedef enum{FALSE,TRUE} BOOL;
```

BOOL 将在编译期间作为新类型产生，故而是实体定义。在运行期间，程序中并不具有 BOOL 类型——事实上，C 程序运行时不存在任何类型信息，而只有代码序列、数据对象及值。

虽然全局变量具有固有缺陷，但在很多场合下并不能完全避免使用。一旦某个源文件定义了全局量 a，并且希望其他源文件也能访问它，此时应该在该源文件对应的头文件中使用 extern 关键字添加其导出声明，例如：

```
/*库的头文件*/
extern int a;    // 导出变量，以供其他源文件包含此头文件时导入它
/*库的源文件*/
int a;           // 定义变量
```

extern 表示该全局量 a 不是由此语句定义，而是从其他文件中导入的。此时，编译器不会为全局量 a 分配存储空间，而只是简单认为当前文件会使用其他文件中定义的全局量 a。

很多 C 语言初学者认为，将量的定义书写在头文件中就可以提供给多个源文件使用，这种认识是错误的。重复声明函数原型和数据类型没有问题，但量却不然。如果因为多次包含头文件导致某个源文件最终具有同一个数据对象的多次定义，则必然导致编译错误。故而按照一般原则，头文件中只应该书写库中向外公开的函数原型、数据类型、常数宏定义，以及其他源文件可导入的常量、变量导出声明。

5.4 宏

1.5.3 节指出，在没有引入 const 关键字定义常量的场合，C 语言使用宏作为文

函数的导入导出
那些未使用 static 关键字定义的函数总是可以导入导出，所以函数原型的实质就是省略 extern 关键字的函数声明。在书写函数原型时在前面添加 extern 关键字完全合法。

全局变量有什么样的缺点？参见 3.3.3 节，第 88 页的说明。

1.5.3 节：第 38 页。

字常数的定义方法。事实上，C 语言中的宏相当灵活，程序员甚至可以像函数一样定义和使用宏。

5.4.1 宏替换

当程序中出现了以"#define"开头的文本行时，编译器就会将该行代码文本理解为宏定义，其一般格式如下：

```
#define 标识符 替换文本
```

注意，"#define"、标识符与替换文本间至少要有一个空格。有时为保证宏标识符与替换文本的对齐可以使用 Tab 键，例如：

```
#define FALSE    0
#define TRUE     1
#define NAME     "Xiao Ming"
```

上述宏定义在源程序中引入了 3 个文字：FALSE、TRUE 与 NAME，当编译器在编译前分析源程序时，就会将在宏定义后出现的所有 FALSE、TRUE 与 NAME 分别替换为其代表的替换文本 0、1、"Xiao Ming"，然后再编译源程序。

一般地，宏替换仅是简单的文本替换，这种文本替换发生在源文件中，直接改变源代码文本，它只影响宏定义后的代码部分，宏定义前的代码不受影响。例如，对于下述代码：

```
STRING NAME="The Fundamentals of Progamming";
#define FALSE    0
#define TRUE     1
#define NAME     "Xiao Ming"
int main()
{
  STRING A_NAME=NAME;
  STRING s="NAME";
  if(a==TRUE)
    ...
}
```

在编译前会被替换为：

```
STRING NAME="The Fundamentals of Progamming";
//宏定义之前的标识符不被替换
//宏定义本身已不再需要
int main()
{
  STRING A_NAME="Xiao Ming";          //宏定义后标识符全被替换
  STRING s="NAME";                    //字符串文字本身不会被替换
  if(a==1)  ...
}
```

在进行宏替换时，被宏替换的宏文字不能是其他标识符的一部分，也不能是字符串的内容，例如字符串变量 A_NAME 中的 NAME 不是单独的文字，因而不会被替换，再如字符串文字"NAME"也不会被替换。

在宏定义中出现在宏名称后的所有内容都是替换文本，中间可能有空格，例如下述宏定义也是有效的：

```
#define ADD a + b
```

这表示宏名称为 ADD，替换文本为 a+b。亦即，在宏定义中，#define 与第一个标识符之间以及第一个标识符之后的空格联合确定了宏的名称，其后全部都是宏的替换文本。

宏替换不是语句，所以在宏定义中替换文本若出现双引号、分号等符号，也一样会被作为替换文本进行宏替换，例如：

```
#define ADD a + b;
c = ADD
```

将被替换为：

```
c=a+b;    //注意，分号也被作为替换文本参与宏替换
```

这意味着替换文本后面的分号成为语句分隔符。所以，程序员必须保证替换后程序代码的正确性，不仅要检查分号等符号的有无，还要检查替换文本中出现的标识符是否有意义。

在进行宏替换时，可以使用已定义宏，例如：

```
#define PI 3.1416
#define AREA PI * r * r
area=AREA;
```

将被替换为：

```
area=3.1416*r*r;
```

如果在宏定义中出现了宏名称本身，宏替换时并不会再次展开该宏定义，即宏替换只发生一遍，例如：

```
#define PI 3.1416
#define D PI * D * D
area=D;
```

将被替换为：

```
area=3.1416*D*D;    //仅替换一次文本，不再尝试再次替换 D
```

编译器会通知用户产生"未定义标识符 D"错误。

宏定义总是出现在函数声明或定义之外，其有效范围从其定义处开始直到源代码文件结束。如果需要在程序中某位置提前终止某个宏定义的有效性，可以使用 #undef 宏取消某个宏的定义，例如：

```
#undef NAME
```

将使得 NAME 宏从此位置开始失效，其后代码中的 NAME 不再替换为"Xiao Ming"。

总之，宏的目的是为了降低程序中频繁输入特定文本时的工作量。整个替换过程发生在编译前的源代码空间，即宏替换操作可能造成的影响在编译时就已存在，它们不会延迟到程序运行时才起作用。

宏与常量

通过使用宏替换某个文字，程序员可以使用宏代替 const 进行常量（常数）声明。这事实上是 const 关键字出现之前程序员定义常数的唯一方式。

但是，在 C99 引入 const 关键字后，宏的这一用法不再具有重要意义。

除非在极其特殊的场合，不推荐用户使用宏定义常数。如果仅是定义常数，const 关键字更合适，编译器可以对使用 const 定义的常量进行类型检查，而宏无法完成类似工作。

当然，const 并不能完全取代宏的地位。

5.4.2　含参宏

在 C 中，宏还可以像函数一样工作，其定义格式一般如下：

　　#define 宏名称(宏参数列表) 替换文本

此处的宏名称后紧跟小括号对括起来的宏参数列表，宏参数列表的书写格式类似函数参数列表，但是没有参数的类型声明。另外，宏名称与左括号之间不能有空格，原因很简单——如果中间存在空格，就意味着宏名称已确定，其后所有内容都是替换文本（包括小括号及其中的参数列表）。

例如下述宏定义：

```
#define ADD(x, y)x+y
c=ADD(a, b);  //含参宏是不是很像函数？
```

在程序中将被替换为：

```
c=a+b;
```

一旦定义了含参宏，若程序后面使用了该含参宏，则编译器会使用逗号分隔的实际参数从左至右逐一替换宏替换文本中的形式参数。此时这些参数称为宏的实际参数，相应地，含参宏定义中出现的参数称为宏的形式参数。对于上例，宏替换文本中出现的 x 都被 a 替换，y 都被 b 替换。

含参宏的参数替换仍然是直接文本替换，例如对于下述含参宏定义：

```
#define ADD(x, y)x+y
d=ADD(a+b, c);
```

$a+b$ 将作为整体参与首个宏参数的替换，程序代码将被替换为：

```
d=a+b+c;
```

按照上述约定，若替换后的表达式出现多个不同优先级的操作符，替换后的表达式可能并不正确。例如：

```
#define PI 3.1416
#define ADD(x, y)x+y
#define AREA(r) PI*r*r
area=AREA(ADD(a,b));
```

将首先被替换为：

```
area=3.1416 * ADD(a,b)*ADD(a,b);
```

然后再被替换为：

```
area=3.1416*a+b*a+b;
```

这显然不是程序员需要的。

为解决此问题，一般应为宏替换文本中的形式参数添加必要的括号：

```
#define PI 3.1416
#define ADD(x,y)((x)+(y))
#define AREA(r)(PI*(r)*(r))
area=AREA(ADD(a,b));
```

如此，AREA 宏才能被替换为：

```
area=(3.1416*(((a)+(b)))*(((a)+(b))));
```

这里，多余的括号没有关系，它们并不影响表达式的求值。

此外，还需要说明的是，虽然习惯上总是使用大写字符序列表示宏名称，但其实小写字符序列或混合大小写字符序列也是允许的，例如可以将上述含参宏定义为下述格式以使它们看起来更像函数：

```
#define PI 3.1416
#define Add(x,y) ((x)+(y))
#define Area(r) (PI*(r)*(r))

area=Area(Add(a,b));
```

如果仅看最后一行代码，能够区分它们是宏定义还是函数调用吗？

5.4.3　含参宏与函数的差异

很多初学者经常混淆含参宏与函数的概念。含参宏与函数虽然使用方式类似，都具有实际参数与形式参数，参数必须使用括号括起来，都要求实际参数与形式参数数目一致等，但事实上它们是完全不同的两种东西。

两者主要差别在于以下方面。

（1）函数的形式参数与实际参数具有固定类型，并且必须保持一致；而含参宏的参数仅是替换文本，没有类型上的任何要求，它甚至可能并不是数据对象。

在某些特殊场合，含参宏的这种使用方法特别有用，它有助于解决泛型编程的一些问题。例如可以定义下述含参宏：

```
#define MAX(x, y) (x)>(y)?(x):(y)
```

而后，程序中不仅可以使用 Max 宏处理整型数，还可以处理浮点型数：

```
c=MAX(a, b);        //a、b、c 为整数
f=MAX(d, e);        //d、e、f 为浮点数
```

如果没有含参宏，程序员显然必须为每种数据类型各自定义 Max 函数，并且它们的名称还必须不同！这是函数不能完全取代含参宏的最主要场合。

（2）函数调用在程序运行时处理，系统会为形式参数分配存储空间，并且在调用前计算所有实际参数的值后传递给形式参数。而宏替换在编译前进行，作为文本替换手段，宏替换前并不会计算实际参数的值，在其替换过程中也不会发生存储空间分配现象，更不会进行实际参数与形式参数的值传递，也不存在返回值。

（3）函数调用需要占用程序运行时间，而宏替换仅占用编译时间。此外，多次使用宏替换会导致代码膨胀，所有宏都会使用替换文本代替；而多次使用函数会导致代码收缩——函数代码在程序中只保留一份，所有函数调用都使用同样的函数代码。

5.4.4　宏的特殊用法

在 C 中，除了前述基本使用方法以外，宏还有两种特殊用法。

1．无替换文本的宏定义

C 语言允许程序员定义无替换文本的宏定义，例如：

宏的书写格式

是否使用非全大写字符序列表示宏名称，全看程序员的喜好。如果希望表达宏与函数的差别，使用全大写字符序列，否则可以和函数一样使用混合大小写序列。

读者可打开 zylib 库的源代码，查看其中有多少个看起来像函数一样的宏定义。

```
#define NO_REPLACING_TEXT
```

当编译器在程序中看到有代码片段使用上述宏时，仍会发生宏替换，但是会使用空
文本替换该宏，也就是当作该宏根本就不存在，例如：

```
int Add(NO_REPLACING_TEXT int x,NO_REPLACING_TEXT int y);
```

将被替换为

```
int Add(int x, int y);
```

这有什么意义呢？

第一，它有助于表达特殊的设计意图，例如：

```
#define __in
#define __out
BOOL COPY(__out STRING dest, __in CSTRING src);
```

使得程序员能够明确了解形式参数 *dest* 为函数输出集的一员，而形式参数 *src* 为函
数输入集的一员，从而不会在函数调用时错误地将输入参数作为输出参数使用。

第二，虽然无替换文本宏不影响程序代码本身的意义，但是编译时确实可以通
过判断宏是否定义而执行不同的任务。

2．使用语句序列作为替换文本

还可以将语句序列作为宏的替换文本，如若存在下述宏定义：

```
#define SWAP(x,y,t) (t)=(x);(x)=(y);(y)=(t)
```

则可以使用下述代码完成两个数据对象的互换操作：

```
SWAP(a,b,t);          //互换 a、b 值，t 为中转变量
```

例 3-6：第 91 页。 上述宏定义事实上提供了例 3-6 的另一种解决方法。

请注意，宏替换文本最后没有分号，而其他语句则具有分号，这是语句书写格
式与宏替换策略的联合要求。如果在宏替换文本最后添加分号，上例当然也没有问
题，不过是最后多了一条空语句而已。例如：

```
#define SWAP(x,y,t) (t)=(x);(x)=(y);(y)=(t);
SWAP(a,b,t);
```

被替换为：

```
(t)=(x);(x)=(y);(y)=(t);;    //最后连续两个分号表示有一空语句
```

习题 5.1.14：第 176 页。 在使用操作序列作为宏替换文本时，可不是任何时候在宏替换文本最后添加分
号都是正确的。那么，什么时候不正确？

在书写宏的替换文本时，有可能发生一行书写不完的情况，此时不可以简单地
将后续字符序列写在下一代码行——宏替换仅能作用于单一代码行上。如果要将宏
替换继续作用于下一代码行，必须在每个宏定义行最后书写一个单独的反斜杠"\"：

```
#define SWAP(x,y,t) \
   (t)=(x);(x)=(y);(y)=(t)
```

注意，反斜杠后面什么都不能再写，包括空格、Tab 键和注释。

前面谈到，出现宏替换文本中的参数一般应使用括号括起来，但是在某些场合
括起参数可能并不正确。例如，假设还存在宏定义：

```
#define MONITOR(operation,a, b) \
   printf("%d;%d\n",a,b); \
   (operation((a),(b))); \
```

```
        printf("%d;%d\n", a, b)
```
语句序列
```
    int a=1, b=2, c;
    MONITOR(Swap(a, b, c));
```
事实上对应着：
```
    int a=1,b=2, c;
    printf("a: %d; b: %d\n", a, b);
    ((c)=(a); (a)=(b);(b)=(c));
    printf("a:%d;b:%d\n",a,b);
```
上述代码是错误的——将语句和表达式序列用括号括起来是非法的。

5.5 条 件 编 译

C 语言的条件编译命令（指令）有 6 个，即 #if、#else、#elif、#endif、#ifdef 与 #ifndef。

5.5.1 #ifndef 与#ifdef 命令

#ifdef 与 #ifndef 指令最常出现的场合是在头文件中， 一般与宏定义指令 #define 和取消宏定义指令 #undef 协同工作，用于测试宏是否已定义。#ifdef 在宏已定义时返回真，否则返回假，#ifndef 则刚好相反。

#ifndef 指令主要使用场合有两种：其一是解决头文件多次包含问题，其二是解决条件编译问题。

如果工程项目有多个源文件和头文件，且其中部分文件包含同一个头文件，此时可能发生头文件多次包含现象。例如，假设头文件"headera.h"包含头文件"headerb.h"，而"main.c"同时包含头文件"headera.h"和"headerb.h"，则必然会导致"main.c"文件两次包含头文件"headerb.h"。

为解决此问题，可以使用下述手段编写头文件：
```
    /*头文件"headerb.h"*/
    #ifndef __HEADERB__      //宏测试
    #define __HEADERB__      //宏未定义，定义之
    /*头文件"headerb.h"的其他内容全部书写在此处*/
    #endif                   //结束宏测试
```
头文件"headerb.h"的开头使用了 #ifndef 命令，结尾使用了 #endif 命令。头文件"headera.h"也依样处理，宏名为 __HEADERA__。

上述代码的含义是，如果未定义宏 __HEADERB__，则定义它。#ifndef 命令的有效性截止到与它配对的 #endif 处，它们的配对规则也与 if-else 语句类似。如果宏 __HEADERB__ 已定义，则跳过头文件全部内容。

当需要在程序中包含头文件"headerb.h"时，可以这样进行：

```
/*源文件"main.c"或头文件"headera.h"*/
#ifndef __HEADERB__          //宏测试以确定是否需要包含头文件
#include"headerb.h"          //宏测试失败，包含头文件
#endif                       //结束宏测试
/*文件其他内容*/
```

这保证，如果源文件"main.c"已包含头文件"headerb.h"，宏 __HEADERB__ 一定已定义，此时不会尝试第二次包含该头文件；若该宏未定义，则说明此次为第一次头文件包含操作。如此即解决了多次包含头文件的问题。

宏名的选取并没有特殊规定，只要能够确切表示该函数库的性质，并且一一对应即可。亦即，每个头文件都必须采用独一无二的宏名，并且该宏只能在该头文件中定义。约定俗成的习惯是，使用与头文件名一样的全大写字母字符串，并在前后添加双下划线。

在源文件中，可以使用 #ifndef 宏测试以确定是否编译部分代码。例如：

```
void f()
{
#ifndef NDEBUG
    printf("Debugging func: Some variables as follows...\n");
#endif
    ...

}
```

此类技术手段在调试程序时很有用，可用于临时输出数据值。

当程序确认无误，准备正式编译时，上述临时输出操作都应取消。此时并不需要逐一删除上述代码段，而仅需在源文件开头增加一行宏定义：

```
#define NDEBUG
```

如此，所有位于 #ifndef NDEBUG 和 #endif 中间的代码都自动被忽略。

5.5.2　#if 命令

#if 指令需要与 #endif 指令配对使用，以控制代码段是否需要编译。#if 指令的典型使用格式与 if 语句类似：

```
#if 常数表达式
    程序代码段
#endif
```

此处，#if 中的常数表达式为可以在编译时计算的整型常数表达式。当满足 #if 条件时，#if 与 #endif 之间的代码段被编译，否则被忽略。

与 if 语句一样，#if 指令与 #endif 指令之间可以有多条 #elif 指令以及至多一条 #else 指令作为多分支选择条件，例如：

```
#if 常数表达式 1
    程序代码段 1
#elif 常数表达式 2
```

```
    程序代码段 2
    ...
#else
    程序代码段 n
#endif
```

对于上述格式，当常数表达式 1 为真时，编译器将编译程序代码段 1，程序代码段 2~n 都不会编译；若常数表达式 1 为假而常数表达式 2 为真，则仅编译程序代码段 2；……；若上述条件均不满足，则编译程序代码段 n。

#if 指令可以嵌套，使用方法同样与 if 语句类似。

条件编译指令的最大用途是解决软件兼容性和提高跨平台移植能力。例如，部分程序需要以固定长度的存储空间保存某些整型数据对象。考虑到 int 类型的存储长度与计算机硬件、操作系统和编译器有关，因而不能直接使用 int 类型。此时可以按照下述方法定义固定长度的数据类型：

```
#if _MSC_VER>800 && _M_IX86>300
  typedef int DWORD;              //此时 int 宽度为 32 位
#else                             //此时 int 宽度为 16 位
  typedef __int32 DWORD;          //保证 DWORD 仍具有 32 位宽
#endif
  DWORD a;                        //保证任何时候都有 32 位宽
```

按照上述宏定义，DWORD 将在 Microsoft C 编译器版本（_MSC_VER 宏）大于 8.0 且 Intel 兼容 CPU(_M_IX86 宏)不低于 386 时对应 int(32 位)，否则对应 __int32（此时编译器一般将 int 作为 16 位对待，因而只能使用特定编译器才具有的扩展关键字__int32 定义 32 位整数）。

还存在相反的情况。在进行程序移植时，有可能需要定义随计算机硬件和操作系统变化而变化的数据类型，例如：

```
#ifdef _W64                       //测试是否定义 64 位 Windows 标志
  typedef __int64 TYPE;           //将 TYPE 定义为 64 位整数
#else                             //不是 64 位 Windows 系统
  typedef long int TYPE;          //将 TYPE 定义为 32 位整数
#endif
  TYPE a;                         //保证任何时候都和硬件处理能力同宽
```

如果没有上述条件编译指令，则在新的 64 位 Windows 操作系统下，计算机硬件和操作系统已完全变成 64 位，却因为编译器只支持 32 位 int 的原因不能将数据对象定义为与计算机硬件同宽的类型。这既降低了硬件效率，也可能在某些场合导致程序错误。

5.6 典型软件开发流程

软件开发与其他工程项目一样，设计阶段的工作质量对项目成败有至关重要的作用。精心的策划与组织，通过将复杂问题分解为相互联系但又彼此独立的若干子问题可以保证项目开发过程更顺利。

5.6.1　软件工程概要

典型的软件开发过程（软件工程）包括需求分析、方案设计、编码实现和系统测试 4 个阶段，有时也简称为分析、设计、编码、测试四阶段。这 4 个阶段层层推进，同时也可能因某个阶段存在的问题而需要回溯修止，甚至重新开始，如图 5-2 所示。

图 5-2　典型软件开发过程

需求分析确定一个软件需要解决什么问题。对于简单问题，因为解决方案几乎总是显而易见，需求分析显得不那么重要。然而对于大型复杂系统而言，需求分析必不可少。

需求分析过程中主要是人的因素起作用。需求分析过程需要明确的是解决问题所需要的输入、输出以及其他附加信息。通过与用户深入交流，才能了解用户到底需要什么样的系统。

特别需要强调的是，不要轻视任何实际问题。当需要使用计算机解决问题时，在任务最终完成前，其难度是难以想象的。

方案设计所要完成的根本任务是给出问题的解决方法。方案设计可分为概要设计和详细设计，都是从逻辑上划分模块并逐层细化。其中，概要方案设计决定系统的总体结构，形成较高层次上的模块划分；详细方案设计则进一步细化各个模块，决定如何通过输入获得输出，并在此过程中获得实现问题所需要的算法。

编码实现将详细设计后的模块转化为某种编程语言——实现。定义相关变量、选择控制结构、输入输出格式控制等具体编码工作都是这个阶段的任务。

系统测试对各个模块进行验证。在此阶段，通过一组精心设计的测试用例对程序的运行情况进行考察，检验程序是否能够正确工作。

本节以一个猜价格游戏为例说明软件开发的主要流程与方法。

【例 5-7】 我猜！我猜！我猜猜猜！编程实现一个简单的猜价格游戏。假设有某物品，已知其最低价格与最高价格，游戏玩家在给定次数内猜测其价格具体值。

5.6.2　需求分析

实际程序开发时，很多问题最初就是类似例 5-7 的简单描述。有时候，在见到实际运行的程序前，很多用户并不知道它到底应该具有什么功能。

怎么办？问！

在此过程中，系统开发人员需要频繁和用户交流，跟踪了解其工作流程。在频繁的交流过程中，所要解决的问题逐步清晰。至于例 5-7，笔者就暂时既当裁判员（用户）也当运动员（系统开发人员）。

首次交流得到的系统需求如下：

需求 A。游戏运行前应向玩家介绍游戏功能。

需求 B。首期工程不需要解决游戏难度问题，用户迫切希望程序能够在最短时间内运行起来，因此只考虑最简单情形。

需求 C。在每个游戏回合结束时，允许用户选择是否重新开始新游戏。游戏回合是指游戏玩家或者猜中价格或者其猜测机会已用完。如果玩家没有选择退出，游戏应无休止地玩下去。

需求 D。能够记录游戏玩家的基本信息，目前仅统计用户玩了多少回合以及赢了多少回合。

需求 E。在用户退出游戏时，显示游戏胜率。

这里仍然有不明确的地方，例如什么是最简单情形？经过与用户的再次沟通，了解到用户所指的最简单情形如下。

需求 B1。物品最低价格为 100 元，最高价格为 200 元。

需求 B2。物品实际价格由系统运行时随机生成。

需求 B3。单个回合，游戏玩家最多允许猜 6 次。

需求 B4。若游戏玩家猜测价格比实际价格高，则程序提示"高"；若猜测价格比实际价格低，则程序提示"低"。

并且在第二次沟通时，用户补充如下需求。

需求 F。游戏难度在未来可能会有所调整。因此在实现上，需要定义游戏初始化过程，为将来的难度调整留有余地。

5.6.3 概要设计

需求分析先到此结束。按照用户要求，概要设计如下。

1. 程序主体框架

首先需要了解，将程序按照其功能分解成多个文件是实际工程项目开发的第一个基本步骤。本例可分解为 3 个文件：一个为包含 main 函数的主文件"main.c"，另外两个为游戏头文件"guess.h"和源文件"guess.c"。

概要设计 1.1。首先响应用户需求 A、E、F。根据用户需要，将程序主体划分为 4 个模块——欢迎信息显示模块、游戏初始化模块、游戏模块与游戏结束模块，并分别设计如下函数原型：

```
/*头文件"guess.h"*/
void Welcome();
void InitializeGame();
double PlayGame();
```

编码时机与懒人哲学

就严格的程序开发流程而言，此时开始编码并不恰当。笔者强烈推荐读者在编程时遵循"懒人哲学"，即只要能不编码就不编码。只有在不得不编写具体程序代码时才坐到计算机前。

但是，在教学中笔者发现，如果不在一开始就提供一些具体代码，让初学者尝到一些"甜头"，很多初学者会对软件工程有畏难和怀疑情绪。

这里不仅给出了部分代码，事实上，它们是头文件"guess.h"与主文件"main.c"的全部内容。

```
void GameOver(double prevailed_ratio);
```

　　概要设计 1.2。设计函数原型时需慎重考虑函数参数类型、个数以及函数返回值。因为游戏结束模块需向用户显示胜率，所以 GameOver 函数需要一个 double 类型的参数 *prevailed_ratio*；进一步地，此实际参数值只能通过游戏运行而获得，故 PlayGame 函数需要将该值作为结果返回，并在需要时传递给游戏结束模块。

　　如此即完成了程序主体框架，相应代码如下：

```
/*主文件"main.c"*/
int main()
{
  double prevailed_ratio;
  Welcome();
  InitializeGame();
  prevailed_ratio= PlayGame();
  GameOver(prevailed_ratio);
  return 0;
}
```

2. 游戏模块概要设计

　　先不考虑如何实现欢迎信息显示模块、游戏初始化模块与游戏结束模块，着重研究游戏模块。

　　概要设计 2.1。目前的 PlayGame 函数太粗略，没有与用户需求对应。仔细分析用户需求 C。为满足此要求，无限循环显然是较好的设计方案。在无限循环中，依次需要初始化游戏回合，进行游戏回合，判断用户是否开始新游戏回合等操作。

　　概要设计 2.2。根据系统需求 B2，每一游戏回合都会为物品随机生成实际价格，此过程应该在游戏回合初始化阶段完成，因而需抽象出一个单独的游戏回合初始化函数，并将其原型定义为

```
int InitializeBout();
```

注意，在此阶段，系统设计人员并不需要考虑物品实际价格的生成策略，这些细节问题留待以后解决。

　　概要设计 2.3。对应系统需求 D，游戏时需要统计游戏玩家已玩回合数与已胜回合数。这里将它们抽象为整型数据对象是合适的，游戏开始时均为 0。每次游戏玩家结束游戏回合，总回合数相应递增，而每当游戏玩家获胜，获胜回合数也相应递增。游戏玩家的胜率可以通过上述两个数据对象直接计算获得，因而不再需要声明额外的数据对象。

　　概要设计 2.4。接下来分析如何表示游戏回合的进行活动。可以将此活动抽象为单独的函数，并命名为 PlayBout。此函数需要返回 BOOL 类型的值，以表示游戏玩家在此游戏回合是否获胜。因而有下述函数原型：

```
BOOL PlayBout();
```

　　概要设计 2.5。用户需求 C 中还有一个问题没有解决，即判断用户是否进入下一游戏回合。此判断操作可以使用谓词函数描述：

```
BOOL Again();
```

Again 函数负责接受用户输入，判断用户是否想进入下一游戏回合。此函数负责在 **PlayGame** 函数中充当哨兵，在其返回值为 FALSE 时退出游戏。这里先不考虑如何接受和判断用户输入的所有细节。

概要设计 2.6。进入游戏模块时，所有必需的数据初始化工作都应已执行完毕。这表示用户需求 B1 与 B3 必须尽早获得处理。既然最初只考虑最简单情形，故可以将这些初始化数据作为全局常量：

```
const int lowest_price=100;
const int highest_price=200;
const int guesstimate_count=6;
```

概要设计 2.7。进一步分析概要设计 2.4 中抽象出的 PlayBout 函数。该函数的目的是在给定猜测次数内接受游戏玩家的输入价格，判断与实际价格是否相同，如果不同则给出提示信息，如果相同则恭喜游戏玩家获胜，这就解决了系统需求 B4。

5.6.4 详细设计

概要设计到此结束，启动详细设计阶段。

1. 修改概要设计

在与用户再次沟通时，用户提出不同意见。用户指出，每次游戏玩家在猜测时系统应提供辅助信息，例如物品最低价格、最高价格以及剩余猜测次数等。并且用户强调：

需求 G。一旦游戏玩家给出猜测价格，当该价格或高或低时，提示游戏玩家的信息应能够相应缩小价格区间以反映此变化。

居然多了一个系统需求 G！

概要设计 2.4'。响应系统需求 G，将 PlayBout 函数原型修改为：

```
BOOL PlayBout(int actual_price, int lower_price, int higher_price,
int chances_left);
```

新函数需要传递 4 个参数。在游戏回合开始时物品实际价格、最高价格、最低价格与最多猜测次数作为参数传递给此函数。而在游戏回合执行时，*lower_price*、*higher_price* 与 *chances_left* 将随着用户猜测次数与猜测价格的变化而变化。

2. 欢迎信息显示模块、游戏初始化模块与游戏结束模块详细设计

经过与用户的再次交流，用户指出：

详细设计 3.1。在欢迎信息显示模块，系统需要将游戏性质与游戏方法告诉游戏玩家。在此，用户强调系统应尽可能输出详细信息，例如物品最低价格、最高价格与猜测次数都应通知游戏玩家。因而有：

```
void Welcome()
{
    输出程序性质信息
    物品最低价格、最高价格与猜测次数一并输出
}
```

详细设计 3.2。不知道游戏初始化模块现在应该干什么。虽然用户不清楚，也

依然可以实现：

```
void InitializeGame()
{
}
```

参见关于占位
函数的讨论，3.2.1
节，第 82 页。

　　详细设计 3.3。如果能够在游戏结束模块不仅输出游戏玩家胜率，还针对其胜率高低输出不同鼓励信息就好了。新的系统需求 H 来了！

　　需求 H。游戏结束模块不仅需要输出游戏玩家胜率，还需要针对其胜率高低输出不同鼓励信息。具体原则是，① 当游戏玩家胜率超过 75%（含）时，输出 "You luckyyyyyyyyyyy!"；② 当胜率低于 75% 但超过 50%（含）时，输出 "So goooooooood."；③ 其他输出 "You can do it better. Wish you luck."。

交流备忘录之二
开发方代表：
就这么简单？
用户方代表：
就这么简单。有问
题吗？
开发方代表：
没问题，绝对没问
题！您的决策很英
明。(腹诽之辞不见
于此。)
用户方代表：
那是，一切都从用
户出发嘛！
开发方代表：
"……"(此处省略
程序开发方代表心
中所想 n 余字。)

　　响应用户需求 H：

```
void GameOver(double prevailed_ratio)
{
    输出百分制胜率
    根据胜率分别输出不同信息
}
```

3．游戏模块详细设计

详细设计 4.1。细化概要设计 2.1 部分：

```
double PlayGame()
{
    while(TRUE)
    {
        调用 InitializeBout 获得实际价格
        调用 PlayBout 启动游戏回合
        如果游戏回合结束后结果为 TRUE，递增获胜回合数
        递增总回合数
        调用 Again，若结果为 FALSE，终止游戏，否则继续
    }
    返回最终胜率
}
```

　　详细设计 4.2。细化概要设计 2.2 部分，使用 5.2 节设计的函数 GenerateRandomNumber 生成随机数：

```
int InitializeBout()
{
    调用 GenerateRandomNumber 函数，传递最低价格与最高价格，并返回其结果
}
```

　　前已指出，在生成伪随机数前必须初始化伪随机数发生器，即必须首先调用 zyrandom 库中的 Randomize 函数。Randomize 函数没有参数和返回值，并且只需调用一次。将它放在什么地方合适呢？显然不能放在游戏回合中，如此就会在每次启动新游戏回合时调用一遍。最好的方法是放到详细设计 3.2 给出的占位函数 InitializeGame 中：

```
void InitializeGame()
```

```
    {
        调用 Randomize 函数启动随机数发生器
    }
```

终于为占位函数 InitializeGame 找了件事做！

详细设计 4.3。细化概要设计 2.4'与 2.7 部分。

在与用户沟通时，又出事了。用户提出：

需求 I。如果游戏玩家给出的猜测价格不在当时价格范围内，应提醒用户重新提供新价格，此次操作不应递减用户猜测次数，以防止用户输入错误。也就是说，需要检查猜测价格的合法性。

需求 J。当最后一次机会也未猜中价格时，不需要再输出提示价格高低信息，直接输出用户本回合失败信息，并将实际价格告诉用户。

又多了两个系统需求！一次将所有系统需求都提完整在现实工作中往往是不可能的。

```
BOOL PlayBout(int actual_price, int lower_price, int higher_price,
int chances_left)
{
  while( 还有猜测机会 )
  {
    获得游戏玩家猜测价格
    检查游戏玩家猜测价格是否在给定范围
    递减游戏玩家猜测机会
    判断猜测价格高低
    switch( 判断结果 )
    {
    case 高了:
      if( 还有猜测机会 )
      {
        输出价格高了信息, 降低最高价格值, 缩小猜测区间
      }
      else
      {
        输出游戏玩家失败信息与物品实际价格,结束函数,返回本回合失败值 FALSE
      }
      中断当前 switch 判断, 启动下一次猜测迭代
    case 低了:
      if( 还有猜测机会 )
      {
        输出价格低了信息, 增大最低价格值, 缩小猜测区间
      }
      else
      {
        输出游戏玩家失败信息与物品实际价格,结束函数,返回本回合失败值 FALSE
      }
      中断当前 switch 判断, 启动下一次猜测迭代
    default:
      输出游戏玩家获胜信息, 结束函数, 返回 TRUE
```

```
        }
    }
    程序流程至此，说明游戏玩家本回合已失败，返回 FALSE
}
```

需求 J 已解决，但需求 I 还没有完全解决。PlayBout 函数是到目前为止设计的最复杂函数，其中"获得游戏玩家猜测价格"，"检查游戏玩家猜测价格是否在给定范围"与"判断猜测价格高低"如何实现？

这些操作同样应抽象为函数，以降低 PlayBout 函数的复杂程度：

```
int GetPrice(int lower_price, int higher_price, int chances_left);
int CheckPrice(int lower_price, int higher_price, int guesstimate_price);
int JudgePrice(int actual_price, int guesstimate_price);
```

GetPrice 函数负责获取游戏玩家猜测价格，它接受两个参数 lower_price 与 higher_price，以提醒游戏玩家输入在此范围的整数，返回值为游戏玩家的猜测价格。

CheckPrice 函数接受 3 个参数，前两个参数意义与 GetPrice 函数相同，而参数 guesstimate_price 则表示游戏玩家的猜测价格。CheckPrice 函数在游戏玩家输入错误数据时提醒用户重新输入，其返回值为新的猜测价格。

JudgePrice 函数则负责判断游戏玩家猜测价格与实际价格的高低关系，使用两个参数接受实际价格和玩家猜测价格，其返回值为整数，1 表示猜测价格较高，0 表示相同，–1 表示低。

如此，这 3 个辅助函数的执行逻辑可表达如下：

```
int GetPrice(int lower_price, int higher_price, int chances_left)
{
    输出提示信息，包括最低价格、最高价格与剩余猜测次数
    调用 GetIntegerFromKeyboard 函数获取猜测价格并返回
}
int CheckPrice(int lower_price, int higher_price, int guesstimate_price)
{
    while(猜测价格小于最低价格或高于最高价格)
    {
        通知游戏玩家猜测价格超出范围，提醒用户重新输入新价格
        调用 GetIntegerFromKeyboard 获取新猜测价格
    }
    返回新猜测价格
}
int JudgePrice(int actual_price, int guesstimate_price)
{
    获得猜测价格与实际价格之差
    if(差值大于 0)
        return 1;
    else if(差值小于 0)
        return-1;
    else
        return 0;
}
```

详细设计 4.4。细化概要设计 2.5 部分。

Again 函数询问游戏玩家是否开始新游戏,其流程如下:

```
BOOL Again()
{
    询问游戏玩家是否开始新游戏
    获取游戏玩家的响应
    如果游戏玩家的响应为否定的,则返回 FALSE,否则返回 TRUE
}
```

Again 函数的关键任务是如何判断游戏玩家的响应为"不玩了,没劲!"典型的方法是接受游戏玩家输入的字符串,然后比较与"不玩了,没劲!"字符串是否相同。

等等,不妥!如果要求游戏玩家输入"不玩了,没劲!",估计没几个游戏玩家愿意——输入的东西太多了。所以,程序只要求游戏玩家在输入了只包含单一字符的字符串"n"时退出,其他则继续。

zylib 库实现了两个函数 IsStringEqual 与 IsStringEqualWithoutCase,一个用于比较两个字符串是否相同,另一个还是用于比较两个字符串是否相同。这两个函数接受两个字符串类型的参数,在两个字符串内容完全相同时返回 TRUE,否则返回 FALSE,注意后者在比较时不区分字符串大小写(例如后者认为字符串"ABCSZ"与"abcsz"是相同的,而前者则认为是不同的)。这两个函数的原型如下:

```
BOOL IsStringEqual(CSTRING s1, CSTRING s2)
BOOL IsStringEqualWithoutCase(CSTRING s1, CSTRING s2)
```

本程序使用后一个函数。由此可将 Again 函数进一步细化为:

```
BOOL Again()
{
    询问游戏玩家是否开始新游戏
    获取游戏玩家的响应
    调用 !IsStringEqualWithoutCase 函数判断游戏玩家的响应是否为"n"
    如果真不玩了,Again 函数应返回 FALSE,否则返回 TRUE
}
```

到目前为止,全部详细设计完成,可以将各函数(模块)的关系使用图形绘制出来,如图 5-3 所示(图中未绘制底层调用的库函数)。

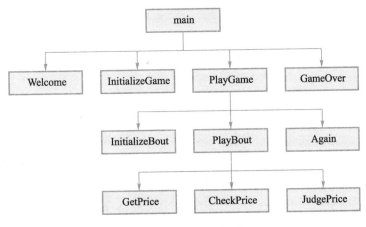

图 5-3 模块组织关系图

有关字符串的详细讨论请参见:
6.2 节,第 180 页;
7.4 节,第 227 页。

两颗枣树

我家后院里有两棵树。一棵是枣树,另一棵还是枣树。

——鲁迅,《秋夜》

5.6.5 编码实现

编码工作开始，完整程序代码如下：

```c
/*游戏源文件 "guess.c" */
#include<stdio.h>
#include "zylib.h"
#include "zyrandom.h"
#include "guess.h"

/*全局常量声明*/
const int lowest_price=100;
const int highest_price=200;
const int guesstimate_count=6;

/*静态函数原型*/
static int InitializeBout();
static BOOL PlayBout(int actual_price, int lower_price, int
higher_ price, int chances_left);
static BOOL Again();
static int GetPrice(int lower_price, int higher_price, int
chances_left);
static int CheckPrice(int lower_price, int higher_price, int guess
timate_price);
static int JudgePrice(int actual_price, int guesstimate_price);

void Welcome()
{
  printf("The program lists a product with price between ");
  printf("%d and %d (RMB Yuan).\n", lowest_price, highest_price);
  printf("You give a guesstimate price. If the price you give is
correct, you win.\n");
  printf("You have %d chances.\n"; guesstimate_count);
  printf("Rise to the challenge to win your bonus...\n");
}
void InitializeGame()
{
  int i, n;
  Randomize();
  for(i=0; i<1024; i++)   //跳过前 1 024 个随机数，保证其尽可能随机
    n=GenerateRandomNumber(lowest_price, highest_price);
}
double PlayGame()
{
  int actual_price, lower_price=lowest_price, higher_price=highest_
price;
  int chances_left=guesstimate_count;
```

```
int bout_count=0, prevailed_bout_count=0;
while (TRUE)   //无限循环，只有在游戏玩家确定不玩了才退出
{
  printf("\n");
  actual_price=InitializeBout();
  if (PlayBout(actual_price, lower_price,higher_price, chances_
  left))
    prevailed_bout_count++;
  bout_count++;
  if (!Again())
    break;
}
  return (double)prevailed_bout_count/(double)bout_count;
}
void GameOver(double prevailed_ratio)
{
  printf("\nprevailed ratio: %.2lf%%.\n", prevailed_ratio* 100);
  if (prevailed_ratio>=0.75)
    printf("You luckyyyyyyyyyyyyy!\n\n");
  else if (prevailed_ratio>=0.50)
    printf("So goooooooood.\n\n");
  else
    printf("You can do it better. Wish you luck.\n\n");
}
static int InitializeBout()
{
  return GenerateRandomNumber(lowest_price, highest_price);
}
static BOOL PlayBout(int actual_price, int lower_price, int
higher_ price, int chances_left)
{
  int guesstimate_price, judge_result;
  while ( chances_left>0 )   //在游戏玩家机会没有递减到0时，重复价格猜测过程
  {
    guesstimate_price=GetPrice(lower_price, higher_price, chances_
    left);
    guesstimate_price=CheckPrice(lower_price,higher_price,guesstimate_
    price);
    chances_left--;
    judge_result=JudgePrice(actual_price, guesstimate_price);
    switch(judge_result)
    {
    case 1:
      if (chances_left>0)
      {
```

```
          printf("\nHigher.\n");
          higher_price=guesstimate_price-1;
        }
      else
      {
        printf("\nYou lose this bout. The actual price is %d.\n",
        actual_price);
        return FALSE;
      }
      break;
  case-1:
    if(chances_left> 0)
    {
      printf("\nLower.\n");
      lower_price=guesstimate_price+ 1;
    }
    else
    {
      printf("\nYou lose this bout. The actual price is %d.\n",
      actual_price);
      return FALSE;
    }
    break;
  default:
    printf("\nYou winnnnnnnnnnnnnnnn!\n");
    return TRUE;
    }
  }
  return FALSE;
}
static BOOL Again()
{
  printf("\nPlay a new game (\"n\" to stop, other words to play
  gain)? ");
  return !IsStringEqualWithoutCase(GetStringFromKeyboard(), "n");
}
static int GetPrice(int lower_price, int higher_price, int
chances_left)
{
  printf("The actual price is at [%d, %d]. ", lower_price, higher_
  price);
  printf("Chances left %d.\nYou guess: ", chances_left);
  return GetIntegerFromKeyboard();
}
static int CheckPrice(int lower_price, int higher_price, int
```

```
guesstimate_price)
{
  int t=guesstimate_price;
  while(t<lower_price||t>higher_price)
  {
    printf("Guesstimate price %d is out of the range. ", t );
    printf("Please choose one in [%d, %d].\nTry again: ",
    lower_price, higher_price);
    t=GetIntegerFromKeyboard();
  }
  return t;
}
static int JudgePrice(int actual_price, int guesstimate_price)
{
  int t=guesstimate_price-actual_price;
  if(t>0)
    return 1;
  else if(t<0)
    return-1;
  else
    return 0;
}
```

请注意上述代码中将所有详细设计阶段抽象出来的函数都定义为静态的——它们不需要通过"guess.h"提供给其他文件模块使用。

5.6.6 系统测试

编码工作到此结束。最后一个步骤，系统测试！

系统测试要求至少能够覆盖下述几种情况：① 欢迎信息显示模块是否正确工作，检查信息显示格式是否符合要求，尤其是游戏指导说明是否显示完整；② 初始化模块是否正确工作；③ 游戏模块是否正确工作，此为重点测试单元；④ 游戏结束模块是否正确工作。

系统测试 5.1。所有数据对象是否已正确初始化？

系统测试 5.2。随机生成的价格是否合理有效？测试过程中可能需要测试人员在源程序中添加必要的测试代码，例如：

```
double PlayGame()
{
    ...
    actual_price= InitializeBout();
#ifndef NDEBUG
    printf("Debugging PlayGame: Actual price = %d.\n", actual_
    price);
#endif
```

```
if(PlayBout(actual_price, lower_price, higher_price, chances_
left))
  prevailed_bout_count++;
...

}
```

系统测试 5.3。检查游戏回合运行是否准确。这里要解决 7 个问题：① 参数传递是否准确？② 获取的猜测价格是否与游戏玩家的实际输入吻合？③ 价格有效性检查是否正确工作？分别输入准确值、高于最高价格值与低于最低价格值，查看程序运行结果。④ 价格判断是否正确运行？⑤ 猜测次数的控制与显示是否准确反映了用户猜测过程的变化？⑥ 提示信息是否准确显示？⑦ 在显示未猜中信息时，是否最后一次与其他次不同？

系统测试 5.4。判断开始新游戏的过程是否准确。是否在游戏玩家输入了"n"后退出？是否即使输入了"n"，游戏也仍然运行？

系统测试 5.5。检查胜率计算是否准确。

系统测试 5.6。检查胜率百分比的计算与显示是否准确。

系统测试 5.7。不同鼓励语是否显示准确，这意味着测试必须覆盖 3 类可能胜率，测试人员必须试玩游戏，得到 3 种不同胜率结果。

5.6.7　经验总结

当所有测试均通过，程序员有理由相信系统似乎无缺陷了，到用户那里开系统交付与验收会罢！

Q：这个问题一开始大家认为它难不难？

A：不难。

Q：程序设计难不难？

A：难，如果要程序员从系统分析、方案设计开始做起的话。

Q：编码难不难？

A：不难，与系统分析与设计相比编码实在简单，不过就是使用了前面介绍的所有代码控制结构和函数编写原则而已。

Q：和用户交流烦不烦？

A：烦！

这就是为什么那些专门从事系统分析和概要设计工作的人被称为"系统分析员"、"架构设计师"、"领域专家"，而那些只负责编码的称为"程序员（初级）"的原因。

交流备忘录之三

　　用户方代表：不错不错，我们很满意。不过，张工，您看，能不能在系统中再添加一个新功能，我们想……

　　开发方代表：啊，还有新需求？没问题。不过，您看，这个事情呢是这样的。这个项目呢，经费就这么多，目前开发到这个地步已经完全达到了最初的设计要求。这个实现新需求的经费嘛，可能需要适当考虑这一点。

　　用户方代表：你们的难处我们也知道。经费问题好商量，你们做个计划过来，只要合理我们就批。

　　开发方代表：是，是！我们一定完成任务。

　　看！这就是解决实际问题时的全部真相！

本 章 小 结

本章试图解决 3 个问题。

（1）程序组织结构。在解决实际问题时，往往需要将解决方案按照功能和逻辑关系分成多个文件，并统一组织在工程项目中。多文件组织方式便于对项目进行管理和控制。为此，C 语言提供了多种机制以保证多文件程序能够恰当工作，例如严格限定的实体作用域与生存期概念，宏的定义与使用，以及条件编译技术等。在构造真实系统时，程序员需要了解如何进行恰当的任务分解，以及各个子任务对应的程序模块如何进行精诚协作以构造可以正确运行的程序。

（2）库与接口的基本概念与设计原则、设计方法。库是 C 语言最基本的概念之一。通过使用函数库，将复杂代码按照逻辑和功能进行分组以相互独立开来才成为可能。库与用户之间只能通过接口进行通信，以保证库最大限度的独立性，并且尽量达到数据封装与信息隐藏的要求。在进行库的设计时，程序员必须遵照用途一致、操作简单、功能充足、性能稳定这 4 项接口设计基本原则。

（3）程序设计与软件工程的关系。现实生活中的真实案例总是非常复杂的。在解决实际问题时，结构化与模块化是必然的选择，软件开发过程实际上就是逐步对模块进行细化求精和验证的过程。在此，程序员应严格遵循自顶向下、逐步求精的原则，按照需求分析、概要设计、详细实现、编码实现和系统测试等软件工程步骤进行。那些认为某些任务非常简单，可以跳过其中部分步骤的思想是要不得的。本章最后的实例表明，即使看起来很简单的程序从系统分析开始到最后测试完成也需要程序员付出大量劳动。希望读者能通过本章实例学习实际程序开发的基本经验。

什么是程序员最重要的品格？不是聪明睿智，更不是团结协作，而是耐心，耐心，再耐心。

习 题 5

一、概念理解题

5.1.1　什么是库？库与程序文件有什么关系？

5.1.2　如何在程序中包含头文件？如果头文件与要包含该头文件的文件不在同一目录下，如何包含它？

5.1.3　C 标准库提供了什么样的函数用于生成随机数？

5.1.4　接口设计的 4 项基本原则有哪些？

5.1.5　挑战性问题。制定详细的随机数库测试计划，列写测试目标、测试方法与技术手段，注意对于某些特定的功能，可能需要给出测试算法的大致框架。

5.1.6　什么是作用域与生存期？C 语言对量的作用域与生存期有什么规定？函数的作用域与生存期是如何规定的？

5.1.7　全局变量与局部变量有什么差异？

5.1.8　什么是存储类？将局部变量定义为 static 意味着什么？对于全部变量呢？对于函数呢？将变量定义为 extern 意味着什么？对于函数呢？能否将局部变量定义为 extern 的？

5.1.9　什么是宏？在程序中声明宏的目的是什么？编译器是如何进行宏替换的？

5.1.10　如何处理头文件的多次包含问题？

5.1.11　如何声明和使用无参宏和有参宏？含参宏与函数有什么相同与不同之处？

5.1.12 无替换文本的宏有什么意义？

5.1.13 在使用操作序列作为宏替换文本时，当语法格式要求表达式后面不能带分号时在宏替换文本最后添加分号就是错误的。举个例子说明这种情况。

5.1.14 常用的条件编译指令有哪些？它们分别代表什么意义？

5.1.15 典型的软件开发过程分成几个步骤？这些步骤分别完成什么任务？你是如何认识软件工程方法在实际程序开发中所起的作用的？

二、编程实践题

5.2.1 编写一函数，返回 1～6 之间的随机数。这个过程模拟了什么？掷骰子。

5.2.2 继续上一题。编写一掷骰子游戏，计算机和用户充当对战的双方。首先出计算机生成一个随机数，然后接受用户输入的字符串"g"命令，生成用户的随机数（模拟用户掷了一次骰子），比较它们的大小。如果用户得到的随机数小于计算机得到的，则输出用户输了，否则输出用户赢了。

5.2.3 挑战性问题。继续上一题。重复进行游戏，只有在用户输入了"q"或"Q"之后才退出游戏。此外，游戏初始时由用户充当庄家，计算机充当闲家。庄家先掷骰子，如果闲家掷的点数不大于庄家，则判庄家赢。输者将在下一回合充当庄家先掷骰子。游戏结束时输出用户游戏回合数与胜率。可以根据不同的胜率设计不同的鼓励信息。

5.2.4 编写一函数，返回 1～52 之间的随机数。这个过程模拟了什么？发不含大小王牌的扑克牌。将生成的随机数映射为每张扑克牌，典型的原则是按照花色（梅花、方块、红桃、黑桃）和大小（2～10、J、Q、K、A）顺序进行映射，例如梅花 2 小于梅花 3，……，梅花 A 小于方块 2，……，黑桃 K 小于黑桃 A。

5.2.5 挑战性问题。继续上一题。编写单张赌牌游戏，游戏规则与习题 5.2.3 类似。

5.2.6 编写一函数，返回 1～144 之间的随机数。这个过程模拟了什么？打麻将。按照国家竞技麻将规则，全幅麻将包含 144 张牌，其中分为 6 类，筒牌（1～9 筒各 4 张）、条牌（1～9 条各 4 张）、万牌（1～9 万各 4 张）、字牌（东南西北各 4 张）、箭牌（中发白各 4 张）与花牌（春夏秋冬梅兰竹菊各 1 张）。

5.2.7 继续上一题。编写一函数，连续输出 13 张牌，查看它是否满足听牌条件（你自己查看吧，要程序查看现在就免了）。如果你不了解什么是听牌，或者寒暑假回家的时候扫扫盲，或者阅读 1998 年国家体育总局社会体育指导中心颁布的《中国麻将竞赛规则（试行）》。

5.2.8 挑战性问题。鉴于《我猜！我猜！我猜猜猜！》项目的实施情况良好，用户希望开发一个新游戏。游戏面向小学 1～2 年级学生，随机选择两个整数和加减法形成算式要求学生解答。要求：① 只出 10 道题，每题 10 分，程序结束时显示游戏玩家得分；② 确保算式没有超出 1～2 年级的水平，只允许进行 50 以内的加减法，不允许两数之和或之差超出 0～50 的范围，负数更是不允许的；③ 每道题游戏玩家有 3 次机会输入答案，当游戏玩家输入错误答案时，提醒游戏玩家重新输入，如果 3 次机会用完则输出正确答案；④ 对于每道题，游戏玩家第一次输入正确答案得 10 分，第二次输入正确答案得 7 分，第三次输入正确答案得 5 分，否则不得分；⑤ 当游戏玩家输入了正确得数后，随机显示评价结果，例如"Right!"、"Correct!"、"You got it!"、"That's the answer!"、"Bingo!"、"Gaoding!"等，若答案错误，则按照格式"No, the answer is x."输出答案。

第6章 复合数据类型

1. 理解字符类型的概念，掌握字符型量的定义和使用方法，了解 C 标准库的常用字符与数字类操作函数，能够熟练使用字符类型进行程序设计。

2. 了解字符串的概念，理解字符类型与字符串类型的差异，了解 C 标准库的常用字符串操作函数，掌握字符串的操作方法。

3. 理解数组的概念，掌握数组型量的定义和使用方法，能够熟练使用数组进行程序设计。

4. 理解结构体的概念，掌握结构体类型的声明、结构体量的定义和使用方法，能够熟练使用结构体进行程序设计。

5. 了解对数据集进行查找和排序的基本操作方法，能够编写查找和排序函数，进一步领会算法设计与效率的关系。

宽字符集

　　如果要表示宽字符集，文字前面需要添加"L"标记，例如：

　　char *ch*=L'a';

　　如此说明的文字类型将不再是 char，而是 wchar_t。

　　一般地，所有支持宽字符集的编译器都不需要程序员显式使用 wchar_t 类型，而是由编译器自动选择。也正因为此，有可能导致不同计算机系统结构和编译器下得到不一致的结果。

6.1　字　　符

C 语言使用类型 char 定义程序中出现的单个字符，其使用方法与整数类型非常类似。

6.1.1　字符类型、文字与量

C 程序中定义字符量的典型方法如下：

```
char ch;
const char cch='C';
```

此处，*ch* 和 *cch* 的取值只能为当前计算机使用的标准字符集中的一员。

注意，字符类型的文字使用单引号而不是双引号表示，以与字符串文字相区别。事实上，还可以使用十进制、八进制或十六进制表示字符。例如，下述声明均对应字符'A'：

```
char a='A';
char b=65;
char c=0101;
char d=0x41;
```

这意味着，字符其实就是取值范围较小的整数。

与其他预定义类型一样，char 类型也具有自己的定义域。目前典型的 char 类型量或文字使用单字节（8 位）表示，编码格式为 ASCII 码，包含所有出现在键盘上的英文字母、数字、标点符号、空格、回车键、制表键以及用于特殊目的的符号。

表 1-1：第 20 页。

表 6-1 列出了完整的 ASCII 码。其中大多数字符都可以在屏幕上显示或输出到打印机。这些字符称为可打印字符，其他不可打印的字符称为特殊字符，用于表示特殊活动。在 C 中，使用'\x'形式表示这些特殊字符，这样的'\x'称为转义序列，'\'称为转义字符，如表 1-1 所示。

字符类型同样可以使用 unsigned 与 signed 修饰，前者表示无符号 8 位字符，对应值 0～255，后者表示有符号 8 位字符，对应值 −128～127。

然而，对于什么样的计算机使用什么样的字符集，实际上并不存在唯一的标准，在涉及多语种和多字符集环境时更是如此。此外，对于不同的英文字符集，同一个字符对应的数值可能也是不同的。不过有一点是所有的字符集都遵从的，即数字 0～9 总是连续的，且它们之间维持整数顺序不变。

部分 C 编译器扩展了字符类型的处理能力，可以支持 Unicode 大字符集（使用双字节 16 位表示单个字符，不仅包括了 ASCII 码还涵盖了其他语言，包括汉语常用字在内的字符），甚至更多字节的宽字符集。

表 6-1 ASCII 码表

	0	1	2	3	4	5	6	7	8	9
0	\0	☺	☻	♥	♦	♣	♠	\a	\b	\t
10	\n	\v	\f	\r	♫	☼	►	◄	↕	‼
20	¶	§	_	↨	↑	↓	→	←	∟	↔
30	▲	▼	(Space)	!	"	#	$	%	&	'
40	(	)	*	+	,	−	.	/	0	1
50	2	3	4	5	6	7	8	9	:	;
60	<	=	>	?	@	A	B	C	D	E
70	F	G	H	I	J	K	L	M	N	O
80	P	Q	R	S	T	U	V	W	X	Y
90	Z	[	\	]	^	_	`	a	b	c
100	d	e	f	g	h	i	j	k	l	m
110	n	o	p	q	r	s	t	u	v	w
120	x	y	z	{	|	}	~	DEL		

为保证程序兼容性，建议大家只使用 ASCII 码字符集。

6.1.2 字符量的数学运算

在 C 语言中，字符类型量可以作为整数（值为其 ASCII 码值）参与数学运算，例如字符'9'与'0'之差就是 57 与 48 之差，结果为 9。再如：

```
char c='A';        //c 的值为 65
int a=10, b;
b=a+c;             //b 结果为 75，转换为字符类型后对应字符'K'
```

【例 6-1】 编写函数，判断某个给定字符是否为数字。

函数代码如下：

```
BOOL IsDigit(char c)
{
  if(c>='0'&&c<='9')
    return TRUE;
  else
    return FALSE;
}
```

事实上，上述函数还可实现为：

```
BOOL IsDigit( char c )
{
  if( c>= 48 &&c<= 57 )
    return TRUE;
  else
    return FALSE;
}
```

【例 6-2】 编写函数，将字符转换为大写字母。

函数代码如下：

```
char TransformIntoUpperCase(char c)
{
  if(c>='a' &&c<='z')
```

ASCII 码

ASCII 码本身是为信息传输设计的，其中包含多个与信息传输控制相关的字符（字符值从 0 至 31 以及最后的值 127），其中部分字符在计算机中不再具有重要意义，并且在大字符集下显示图案也与 ASCII 码表示不符。凡是没有使用 C 语言转义字符表示的那些字符编程时一般不会用到。

不过在编写 C 程序时，其中部分字符在特定系统下确实也可以打印，例如值为 1 的字符为人脸；值为 3 的字符为扑克牌的红桃等。

单个字符的输入输出

若要输入输出单个字符，则 printf 函数与 scanf 函数的格式描述符应使用"%c"。参见表 1-3：第 33 页。

注意，使用 scanf 函数获取单个字符时，在某些场合可能导致问题，推荐使用 zylib 库的 GetString FromKeyboard 函数先获取输入的字符串，再调用 GetIth Char 函数获取其首字符。

```
      return c-'a'+'A';
   else
      return c;
}
```

上述字符运算使用了一个特别规则，即所有英文字母顺序排列。因而如果字符 *c* 为'b'，则'b'与'a'之差为 1，加上字符'A'之后，结果为'B'。

6.1.3　标准字符特征库

C 标准库提供了头文件"ctype.h"作为字符特征库 ctype 的接口，其中常用函数如表 6-2 所示。前述两例已实现其中两个函数 isdigit 与 toupper，不过为与标准库函数相区别，本书使用混合大小写规范命名而已。

表 6-2　字符特征库提供的常用函数

函　数　原　型	函　数　说　明
BOOL isalnum(char *c*);	*c* 为字母或数字字符时返回真，否则返回假
BOOL isalpha(char *c*);	*c* 为字母时返回真，否则返回假
BOOL isdigit(char *c*);	*c* 为数字字符时返回真，否则返回假
BOOL isgraph(char *c*);	*c* 为任何可打印字符（空格除外）时返回真，否则返回假
BOOL islower(char *c*);	*c* 为小写字母时返回真，否则返回假
BOOL isprint(char *c*);	*c* 为任何可打印字符时返回真，否则返回假
BOOL ispunct(char *c*);	*c* 为标点符号（不是字母、数字、空格的任何可打印字符）时返回真，否则返回假
BOOL isspace(char *c*);	*c* 为空格时返回真，否则返回假
BOOL isupper(char *c*);	*c* 为大写字母时返回真，否则返回假
BOOL isxdigit(char *c*);	*c* 为十六进制数字字符（a~f、A~F、0~9）时返回真，否则返回假
char tolower(char *c*);	将 *c* 转换为小写字母，若 *c* 不是大写英文字母，则直接返回原字符
char toupper(char *c*);	将 *c* 转换为大写字母，若 *c* 不是小写英文字母，则直接返回原字符

6.2　字　符　串

在程序中出现单个字符的场合不多，更多的是使用多个字符构成字符串以描述文本信息。

6.2.1　字符串的抽象表示

zylib 库定义的 STRING 类型和 CSTRING 类型为字符串的抽象表示。使用时只需要关心字符串操作的基本行为（操作集），而不需要关心字符串的实际存储细节。一般地，习惯上称这种用户不需要关心具体实现细节的数据类型为抽象数据类型。

zylib 库定义了二十多个字符串函数，例如曾使用和介绍过的：

```
//从键盘获取整数
```

可能与读者的想象不同，与 GetStringFromKeyboard 函数一样，GetIntegerFromKeyboard 函数和 GetRealFromKeyboard 函数的实现也需要使用字符串类型。

```
int GetIntegerFromKeyboard();
//从键盘获取浮点数
double GetRealFromKeyboard();
//从键盘获取字符串
STRING GetStringFromKeyboard();
//判断两个字符串是否相等，大小写敏感
BOOL IsStringEqual(CSTRING s1, CSTRING s2);
//判断两个字符串是否相等，忽略大小写
BOOL IsStringEqualWithoutCase( CSTRING s1, CSTRING s2 );
```

如前所述，在设计库的接口时，需要仔细权衡库应向外界（用户）提供什么样的功能或操作。一个基本原则是，库所提供的操作应是本原的。亦即，对于某种特定类型的数据对象，它们是最基本的，是"不以人的意识为转移的"。

进一步分析字符串类型的本原操作，用户还需要使用什么样的字符串功能呢？显然，字符串的复制、合并与比较，获取字符串的长度和部分内容信息，将字符串类型与其他数据类型进行变换，以及在字符串中查找特定信息的功能同样需要实现。

6.2.2 字符串的复制、合并与比较

在 zylib 库中，实施字符串复制操作的函数原型如下：

```
//复制字符串
STRING DuplicateString(CSTRING s);
```

DuplicateString 函数的使用方法比较简单，它需要接受一个参数，然后返回该字符串的一个副本。

这里要强调的是，字符串类型量的复制是不能通过简单赋值语句得到的，这是 C 程序实现上的要求，读者必须遵照执行。例如：

```
STRING s1, s2 = "Hello World!";
s1=s2;   //此条语句不能完成字符串复制，运行时可能导致问题
```

作为替代策略，必须在程序中使用下述代码：

```
STRING s1, s2 = "Hello World!";
s1=DuplicateString(s2);    //正确
```

在某些情况下，可能需要将两个字符串合并为一个单独的字符串，此时读者可以使用 zylib 库的 ConcatenateString 函数完成此任务：

```
//合并两个字符串，并返回结果
STRING ConcatenateString(CSTRING s1, CSTRING s2);
```

ConcatenateString 函数接受两个待合并原始字符串作为参数，返回合并后的字符串。结果字符串 s1 在前，s2 在后，例如"Hello"与"World"合并后的结果为"HelloWorld"。

有时需要比较两个字符串的大小。这种比较与判断字符串是否相等不同，用户需要了解它们按照字典顺序的先后排列关系。所谓字典顺序是指将它们当作英语单词出现在词典中的先后次序。

zylib 实现了一个 CompareString 函数用于比较两个字符串：

```
//按字典顺序进行字符串比较。s1 在 s2 前返回-1；s1 与 s2 相等返回 0；否则返回 1
int CompareString( CSTRING s1, CSTRING s2 );
```

空字符串
　　如果一个字符串为空串，即其中不包含任何有用的字符，则可以使用连续两个双引号表示其文字。注意，两个双引号之间不能有任何字符，甚至空格。如果包含了空格，则意味着字符串非空——其中包含了空格字符。

参阅 7.4.2 节，第 229 页。

该函数接受两个参数 *s1* 和 *s2*。若按照字典序，*s1* 在 *s2* 之前则函数返回-1，若 *s1* 与 *s2* 相等则返回 0，否则返回 1。

正像必须使用 IsStringEqual 与 IsStringEqualWithoutCase 函数判断两个字符串是否相等一样，必须使用 CompareString 函数判断字符串大小关系：

```
CompareString( s1, s2 )<0
```

7.4 节，第 227 页。

不可以直接使用类似 *s1<s2* 这样的表达式——它在绝大多数场合都会得到错误的结论，其原因将在 7.4 节详细讨论。

6.2.3 字符串的长度与内容

要获得某个字符串量的长度，可以使用 GetStringLength 函数：

```
//获取字符串的长度
unsigned int GetStringLength(CSTRING s);
```

字符串长度是指其包含的字符个数，例如"HelloWorld"长度为 10，而"HelloWorld\n"长度则为 11（其中转义字符只算一个）。

除了需要了解字符串长度以外，有时还需要获得字符串中特定位置的字符或从某处开始的 *n* 个字符。zylib 实现的这两个函数原型如下：

```
//获取字符串的第 pos 个字符，pos 从 0 开始编号
//如果 pos 不在字符串长度范围 0～GetStringLength(s)-1 内，则程序异常终止
//使用方法：字符串的首字符使用 0 作为参数
char GetIthChar(CSTRING s,unsigned int pos);
//获取字符串的子串，子串位置从 pos 处开始，最多包含 n 个字符
//如果 pos 不在字符串长度范围 0～GetStringLength(s)-1 内
//则程序异常终止，否则返回从 pos 位置开始的 n 个字符
//若超出字符串长度，则只截至字符串尾部
STRING GetSubString(CSTRING s, unsigned int pos, unsigned int n);
```

GetIthChar 函数获得字符串位置 *pos* 处的单个字符，而 GetSubString 函数则获得从 *pos* 位置开始的连续 *n* 个字符构成的子串。

注意，对于字符串类型，其首个字符的编号不是 1 而是 0，所以如果字符串的长度为 *n*，则其字符编号从 0 到 *n*-1，而不是从 1 到 *n*。

在调用上述函数时，如果 *pos* 的位置已经超出了字符串长度的限制，则 GetIthChar 函数返回特殊字符'\0'，而 GetSubString 函数则返回哑串。可以使用 0 而不是'\0'测试该字符串是否为哑串。此外，如果从 *pos* 位置开始，字符串后面已经没有 *n* 个字符（含 *pos* 位置处的字符），则 GetSubString 函数返回从 *pos* 开始一直到字符串结束的子串。

6.2.4 字符串类型与其他数据类型的变换

字符串类型的转换涉及 3 类任务。

（1）字符串中字符的大小写转换，zylib 库实现了两个函数：

```
//将字符串的全部字符转换为大写字母
STRING TransformStringIntoUpperCase(CSTRING s);
//将字符串的全部字符转换为小写字母
```

```
STRING TransformStringIntoLowerCase(CSTRING s);
```

（2）将单个字符转换为字符串。考虑到 C 程序中字符型文字和字符串型文字的表示方式是不同的，设计这样的函数也是必要的：

```
//将一个字符转换为字符串
STRING TransformCharIntoString(char c);
```

（3）编程时，偶尔需要将字符串类型与其他数据类型进行互相转换，例如将整数转换为字符串，或将字符串转换为浮点数等。虽然使用 C 标准库中的辅助函数库 strlib 能够实现此类功能，但毕竟不太方便，zylib 库设计了 4 个函数用于完成此类任务：

```
//将整数转换为字符串
STRING TransformIntegerIntoString(int n);
//将字符串转换为整数
int TransformStringIntoInteger(CSTRING s);
//将浮点数转换为字符串
STRING TransformRealIntoString(double d);
//将字符串转换为浮点数
double TransformStringIntoReal(CSTRING s);
```

例如，若将字符串"1234"转换为整数，则可以书写下述代码：

```
int n = TransformStringIntoInteger("1234");
```

类似地，下述代码：

```
STRING n = TransformIntegerIntoString(-1234);
```

则将整数 -1234 转换为字符串"-1234"。

6.2.5 字符串的查找

字符串的查找比较复杂。zylib 库设计了两组 4 个函数用于完成此任务：

```
//查找字符串 s 中的指定字符 key。返回其第一次查找到的索引下标
//若不存在，则返回 inexistent_index
unsigned int FindCharFirst(char key,CSTRING s);
//从指定位置 pos 开始，查找字符串 s 中的指定字符 key
//返回从此位置开始首个查找到的索引下标。若不存在，则返回 inexistent_index
unsigned int FindCharNext(char key, CSTRING s,unsigned int pos);
//查找字符串 s 中的指定子串 key。返回其第一次查找到的索引下标
//若不存在，则返回 inexistent_index
unsigned int FindSubStringFirst(CSTRING key, CSTRING s);
//从指定位置 pos 开始，查找字符串 s 中的指定子串 key
//返回从此位置开始首个查找到的索引下标。若不存在，则返回 inexistent_index
unsigned int FindSubStringNext(CSTRING key, CSTRING s,unsigned int pos );
```

FindCharFirst 与 FindSubStringFirst 函数用于从字符串开头查找指定字符或子串的第一次出现位置，FindCharNext 与 FindSubStringNext 函数则用于从指定位置 *pos* 处开始查找其下一次出现位置。如果指定数据不存在，则上述函数返回常量 *inexistent_index*。常量 *inexistent_index* 的具体定义如下：

习题 6.1.9：第 206 页。

```
/* 头文件"zylib.h" */
extern const unsigned int inexistent_index;
/* 源文件"zylib.c" */
const unsigned int inexistent_index=0xFFFFFFFF;
```

此处之所以将查找函数设计为两个，是考虑程序经常需要查找字符或子串的首次出现位置，并且在满足特定条件后才需要查找其后的重复出现位置。

【例 6-3】　编写函数，在字符串中查找指定字符，返回其出现次数。

函数代码如下：

```
unsigned int CountCharacters(char c, CSTRING s)
{
  unsigned int pos=0,count=0;
  pos= FindCharFirst(c, s);
  while(pos != inexistent_index)
  {
    count++;
    pos=FindCharNext(c,s,pos+1);
  }
  return count;
}
```

注意，对于字符串的查找，需要考虑其中的字符重复出现模式，例如在 "baaaac" 中查找 "aa"，是认为 "aa" 出现 2 次呢，还是 3 次？

程序员可以在调用 FindSub String Next 函数时通过传递不同的 pos 参数进行控制。

上述代码首先调用函数 FindCharFirst，将字符 c 在字符串 s 中首次出现位置赋值给 pos，然后进入循环。如果 pos 的值不是 inexistent_index，说明找到了该字符，递增 count 值，然后调用 FindCharNext 函数继续查找。

当调用 FindCharNext 函数时，不仅需要传递 c 和 s，还需要传递新的起始位置。此位置不是 pos，而是 pos 的下一位置。查找结果依然赋值给 pos，当 pos 的值不是 inexistent_index 时循环继续，一直到 FindCharNext 函数返回 inexistent_index。函数最终返回累计结果 count。

6.3　数　　组

编程实践中，经常需要存储和操作多个相同性质的数据对象，例如 10 个整数，n 个字符等，描述此类数据对象的典型手段就是数组。

6.3.1　数组的意义与性质

作为构造数据对象集的手段，数组将具有相同性质的数据对象按照先后顺序组织成一个整体，并统一使用一个名称——数组名标识，其中的数据对象则称为数组的元素。

最简单的数组为一维数组，其定义格式如下：

元素类型数组名称[元素个数表达式]；

例如，下述语句

```
int a[8];
```

定义了包含 8 个整数元素的数组 a。

与数学上一维向量类似，一维数组元素构成单一维度上的数据序列。

定义数组时，数组的元素个数表达式必须为常数或可以在编译时得到常数的表达式。同时，常数的值必须大于或等于 1，即数组必须至少包含一个元素。因此，下述数组定义是错误的：

```
        int size=2;
        int a[size];
```
注意，数组定义前的类型表示数组元素的类型而不是数组类型。

数组元素使用数组名加中括号和下标的方式标识，如 a[0]、a[1]、……、a[7] 分别表示数组的第 0、1、……、7 号元素，其中每个元素都是整数。如读者所见，数组元素的下标也是从 0 开始的，所以包含 n 个元素的数组的首元素下标总为 0，尾元素下标总为 n-1。

当需要声明可导入导出的全局数组对象时，同样可在前面添加 extern 关键字；当需要声明静态数组对象时，同样可在前面添加 static 关键字。

【例 6-4】 编写程序，接受用户输入的 5 个整数，并计算它们的和。

程序代码如下：

```
        #include<stdio.h>
        #include "zylib.h"

        int main()
        {
          int i, a[5], result = 0;
          for(i=0;i<5;i++)
            a[i]=GetIntegerFromKeyboard();
          for( i=0;i<5;i++)
            result+=a[i];
          printf("The sum is %d.\n",result);
          return 0;
        }
```

上述代码中，数组元素下标与循环变量相同。这是 C 语言引入数组的最大目的。通过将多个数据对象组织成一个整体以表达数据的重复模式，同时将这种数据的重复模式与代码的重复模式相统一或关联在一起。

一般地，类似数组这样的用户自定义数据对象称为结构化数据对象。结构化数据对象往往包含按照某种特定规则组织的多个数据对象，其中每个数据对象或者为基本数据类型，或者仍是结构化数据对象。

6.3.2 数组的存储表示

在 C 中定义简单变量时，编译器会为之分配符合该数据对象大小的存储空间（以字节为单位），定义数组数据对象也同样。在进行数组数据对象的内存分配时，C 规定数组元素占用连续的存储空间，当然不同类型元素所占用的存储空间可能不同。

假设整数需要占用 4 字节的存储空间，则对于下述定义：

```
        int a[8];
```
数组的存储空间为 32 字节——使用操作符 sizeof(a) 可以得到该值。

数组元素的存储布局是完全顺序的，即首先存放数组元素 a[0]，其次是 a[1]，……，最后才是 a[7]，如图 6-1 所示。

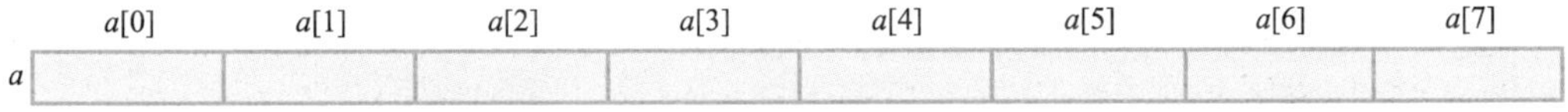

a[0]	a[1]	a[2]	a[3]	a[4]	a[5]	a[6]	a[7]
a							

图 6-1 一维数组的顺序存储

sizeof 操作符
　　一元操作符 sizeof 很有用，其目的是获取某个数据类型或变量以字节为单位的存储空间大小，其使用方法有下述 3 种：
　　sizeof(类型)
　　sizeof(变量)
　　sizeof 变量
　　当 sizeof 的操作数为变量时，可以不书写小括号，而若为数据类型则必须书写小括号。
　　设整数存储大小为 4 字节，则下述操作均能得到 4：
　　sizeof(int)
　　//a 为整数
　　sizeof a

习惯上称数组元素开始存放的位置为数组的基地址，考虑到数组就是一系列元素的有序集合，因而该基地址同样也是数组首元素的基地址。通过使用操作符"&"可以获得数组或数组元素的基地址，例如 &*a* 获得数组的基地址，而 &*a*[0] 获得数组首元素的基地址——两者的具体值相同。

元素的顺序性是数组存储时的重要特性，编译器需要按照此规则计算数组中特定元素的位置。例如，设数组 *a* 的基地址为 *p*，并且假设数组中每个元素的存储空间大小为 *m* 字节，则数组元素 *a*[*i*] 的基地址为 $p + mi$，两者之间的差值 *mi* 称为偏移量。

当定义数组时，可以像普通变量一样进行初始化操作。

初始化是在定义数组时为数组元素提供初始值的过程，其操作在存储空间分配时进行。数组初始化的典型方法如下：

元素类型数组名称[元素个数表达式]={值 1,值 2,…,值 n};

其中，花括号中的值为用逗号分隔的每元素初始值。例如：

```
int a[8]={ 1, 2, 3, 4, 5, 6, 7, 8};
```

如果在定义数组时同时进行了初始化，则数组定义时的元素个数可以省略，例如：

```
int a[]={ 1, 2, 3, 4, 5, 6, 7, 8};
```

对于上述定义，编译器能够自动计算该数组包含多少元素，并分配足够的存储空间。此时要获得数组的元素个数信息，可以使用下述语句：

```
int number_of_elements=sizeof(a)/sizeof(a[0]);
```

对于使用 static 关键字定义的数组，系统已将其所有元素自动初始化为 0，无论该数组是局部静态的还是全局的。

6.3.3 数组元素的访问

与变量类似，任何数组都应先定义或声明，然后才能使用。此外，C 语言不允许对数组进行整体操作，而只能操作其中的单个元素。例如下述代码试图对数组进行整体赋值是错误的：

```
int a[8], b[8]={1, 2, 3, 4, 5, 6, 7, 8};
a=b;    //错误，不能对数组进行整体赋值
```

之所以不能对数组进行整体操作是因为 C 语言的语法规则没有将数组当作与预定义数据类型占同等地位的数据类型——数组并不是 C 语言中的一等公民。严格地说，C 语言中的数组仅仅是建立在相同性质数据对象间的关系运算。通过该运算，程序员可以从一个元素得到另外一个元素。

【例 6-5】 26 个英文字母的 Morse 电码规定如下：

A	•—	H	••••	O	— — —	V	•••—
B	—•••	I	••	P	•——•	W	•——
C	—•—•	J	•———	Q	——•—	X	—••—
D	—••	K	—•—	R	•—•	Y	—•——

电报与信息时代

Samuel F. B. Morse 于 1844 年 5 月 24 日从华盛顿向巴尔的摩发送的信息"What hath God wrought!"开创了电子信息时代。这段信息是古英语用辞，现代英语意思是"What has God worked!"

细节决定成败，没有标点符号的电报是多么可怕！参见 3.5.1 节，第 108 页。

在 Morse 电码格式中，大多数字符都可不记，但请记住 SOS 电码。如果分别使用短促或悠长的敲击表示点划，SOS 就是典型的三短、三长、三短的 9 次敲击。

E	•	L	•—••	S	•••	Z	— —••
F	••—•	M	— —	T	—		
G	— —•	N	—•	U	••—		

Samuel F. B. Morse 设计上述电码的主要用途是通过电报传递信息。其中的短横称为划，圆点称为点。在进行信息传输时，它们被特定顺序的长短音所取代。编写程序，将字符串 "The quick brown dog jumps over the lazy fox." 翻译成 Morse 电码，使用字符'*'表示点，字符'-'表示划。每个 Morse 电码场宽为 7 个字符；每输出一个单词换行；忽略大小写与非英文字母字符。

程序代码如下：

```c
/* 源文件 "main.c" */
#include<stdio.h>
#include "zylib.h"
#include "Morse.h"

int main()
{
  STRING s;
  printf("The program prints the Morse code.\n");
  printf("The string will be coded: ");
  s=GetStringFromKeyboard();
  printf("The Morse code as follows:\n");
  TranslateStringIntoMorseCode(s);
  return 0;
}
/* 头文件 "Morse.h" */
#define MORSE_LETTERS 26
void TranslateStringIntoMorseCode(CSTRING s);
/* 源文件 "Morse.c" */
#include<stdio.h>
#include<ctype.h>
#include "zylib.h"
#include "Morse.h"
static CSTRING const Morse_code[MORSE_LETTERS]=
{
  "*-", "-***", "-*-*", "-**", "*", "**-*", "--*", "****", "**",
  "*---", "-*-", "*-**", "--", "-*", "---", "*--*", "--*-", "*-*",
  "***", "-", "**-", "***-", "*--", "-**-", "-*--", "--**"
};
static CSTRING Code(char c);
void TranslateStringIntoMorseCode(CSTRING s)
{
  unsigned int i, n;
  n=GetStringLength(s);
  for(i=0; i<n; i++)
  {
```

```
    char c=GetIthChar(s,i);
    if(isalpha(c))
      printf("%-7s", Code(c));
    else if(isspace(c))
      printf("\n");
  }
  printf("\n");
}
static CSTRING Code(char c)
{
  return Morse_code[toupper(c)-'A'];
}
```

本例稍有些复杂。为记录英文字母对应的 Morse 码，程序定义了包含 26 个元素的静态字符串数组常量 *Morse_Code*。这种声明或定义形式是允许的——程序员可以在 C 程序中联合使用多种类型以构造复杂数据结构。

翻译 Morse 电码的任务由 TranslateStringIntoMorseCode 函数完成，该函数首先调用 GetStringLength 函数获得字符串长度 n。然后从 0 至 $n-1$ 循环，调用 GetIthChar 函数获得第 i 个字符，若该字符为字母则调用 Code 函数输出其 Morse 电码，若为空格则输出换行符，否则忽略该字符。

由上述程序可知，在访问数组元素时，只要中括号内部的表达式能够计算出元素下标即可，并不一定要求其值必须为循环变量。

特别要强调的是，使用数组时应确保元素下标没有超出数组的定义范围，即若设数组元素个数为 n，则元素下标只能从 0 至 $n-1$，其他取值是错误的。然而在程序运行时，系统并不对数组下标是否越界进行检查，这意味着如果使用超出了数组定义范围的下标操作数组元素，则会导致不可预知的后果，严重时甚至会导致系统完全崩溃。

6.3.4　数组与函数

数组元素可以像普通数据对象一样作为函数实际参数，此时参数传递规则仍采用单向值传递机制。注意，数组元素本身不能作为形式参数。

不仅如此，数组整体也可作为函数参数参与程序构造，例如：

```
void GenerateIntegers(int a[],unsigned int n);
```

在使用数组作为函数参数时，不需要列写数组 a 的中括号里面的元素个数。虽然将它列写出来也没有问题，但编译器会简单忽略它。为了向函数明确表达数组的元素个数，此时函数形式参数列表中应附带一个表示数组元素个数的参数 n。

假设上述函数要随机生成 n 个 10~99 之间的整数，可以这样实现：

```
void GenerateIntegers(int a[], unsigned int n)
{
  unsigned int i;
  Randomize();
```

数组下标越界的调试

在调试大量操作数组的程序时，如果它总是出现一些令人无法理解的症状，则最可能的原因就是对数组元素的访问出现了问题。

调试此类程序的较好方式是在输出数组元素时总是将其下标一并输出。

```
for(i=0;i<n;i++)
    a[i]=GenerateRandomNumber(10,99);
}
```

如果没有传递 *n*，显然上述代码将不清楚到底应生成多少个整数。如果声明下述函数原型：

```
void GenerateIntegers(int a[8]);
```

则只能实现下述代码：

```
void GenerateIntegers(int a[8])
{
    unsigned int i;
    Randomize();
    for(i=0;i<8;i++)
        a[i]=GenerateRandomNumber(10,99);
}
```

不允许直接将 *n* 列写在函数形式参数列表中数组 *a* 的中括号里。数组的声明或定义不允许出现元素个数不定的情况。

8 作为魔数出现在程序代码中就意味着 GenerateIntegers 函数只能生成 8 个整数元素的数组，不能解决一般化的 *n* 个元素整数数组生成问题。

在调用以数组为形式参数的函数时，主调函数应在对应参数位置传递实际数组。此时直接书写数组名称，其后不需要中括号。例如：

```
#define NUMBER_OF_ELEMENTS 8
int a[NUMBER_OF_ELEMENTS];
GenerateIntegers(a, NUMBER_OF_ELEMENTS);
```

数组作为函数参数时，其参数传递方法有所不同，此时传递的是数组基地址（同时也是首元素基地址）。亦即，传递的是数组的位置信息，而不是数组所存储的内容信息。

如此，形式参数数组和实际参数数组将对应同一片存储区。修改形式参数数组的元素值就意味着修改实际参数数组的元素值。

【例 6-6】 编写程序，随机生成 8 个 10～99 之间的整数保存到数组中，然后将这些元素颠倒过来，即将首尾元素对调，次首尾元素对调，等等。

按照分析，可以将本程序对数组的操作抽象为 4 个函数并统一放置在头文件"arrmanip.h"中：

```
/* 头文件"arrmanip.h" */
//生成 n 个随机数并保存到数组中
void GenerateIntegers(int a[],unsigned int n);
//颠倒数组元素
void ReverseIntegers(int a[],unsigned int n);
//交换数组两个元素 a[i] 与 a[j]
void SwapIntegers(int a[],unsigned int i, unsigned int j);
//输出数组全部元素
void PrintIntegers(int a[],unsigned int n);
```

程序主体框架可实现如下：

```
/* 源文件"main.c" */
#include<stdio.h>
```

```c
#define NUMBER_OF_ELEMENTS 8
int main()
{
  int a[NUMBER_OF_ELEMENTS];
  GenerateIntegers(a, NUMBER_OF_ELEMENTS);
  printf("Array generated at random as follows: \n");
  PrintIntegers(a, NUMBER_OF_ELEMENTS);
  ReverseIntegers(a, NUMBER_OF_ELEMENTS);
  printf("After all elements of the array reversed: \n");
  PrintIntegers(a, NUMBER_OF_ELEMENTS);
  return 0;
}
```

源文件"arrmanip.c"的程序代码如下：

```c
/* 源文件"arrmanip.c" */
#include<stdio.h>
#include "zyrandom.h"
#include "arrmanip.h"
static const unsigned int lower_bound=10;
static const unsigned int upper_bound=99;
void GenerateIntegers(int a[], unsigned int n)
{
  unsigned int i;
  Randomize();
  for(i=0;i<n;i++)
    a[i] = GenerateRandomNumber(lower_bound, upper_bound);
}
void ReverseIntegers(int a[], unsigned int n)
{
  unsigned int i;
  for(i=0;i<n/2;i++)
    SwapIntegers(a,i,n-i-1);
}
void SwapIntegers(int a[], unsigned int i, unsigned int j)
{
  int t;
  t=a[i],a[i] = a[j],a[j]=t;
}
void PrintIntegers(int a[], unsigned int n)
{
  unsigned int i;
  for(i=0;i<n;i++)
    printf("%-3d",a[i]);
  printf("\n");
}
```

程序运行结果如下：

```
Array generated at random as follows:
88 47 30 10 19 69 37 25
After all elements of the array reversed:
25 37 69 19 10 30 47 88
```

如读者所见，数组元素值发生了变化。关键是要搞清楚为什么能够发生变化。要说明此问题，需要绘制函数调用栈帧。

图 6-2 为进入 ReverseIntegers 函数后的栈帧。假设实际参数数组 a 的基地址为 0x00130000，并设整数的存储大小为 4 字节，则 $a[0]$ 的基地址为 0x00130000，$a[1]$ 的基地址为 0x00130004，……，$a[7]$ 的基地址为 0x0013001C。

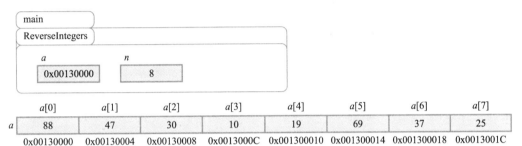

图 6-2　ReverseIntegers 函数调用栈帧

调用 ReverseIntegers 函数时，传递给形式参数数组 a 的不是实际参数数组 a 的内容，而是后者的基地址，故形式参数 a 中填写 0x00130000 以表示数组元素存储在该起始地址处。

因为实际参数数组 a 并不是在 ReverseIntegers 函数内部定义的，所以在 ReverseIntegers 函数结束后，实际参数数组 a 仍然存在，并且维持着 ReverseIntegers 函数对其进行的修改。

当程序进入 SwapIntegers 函数的流程，设 i 为 0，则函数的调用栈帧如图 6-3 所示。

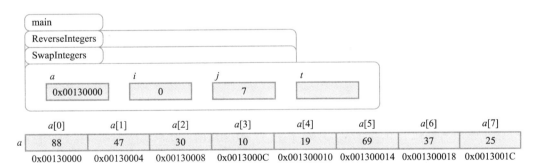

图 6-3　SwapIntegers 函数调用栈帧（首次调用进入时）

在 SwapIntegers 函数内部，通过 $a[i]$ 与 $a[j]$ 可以获得实际参数数组 a 的第 i 个和第 j 个元素，这个数组仍然是在 main 函数中定义的原始数组。如此，SwapIntegers 函数对数组元素值的修改一定会维持下来，其后所有使用该数组的函数都将访问修改后的值。

图 6-4 则为 SwapIntegers 函数首次调用结束后实际数组 a 的布局，其中 $a[0]$ 与 $a[7]$ 的值已经发生互换。

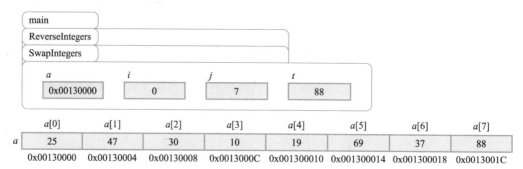

图 6-4　SwapIntegers 函数调用栈帧（首次调用结束时）

C 语言使用基地址传递数组而不是传递数组元素值的主要目的是为了保证参数传递的效率。想象一下，若数组中包含 1 000 000 个元素，且传递的不是数组基地址而是元素值，这些元素的复制操作将需要多长时间！

6.3.5　多维数组

可以很自然地将一维数组扩展到多维。二维数组主要用于描述平面型数据对象集，三维数组主要用于描述立体型数据对象集，四维以上数组主要用于描述抽象空间数据对象集。

按照 C 语言规范，n 维数组的定义格式如下：

元素类型　数组名称[常数表达式 1][常数表达式 2]…[常数表达式 n]；

其中每一维度都需要使用中括号表示。有两个维度的称为二维数组，有三个维度的称为三维数组，等等。C 语言没有规定数组的最大维数，这意味着只要存储空间允许，任意维度都是可能的。

若记数组第 i 维的元素个数为 e_i（$0 \leqslant i \leqslant n-1$），则 n 维数组的元素个数为 $\prod_{i=0}^{n-1} e_i$。

多维数组中每一维元素的下标也都从 0 开始，例如下述定义：

```
int a[2][2];
```

表示二维整数数组 a 共有 4 个元素，依次为 $a[0][0]$、$a[0][1]$、$a[1][0]$、$a[1][1]$。再如：

```
int b[3][3][3];
```

表示三维整数数组 b 共有 27 个元素，依次为 $a[0][0][0]$、$a[0][0][1]$、……、$a[2][2][2]$。

与一维数组一样，同样不能整体操作多维数组。要访问多维数组，必须严格按照下述格式逐一访问其每个元素：

数组名称[常数表达式 1][常数表达式 2]…[常数表达式 n]

在访问多维数组时更要注意数组下标是否越界。

定义多维数组时可以进行初始化。其方式与一维数组类似，例如：

```
static int a[2][2]={1, 2, 3, 4};
```

多维数组的每个维度可能都具有自己独特的物理意义。为此，在进行多维数组初始化时可以使用嵌套的花括号对分隔各个维度：

```
static int a[2][2]={{1, 2},{3, 4}};
```

后一种初始化方式既方便输入和理解，也方便程序员检查初始值是否与目标元素相对应，以及是否遗漏了某些元素的初始值。

按照 C 语言规范，多维数组元素在内存中的存储顺序为首先存储第 0 行元素，然后才是第 1 行元素，……，一直到最后一行，并且在存储每行元素时依然先存储第 0 列，其次是第 1 列，……，一直到最后一列。例如：

数组维度编号

注意，本书在讨论数组时，遵照下述规范。

当说明数组第几维时，总是从 0 开始编号，当说明数组总体维数时总是指其从 1 开始的计数值。所以，一维数组只有第 0 维，二维数组有第 0、1 两维。如果二维数组的第 0 维具有 *n* 个元素，则其编号依然从 0 至 *n*−1。

```
static int a[2][2]={1, 2, 3, 4};
```

表示一个已初始化的 2×2 静态整数矩阵，其在程序中的存储布局如图 6-5 所示。

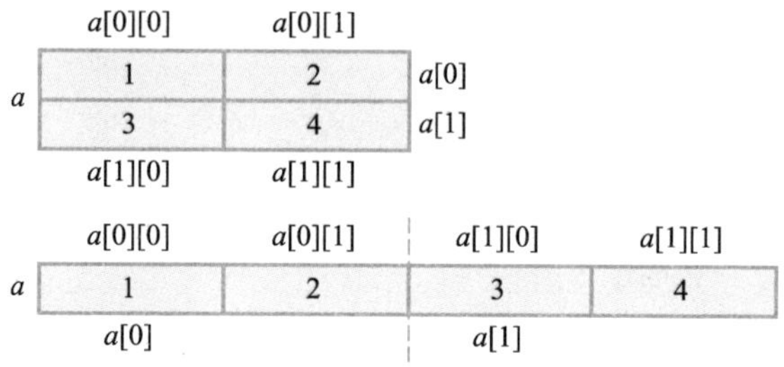

图 6-5 二维数组的存储布局

图 6-5 上半部分为矩阵的二维表示。然而在计算机中，内存是按照一维线性关系组织的，所以无论数组有多少维都需要转换为一维格式后存储。如图 6-5 下半部分所示，系统首先存储第 0 维的两个元素，然后再存储第 1 维的两个元素。

可以这么理解，二维数组 *a* 首先是一个只包含两个元素的一维数组，其每个元素也是只包含两个元素的一维数组。基于此，实际上可将上述二维数组的每行作为一个一维数组处理，例如 *a*[0][0] 与 *a*[0][1] 作为整体可使用一维数组 *a*[0] 标识。这种处理方法在 C 语言中完全合法。

【例 6-7】 测量湖泊水深。一般地，湖泊各处的水深是不同的，如图 6-6 所示，在湖面上等距离地打上网格，分别测量每个网格的水深，就可以从整体上表示湖泊的情况。图中每个网格中的数字表示水深，值为 0 的表示湖岸，数字 1～5 表示水深（单位为米），每网格对应实际面积为 5 m × 5 m。编写程序，计算湖泊的面积和平均水深。

参见：吴文虎．程序设计基础[M]．2 版．北京：清华大学出版社，2004：69．

本书引用此例时略做改动。

y \ x	0	1	2	3	4	5	6	7	8
0	0	0	1	2	2	3	0	0	0
1	0	2	3	5	5	3	2	0	0
2	0	1	4	3	4	2	2	1	0
3	0	0	1	1	0	0	1	1	0

图 6-6 湖泊水深

程序代码如下：

```c
#include<stdio.h>
#define X_GRIDS 9
#define Y_GRIDS 4
static const double depths[Y_GRIDS][X_GRIDS] =
{
  {0.0, 0.0, 1.0, 2.0, 2.0, 3.0, 0.0, 0.0, 0.0},
  {0.0, 2.0, 3.0, 5.0, 5.0, 3.0, 2.0, 0.0, 0.0},
  {0.0, 1.0, 4.0, 3.0, 4.0, 2.0, 2.0, 1.0, 0.0},
  {0.0, 0.0, 1.0, 1.0, 0.0, 0.0, 1.0, 1.0, 0.0}
};
const double width=5.0;
int main()
{
  double area=0.0,total_depth=0.0, mean_depth=0.0;
  unsigned int num = 0, i, j;
  for(i=0;i<Y_GRIDS;i++)
  {
    for(j=0;j<X_GRIDS;j++)
    {
      if(depths[i][j]>0.0)
      {
        num++;
        total_depth += depths[i][j];
      }
    }
  }
  area = width*width*(double)num;
  mean_depth = total_depth/(double)num;
  printf("Area is %.2lf(m^2).\n",area);
  printf("Mean depth is%-.2lf(m).\n",mean_depth);
  return 0;
}
```

　　多维数组同样可以作为函数参数，不过使用目前所学习到的知识还没有很好的处理方法，因此上述程序直接将全部计算过程编写在 main 函数中。下一章将会详细讨论如何向函数传递多维数组。

6.4　结　构　体

　　程序中除具有由性质相同元素构成的数据集外，还有很多由性质不同元素构成的数据集。C 语言描述此类数据集的手段主要是结构体类型。

6.4.1 结构体的意义与性质

结构体通常是由不同类型数据对象构成的集合体，或者即使这些数据对象具有相同的类型，它们一般也具有不同的物理意义或客观解释。构成结构体的数据对象称为结构体的成员、域或字段，每个成员或字段具有不同的名称、相同或不同的数据类型。

按照 C 语言的语法规范，结构体类型的一般定义格式如下：

```
struct 结构体名称
{
  成员类型1  成员名称1;
  成员类型2  成员名称2;
  ...
  成员类型n  成员名称n;
};
```

struct 作为关键字与其后的结构体名称一起构成结构体类型标识，大括号中的内容为结构体成员列表，其后紧跟一个分号。

特别要注意的是，结构体类型定义后的分号是必不可少的，这与表示语句块的花括号完全不同。

在定义结构体类型时，必须在成员列表中给出结构体的成员组成与相应类型，成员的定义格式与量的定义格式相同，例如：

```
struct _DATE
{
  int year;
  int month;
  int day;
};
struct _COMPLEX
{
  double real, imag;
};
```

此处，struct _DATE 与 struct _COMPLEX 为结构体类型，而 *year*、*month*、*day*、*x*、*y* 则为成员。

与枚举类型一样，使用结构体类型时必须一并书写 struct 关键字。这种方式很麻烦，为此可以使用 typedef 关键字重新命名结构体类型：

```
typedef struct _COMPLEX
{
  double real, imag;
} COMPLEX;
```

此处，结构体名称标志同样可以省略：

```
typedef struct
{
```

```
    double real, imag;
  } COMPLEX;
```

本书主要按此规则定义结构体类型，并且除非万不得已，总是省略结构体类型标志。在必须书写结构体类型标志时总是如上例一样在名称前添加单下划线前缀以表示其不应在与本类型或相关类型定义之外的其他地方使用的特性。

在 C 程序中出现下述代码也是合法的：

```
    struct_DATE;
```

它表示结构体类型声明而不是结构体类型定义，即没有在程序中生成新的结构体类型实体，而只是将在他处或未来定义的结构体类型实体引入到当前位置。程序员必须确保在使用此结构体类型定义数据对象前编译器能够看到其具体定义。

为什么？习题 6.1.12，第 206 页。

结构体类型定义可以嵌套，例如一结构体类型可以作为另一结构体类型某一成员的类型。但是，这一条是有条件的，任何结构体类型都不能直接或间接地作为自身成员的类型。

结构体类型是频繁使用的数据类型之一。常见结构体的例子有包含年月日的日期记录，包含实部和虚部的复数记录，包含学号、姓名、性别、年龄、地址等信息的学生记录等。

结构体的成员或字段的数据类型可能不同也可能相同，例如上述 3 种结构体可以使用 C 语言描述如下

```
    typedef struct
    {
      int year;
      int month;
      int day;
    } DATE;
    typedef struct
    {
      double real, imag;
    } COMPLEX;
    typedef enum
    {
      FEMALE, MALE
    } GENDER;
    typedef struct
    {
      int id;
      STRING name;
      GENDER gender;
      int age;
      STRING addr;
    } STUDENT;
```

结构体成员可以具有不同的数据类型是结构体与数组的最大差别。数组中的每个元素都具有完全相同的性质，它们唯一的差别就在于在数组中出现的先后位置；

而结构体则完全不同，每个成员的性质或意义都不同，它们在结构体中出现的先后位置对于程序逻辑而言一般无关紧要。

6.4.2 结构体的存储表示

结构体类型定义描述了结构体的组织形式，它将作为模板在定义结构体数据对象时为后者分配存储空间，系统并不会为结构体类型本身分配存储空间。

按照 C 语言的规定，结构体类型量的存储布局由其类型定义中的成员顺序和存储格式决定。例如若有结构体类型 DATE 的变量 *date*，则其存储布局如图 6-7 所示。

图 6-7　结构体类型变量 *date* 的存储布局

在此首先获得存储的是 *date* 的 *year* 成员，其次是 *month*，最后才是 *day*。这 3 个成员是依序相邻存储的，若设整数存储空间为 4 字节，则 *date* 存储空间大小为 12 字节，使用 sizeof 操作符可以获得该值：

```
sizeof(DATE)
```

或

```
sizeof date
```

6.4.3 结构体数据对象的访问

同其他数据对象一样，结构体类型的数据对象也必须先定义或声明，然后才能使用。有了结构体类型，就可定义相应数据对象，例如：

```
DATE date;
STUDENT XiaoMing, XiaoQiang;
#define NUM_OF_STUDENTS 8
STUDENT students[NUM_OF_STUDENTS];
```

注意，结构体类型本身同样可以作为元素类型参与数组数据对象的构造。将多种数据类型联合起来以定义数据对象事实上是 C 程序构造复杂数据结构的主要技术手段。

在定义结构体类型数据对象时，同样可以进行初始化操作。其初始化方法与数组初始化方法类似，唯一差别就是必须按各成员本身类型提供合法初始值：

```
DATE original_date={2015, 6, 1};
STUDENT student = {2015010001, "Name", MALE, 19, "Room x, Building y"};
```

与数组不同，结构体可以整体赋值。例如，下述语句是合法的：

```
DATE original_date={2015, 6, 1};
DATE new_date;
new_date=original_date;        //合法有效的赋值语句
```

双字对齐

对于如下结构体：

```
typedef struct
{
    int a;
    double b;
    char c;
} EXAMPLE;
```

其存储空间有多大？

按照一般假设，整数 *a* 占用 4 字节，浮点数 *b* 占用 8 字节，字符 *c* 占用 1 字节，结构体尺寸总计应为 13 字节，而实际使用 sizeof 操作符获得的结果却是 16。

为什么会产生这样的现象呢？这是因为目前计算机的主流字长为 32 位。为了提高数据存取效率，编译器默认将结构体成员的存储空间圆整为 32 位（4 字节），称为双字对齐。这导致 EXAMPLE 的存储布局中存在空洞。空洞虽然合法且对程序逻辑没有影响，但其本身没有意义，并且不能访问和操作。

注意，此数值是在 Microsoft Visual Studio 2005 下得到的。对于同样的结构体类型，其存储大小在不同的计算机和编译器下有可能不同。因此，要获得结构体的准确大小，请使用 sizeof 操作符。

注意，如果结构体成员包含了 STRING 类型，此时要注意对结构体数据对象的整体赋值可能会导致问题——字符串一般不应进行整体赋值而只能调用 zylib 库的 DuplicateString 函数进行复制。作为结构体类型成员时，此性质同样必须保持。

对于结构体而言，更多场合是单独访问和操作结构体数据对象的某个成员而不是其整体。此时需要使用结构体类型成员选择操作符 "."。例如：

```
date.year= 2015;
```

如果结构体类型定义是嵌套的，则引用底层成员时需要连续使用成员选择操作符逐层选择成员，例如：

```
typedef struct
{
  int id;
  STRING name;
  DATE birthday;
} FRIEND;
FRIEND friend;
friend.birthday.year=2000;
```

对于复杂结构体类型量，应严格按照语法规范进行操作，例如：

```
FRIEND friends[4];
friends[0].birthday.year=2000;
```

【例 6-8】 编写程序，接受用户输入的两个复数（分别输入实部和虚部），按照 $a+bi$ 格式打印它们之和，精度精确到小数点后两位。

程序代码如下：

```
#include<stdio.h>
#include "zylib.h"

typedef struct
{
  double real, imag;
} COMPLEX;
int main()
{
  COMPLEX a, b, result;
  printf("The program gets two complexes and prints their
  sum.\n");
  printf("Input real part of the first complex: ");
  a.real=GetRealFromKeyboard();
  printf("Input imaginary part of the first complex: ");
  a.imag=GetRealFromKeyboard();
  printf("Input real part of the second complex: ");
  b.real=GetRealFromKeyboard();
  printf("Input imaginary part of the second complex: ");
  b.imag=GetRealFromKeyboard();
  result.real=a.real+b.real;
  result.imag=a.imag+b.imag;
```

```
    printf("The sum is %.2lf + %.2lfi.\n", result.real,result.
    imag);
    return 0;
}
```

程序运行结果如下：

```
The program gets two complexes and prints their sum.
Input real part of the first complex: 1.1↵
Input imaginary part of the first complex: 1.2↵
Input real part of the second complex: 2.2↵
Input imaginary part of the second complex: 3.3↵
The sum is 3.30 + 4.50i.
```

6.4.4　结构体与函数

为什么？请做习题 6.1.14，第 206 页。

结构体可以作为函数参数参与程序构造。结构体类型的数据对象可以进行整体赋值的现象暗示程序员，当将结构体类型的数据对象作为函数参数时，函数内部对形式参数的改变不会影响实际参数的内容。

【例 6-9】 编写一函数，使用结构体类型存储日期，并返回该日在该年的第几天的信息，具体天数从 1 开始计数，例如 2007 年 1 月 20 日返回 20，2 月 1 日返回 32。

函数代码如下：

```
unsigned int GetDateId(DATE date)
{
  static unsigned int day_of_month[13] = { 0, 31, 28, 31, 30, 31,
  30, 31, 31, 30, 31, 30, 31};
  unsigned int i, date_id=0;
  for(i = 0; i<date.month; i++)
    date_id+=day_of_month[i];
  date_id+=date.day;
  if(date.month>2 &&IsLeap(date.year))
    date_id++;
  return date_id;
}
```

静态局部数组 *day_of_month* 用以保存每月天数，从而避免了烦琐的 switch 判断过程。这里为保证 1 月的数据就使用数组下标 1 访问，特意将数组首元素空出来，并初始化为 0。

天数的计算过程相当直接，使用 for 循环累加该月之前的所有月份天数之和，然后加上本月天数即可。

注意，闰年问题同样需要考虑。为此，调用 IsLeap 函数判断该年是否为闰年，若日期为 3 月以后的（含）且为闰年，则日期加 1 会再返回。

与数组不同，结构体可以作为函数返回值。

【例 6-10】 计算机屏幕上的点可以使用二维坐标描述。编写函数，随机生成一个屏幕上的点。假设计算机屏幕的分辨率为 1 920×1 200，屏幕坐标总是从 0 开始计数。

函数代码如下：

```c
typedef struct
{
  int x, y;
} POINT;
const int orignal_point_x=0;
const int orignal_point_y=0;
const int num_of_pixels_x=1920;
const int num_of_pixels_y=1200;
POINT GeneratePoint()
{
  POINT t;
  t.x=GenerateRandomNumber(orignal_point_x,num_of_pixels_x-1);
  t.y=GenerateRandomNumber(orignal_point_y,num_of_pixels_y-1);
  return t;
}
```

【例 6-11】 编写程序，接受用户输入的 n 个复数（分别输入实部和虚部），输出它们之和。要求使用结构体数组存储复数数据，并尽可能按照模块化设计方法将程序中的操作都实现为函数。

程序代码如下：

```c
#include<stdio.h>
#include "zylib.h"
#define NUM_OF_ELEMENTS 2
typedef struct
{
  double real, imag;
} COMPLEX;
void Welcome();
void GetComplexes(COMPLEX a[], unsigned int n);
static double GetDouble(CSTRING prompt);
COMPLEX AddComplexes(COMPLEX a[], unsigned int n);
void PrintResult(COMPLEX a);
static void PrintComplex(COMPLEX a);
int main()
{
  COMPLEX a[NUM_OF_ELEMENTS], result;
  Welcome();
  GetComplexes(a, NUM_OF_ELEMENTS);
  result=AddComplexes(a, NUM_OF_ELEMENTS);
  PrintResult(result);
  return 0;
}
```

```
void Welcome()
{
  printf("The program gets two complexes and prints their
  sum.\n");
}
void GetComplexes(COMPLEX a[], unsigned int n)
{
  unsigned int i;
  for(i=0; i<n; i++)
  {
    a[i].real=GetDouble("The real part: ");
    a[i].imag=GetDouble("The imaginary part: ");
  }
}
static double GetDouble(CSTRING prompt)
{
  static int num_of_reals=0;
  printf("%s", prompt);
  printf("(No. %d):", num_of_reals/2);
  num_of_reals++;
  return GetRealFromKeyboard();
}
COMPLEX AddComplexes(COMPLEX a[], unsigned int n)
{
  unsigned int i;
  COMPLEX t={ 0.0, 0.0 };
  for(i=0; i<n; i++)
    t.real+=a[i].real,t.imag+=a[i].imag;
  return t;
}
void PrintResult(COMPLEX a)
{
  printf("The sum is ");
  PrintComplex(a);
  printf(".\n");
}
static void PrintComplex(COMPLEX a)
{
  printf("%.2lf+%.2lfi", a.real, a.imag);
}
```

上述代码在获取浮点数时，为了表示该浮点数属于第几个复数的信息，GetDouble 函数内部定义了一个局部静态变量 *num_of_reals*，该变量初始化为 0，并在每次调用 GetDouble 函数时递增 1，其值除 2 后的结果就是第几个复数的信息。

6.5 数 据 集

在解决实际问题时，经常需要将多个相同性质的数据对象组织在一起以构成数据集。数据集中的元素描述了现实世界中的各种数据对象以及它们之间的关联。其实现可能非常复杂，并且这些数据对象也许是有序的，也许是无序的。数据集的典型操作有查找与排序两类。

6.5.1 查找

查找就是在给定的数据集中查找指定元素（称为键）是否存在的过程，其基本操作流程可描述如下。

    输入：数据集，待查找键值。
    输出：待查找键值是否存在，若存在返回 TRUE，否则返回 FALSE。
    步骤 1：获得数据集的首个元素。
    步骤 2：比较该元素与键值是否相同，若相同，返回 TRUE。
    步骤 3：若数据集没有结束，获取下一元素，重复步骤 2。
    步骤 4：流程执行到此说明没有查找到该键值，返回 FALSE。

【例 6-12】 编写函数，在包含 n 个整数元素的数组中查找值 key 是否存在，若存在返回 TRUE，否则返回 FALSE。

函数代码如下：

```
BOOL DoesValueExist(int key, int dataset[], unsigned int n)
{
  unsigned int i;
  for(i = 0; i<n; i++)
    if(key == dataset[i])
      return TRUE;
  return FALSE;
}
```

【例 6-13】 编写函数，在字符串 $dataset$ 中查找某个给定字符 key 是否存在，若存在则返回 TRUE，否则返回 FALSE。

函数代码如下：

```
BOOL DoesCharExist(char key, CSTRING dataset)
{
  unsigned int i=0;
  unsigned int n=GetStringLength(dataset);
  while( i<n )
  {
    if(key==GetIthChar(dataset, i ))
```

```
        return TRUE;
    i++;
  }
  return FALSE;
}
```

在数据集中查找某个指定键值是否存在的过程就是遍历整个数据集并逐一比对的过程。是的，遍历，数据集上最频繁执行的操作。

一般地，可以使用下述代码描述遍历过程：

```
// 遍历整个数据集
void TraverseDataset(CONTAINER_TYPE dataset)
{
  ELEMENT_TYPE element;
  element = GetFirstElement(dataset);        //获取首个元素
  Access(element);                           //访问该元素
  while(!AtEndOf(dataset))                    //若数据集未结束
  {
    element = GetNextElement(dataset);  //获取下一元素
    Access(element);
  }
}
```

习惯上称能够存储多个数据对象并描述其关联的东西为容器。此处，CONTAINER_TYPE 表示容器类型，ELEMENT_TYPE 表示元素类型。容器既可能是数组，也可能是其他可以存储元素的数据结构。

一旦用户实现了 GetFirstElement、GetNextElement、AtEndOf 与 Access 函数，就可以使用 TraverseDataset 函数遍历整个数据集，执行指定任务。

按照接口设计的 4 项基本原则，若某位程序员设计了某种特定类型的容器，则其接口应已提供 GetFirstElement、GetNextElement 与 AtEndOf 功能，使用该容器的用户只需提供 Access 与 TraverseDataset 函数。本书最后一章将进一步指出，TraverseDataset 函数同样可以在设计容器接口时提供，用户事实上只需要提供 Access 函数即可。编译器保证 TraverseDataset 函数能够调用未来才会实现的 Access 函数！

6.5.2　排序

排序也是大多数数据集上的基本操作。所谓排序是指按照一定的标准将数据集中的数据重新进行排列的过程，其中待排序数据一般位于数组容器中。

考虑最简单的情形，将包含 n 个元素的整数数组按照从小到大的顺序进行排序（其中可能存在部分数据相同的情况）。

【例 6-14】 编写函数，将含有 n 个元素的整数数组按升序排列。

函数代码如下：

```
void SortIntegers(int a[], unsigned int n)
```

```
{
  unsigned int l, h;
  for(l = 0; l<n; l++)
  {
    h = GetSmallestInteger(a, l, n- 1);
    SwapIntegers(a, l, h);
  }
}
unsigned int GetSmallestInteger(int a[], unsigned int l, unsigned
int h)
{
  unsigned int i = l, t = l;
  while(i<= h)
  {
    if(a[i] <a[t])
      t = i;
    i++;
  }
  return t;
}
```

此处，*l*、*h* 分别表示数组中两元素下标，*l* 表示左边元素下标（较小者），*h* 表示右边元素下标（较大者）。

上述算法称为选择排序，其过程就是选择数组中最小元素放置到其对应位置的过程，例如首先查找最小元，将其放置到数组首元素位置（下标为 0），其次查找次小元，将其放置到下标为 1 的位置，等等。

为此，SortIntegers 函数需要使用循环从 0 开始迭代到 *n*−1，并从当前下标开始向后依次查找数组中的最小元，并在得到最小元的下标后将其与当前元素进行交换。

假设原始数组的数据格式如图 6−8 所示。不失一般性，设元素个数为 8 个，元素值均为随机生成的。在 SortIntegers 函数第一次迭代时，*l* 为 0，故将以 *a*、0、7 为参数调用 GetSmallestInteger 函数。

a
88
47
30
10
19
69
37
25

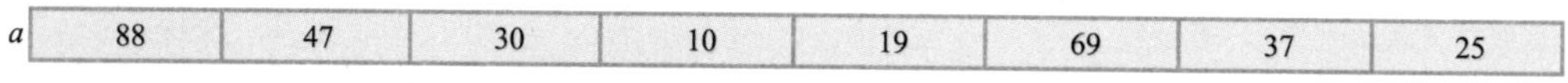

图 6−8　排序前的数组

GetSmallestInteger 函数将从下标为 *l* 的位置开始向后查找最小元，并将其最小元下标暂记为 *t*。当 GetSmallestInteger 函数结束后，SortIntegers 函数就获得了最小元下标 *h*，如图 6−9 所示。

a
88
47
30
10
19
69
37
25
l
h

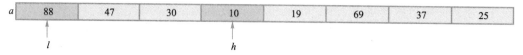

图 6−9　第一次调用 GetSmallestInteger 函数后获得的 *l*、*h* 值

接下来 SortIntegers 函数互换下标 *l*、*h* 处的数组元素内容，其结果如图 6-10 所示，此时数组 0 号元素已序。

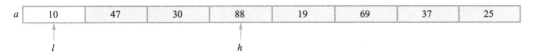

图 6-10　第一次调用 SwapIntegers 函数后的数组

上述查找一个最小元的全部过程称为一趟。显然，程序还需要进行很多趟才能逐个查找到最小元，次小元，……。当 SortIntegers 函数最终结束时，数组所有元素都将处于已序状态，如图 6-11 所示。

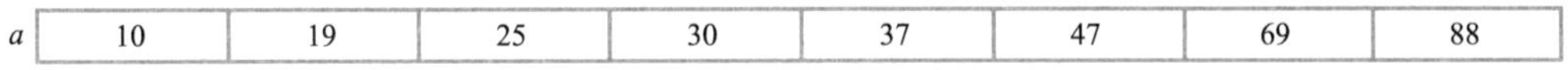

a	10	19	25	30	37	47	69	88

图 6-11　排序后的数组

上述算法的效率很低。按照 4.6 节有关算法复杂度的讨论，上述算法时间复杂度为 $O(n^2)$。其计算过程为，对于第 0 号元素，GetSmallestInteger 函数需要进行 n 次比较；对于第 1 号元素，GetSmallestInteger 函数需要进行 $n-1$ 次比较；……；对于第 $n-1$ 号元素，GetSmallestInteger 函数需要进行 1 次比较。故而总比较次数为 $\sum_{i=1}^{n} i = \frac{n^2+n}{2}$。 4.6 节：第 133 页。

C 标准库 stdlib 实现了一个快速排序算法 qsort。此算法是迄今为止计算机科学家们发现的最快的数据集排序算法，其时间复杂度为 $O(n\log n)$。qsort 函数的原型如下： 有关 qsort 函数的使用，参阅 9.3.3 节，第 288 页。

```
void qsort(void*base, unsigned int number_of_elements, unsigned
int size_of_elements, int (*compare)(const void*, const void*));
```

在学完本书前，任何程序员看到上述函数原型都会头大。

本 章 小 结

本章主要讨论数据组织，主要涉及 4 种数据类型或组织方式，以及基本的数据集查找与排序方法。

字符串与字符是保存程序信息的主要工具。在 C 程序中，字符串的存储结构与处理方法非常复杂而灵活。为此，本章没有讨论字符串的具体存储结构与实现细节，读者在编程时可以直接采用本章给出的 zylib 库的字符串处理函数。

数组是 C 程序中广泛使用的数据存储结构，其主要应用场合为科学计算领域。通过将多个相同性质的数据对象组织成一个整体，数组不仅表达了这些数据对象本身，还表达了它们之间的关系——这种关系可以通过数组下标维持和获得。数组的最大便利之处是可以作为参数将函数运算结果带回给主调函数。

结构体也是重要的数据类型，其使用场合更加广泛。几乎所有实际问题都需要使用结构体数据类型来表达不同性质的多个数据对象的整体性与关联性——这种整体性与关联性是程序逻辑的需要。与数组不同，结构体类型的数据对象可以整体赋值和操作。

从整体性上考察，可以将组织成整体的多个数据对象作为数据集来对待。在数据集上可以进行查找与排序等操作。如前所述，解决某个问题的方法可能不止一种，对于数据集的操作也同样，不同的查找方法与排序方法效率有巨大的差异。

习 题 6

一、概念理解题

6.1.1 什么是字符？最常用的字符编码为哪一种？

6.1.2 如何在程序中定义字符类型的数据对象？如何表达字符常数？

6.1.3 字符量是如何参与表达式求值过程的？

6.1.4 你能够说出多少个 C 标准库中有关字符特征的函数？

6.1.5 你认为字符串的基本操作有哪些？有没有 zylib 库还没有实现的字符串基本功能？若有，请与作者联系。本书下一版会将你的大名列写在致谢栏下。

6.1.6 数组在程序中有什么意义？如何进行数组数据对象的定义？计算机是如何存储数组的？

6.1.7 如何访问数组元素？能否在程序中访问数组整体？

6.1.8 sizeof 操作符的任务是什么？

6.1.9 数组作为函数参数有什么好处？其参数传递过程与普通数据对象有什么差异？数组能否作为函数返回值？

6.1.10 为什么可将 *inexistent_index* 定义为 0xFFFFFFFF？此值一定不会作为字符索引或数组下标出现吗？

6.1.11 多维数组是如何定义和使用的？

6.1.12 结构体在程序中有什么意义？如何定义结构体类型，如何定义结构体类型的数据对象？系统会为结构体类型分配存储空间吗？计算机是如何存储结构体类型的数据对象的？

6.1.13 为什么任何结构体类型都不能直接或间接地将自己作为自己成员的类型？

6.1.14 如何访问结构体类型数据对象的某个成员？结构体类型的数据对象能否进行整体赋值操作？

6.1.15 为什么说"结构体类型的数据对象可以进行整体赋值的现象暗示程序员，当将结构体类型的数据对象作为函数参数时，函数内部对形式参数的改变不会影响实际参数的内容"？

6.1.16 结构体类型的数据对象能否作为函数参数与返回值？如果可以，在进行参数传递时，形式参数与实际参数的关系是什么样的？

6.1.17 什么是数据集？典型的数据集操作有哪些？

二、编程实践题

6.2.1 编写函数 IsSpace，判断某个给定字符 *c* 是否为空格字符。

6.2.2 编写函数 TransformIntoLowerCase，将给定字符 *c* 转换为小写字母。

6.2.3 返回给定字符串 *s* 中元音字母的首次出现位置。英语元音字母只有 a、e、i、o、u 5 个。

6.2.4　编写函数 EncryptChar，按照下述规则将给定字符 *c* 转换（加密）为新字符：'A' 转换为 'B'，'B' 转换为 'C'，……，'Z' 转换为 'a'，'a' 转换为 'b'，……，'z' 转换为 'A'，其他字符不加密。

6.2.5　继续上一题。编写函数 Encrypt，加密给定的字符串 *s*。

6.2.6　给定字符串 *s*，其内容为英语长句，其中包含英语单词、标点符号、空格等内容，每个英语单词使用标点符号、一个或多个空格分隔。将英语长句分隔成英语单词序列输出，并输出其单词数目。例如长句 "You can count how many words this sample sentence has." 的单词数目为 10，其单词序列为 "You"、"can"、……提示：可以使用字符串数组存储单词序列，不过要注意字符串的复制操作不能使用简单赋值语句。至于数组元素数目，定义一个宏 NUM_OF_WORDS，并将其设为 37，即只处理不超过 37 个单词的英语长句。若长句超过 37 个单词，则即便能够统计其单词数目，也不再输出 37 个单词之后的单词序列。

6.2.7　挑战性问题。继续上一题。如果不忽略标点符号呢？即将标点符号也作为与单词具有同等地位的内容。一般地，在编译器设计领域，使用空格或特殊符号（例如 C 程序中的制表键、程序注释、回车键等）分隔开的子串都是词法单位，这些词法单位也称为标记。例如字符串 "int a, b;" 具有 5 个标记 "int"、"a"、","、"b" 与 ";"，而字符串 "a += b;" 具有 4 个标记 "a"、"+="、"b" 与 ";"。不考虑与空格作用相同的其他特殊符号。编写程序，将某条 C 语句转换为标记序列。请注意部分标识符使用操作符而不是空格分隔，例如对结构体变量 *a* 成员 *b* 的访问使用 *a.b*，此时有 3 个标记。另外还要注意 C 语言中部分操作符不是一个字符而是两个甚至更多字符。

6.2.8　编写函数 ClearIntegers，清除数组所有元素值，即将所有元素值均设为 0。

6.2.9　编写函数 CompactIntegers，将数组中所有值为 0 的元素都移动到数组尾部。移动过程保持元素的顺序不变，即数组元素不能前后颠倒。函数返回值应为非零元素的个数。

6.2.10　随机生成 30 个 10～99 的整数并保存到数组中。这些整数有没有重复？

6.2.11　继续上一题，编写函数 DeleteRepeatedIntegers，删除数组中所有重复的元素。此处，所谓的删除是指将重复出现的元素都设置为 0，仅保留其第一次出现。

6.2.12　与上题相关。随机生成 30 个 10～99 之间不重复的整数。程序员无法确知伪随机数发生器是否会生成重复的伪随机数，但可以在编程时忽略那些重复的，并重新生成一个新的不同的伪随机数。

6.2.13　使用数组重新实现习题 5.2.7。

6.2.14　使用二维数组保存习题 0.2.2 的井字棋布局。注意，只需保存井字棋布局的 3×3 矩阵即可，中间为保证美观而输出的横竖线不需要存储。如何输出习题 0.2.2 的布局？提示，按照下述方法定义井字棋布局：

习题 5.2.7：第 176 页。
习题 0.2.2：第 12 页。

```
/* T3N：该位置未被占据；T3X：该位置属于 X 方；T3O：该位置属于 O 方 */
typedef enum{ T3N, T3X, T3O } TICK_TACK_TOE;
TICK_TACK_TOE tick_tack_toe_phase[3][3];
```

6.2.15　继续上一题。编写程序判断某个布局是否已有选手（X 方或 O 方）获得胜利。按照井字棋游戏规则，如果某方 3 个子形成横线、竖线或斜线就算胜利。

6.2.16　挑战性问题。继续上一题。给定任意布局，作为其中某一方（例如 X 方或 O 方），下一手应走在什么位置？如果读者认为不应将本题代码都编写在主函数中，可以将它们按照逻辑功能分解为多个函数。二维数组可以作为函数参数传递过去，虽然不太恰当，但目前可以实现的参数传递方法只有一种：

```
void DisplayPhase( TICK_TACK_TOE tick_tack_toe_phase[3][3] );
void GotoNextPhase( TICK_TACK_TOE tick_tack_toe_phase[3][3] );
```

习题 5.2.4：第 176 页。

提示：此问题可以实现得很复杂（如仔细分析未来双方可能的走法，寻找对己方最有利的走法），也可以实现得很简单（如简单地从那些可走的地方中随机选择一个，这里称那些可走位置的总体为可行位置集）。能实现从可行位置集中随机选择位置的功能就算胜利。

6.2.17　设计复数库，实现基本的复数加减乘除运算。

6.2.18　与习题 5.2.4 相关。将去除大小王的 52 张扑克牌平均分配给 4 个玩家，每家 13 张牌。为描述问题方便，2～9 的牌张使用对应字符 '2' ～ '9'，字符 'T' 表示 10，'J'、'Q'、'K'、

'A' 表示 4 类大牌。记每张 2～10 为 0 点，"J" 为 1 点，"Q" 为 2 点，"K" 为 3 点，"A" 为 4 点，统计每家大牌点值。上述牌点计算方法主要用于桥牌游戏。提示：使用下述数据结构记录 52 张牌的布局。

```
//牌级类型，字符仅能从字符串"23456789TJQKA"中选择
typedef char POKER_RANK;
//牌花（花色）类型，梅花、方块、红桃、黑桃，PS_NOTRUMP 表示无将牌（无花，用于特殊目的）
typedef enum{ PS_CLUB, PS_DIAMOND, PS_HEART, PS_SPADE, PS_NOTRUMP }
POKER_SUIT;
//牌张类型，包含花色与牌级
typedef struct{ POKER_SUIT suit; POKER_RANK rank; } POKER_CARD;
//牌张集类型，共 13 张，point 表示大牌点值
typedef struct{ unsigned int point; POKER_CARD cards[13]; } POKER_
CARDS;
//4 位游戏者的牌张集类型
typedef struct{ POKER_CARDS east, south, west, north; } POKER_
PHASE;
```

6.2.19 挑战性问题。折半查找算法。如果数据集已排序，查找过程可以实现得更有效率。典型实现策略是折半查找。其基本原理为，设数组从小到大排序，首先比较数组中间元素与待查找键值；若待查找键值比该元素小，则键值若存在就一定会位于数组前半部分；此时只需要查找数组的前半部分，后半部分完全可以不予考虑，即每次比较操作都会排除数组可能集中的一半元素。这就是折半查找名称的由来。使用递归函数实现折半查找算法。假设数据集为包含 n 个元素的整数数组 dataset，待查找数据值为 key。

6.2.20 挑战性问题。快速排序算法。快速排序基本原理是，① 选择一个充当划分较小和较大元素的界线的元素，称其为基准值；② 将数组中的元素重新排列使得较大元素向数组尾端移动，较小元素向数组首端移动，如此在形式上将数组分成两部分，界线左边元素都小于基准值，而界线右边元素都大于基准值，此过程称为分解，在分解完成后，充当界限的数组首元素可能需要和中间某元素对调；③ 排序两个子数组中的元素，因为基准值左边元素都小于基准值右边元素，所以两个子数组分别排序后将使得整个数组有序。假设数据集为整数数组 dataset（下标从 low 至 high），函数原型如下：

```
void QuickSortIntegers( int dataset[], unsigned int low, unsigned
int high );
static unsigned int PartitionIntegers( int dataset[], unsigned
int low, unsigned int high );
```

提示：

（1）实现上，选择任意元素均可，不过一般为方便计，常选择数组首元素作为基准值。

（2）分解合并策略宜采用递归算法。

（3）数组分解的目的是将元素分成小于基准值的元素、基准值本身以及大于基准值的元素 3 类。数组分解的困难之处是不使用额外数组存储元素值，而只用元素交换算法重新排列元素。其基本流程为，忽略位于位置 0 的基准值，使用 l、h 分别表示数组其余元素的首尾下标，向数组首端滑动 h 下标，寻找小于基准值的元素，向数组尾端滑动 l 下标，寻找大于基准值的元素，互换它们的值，一直到 l、h 重合。如果该位置元素值小于基准值，互换它们的值，并返回该位置；否则返回 0 以表示数组已分解完毕。

（4）显然，最简单情形就是只含有 0 或 1 个元素的数组，这些数组自然已序。

第7章 指针

◎ 学习目标

1. 理解指针的基本概念，掌握指针数据对象与指针所指向的目标数据对象之间的关系与差异，能熟练使用指针操作基本数据对象。
2. 掌握指针的基本运算。
3. 掌握指针作为函数参数时的使用方法。
4. 理解指针与数组的关系，能够使用指针操作数组。
5. 理解指针与结构体的关系，能够使用指针操作结构体及其成员。
6. 掌握 C 语言字符串的实现策略，理解指针、数组与字符串的关系。
7. 掌握动态存储管理的基本方法，能够正确使用指针进行动态存储分配和释放操作。

7.1 指针数据类型

指针是 C 语言中最难的数据组织方式,主要用于构造两个数据对象之间的关联。其难点在于,这两个数据对象之间的联系可以在程序运行期间动态创建与销毁。初学者经常会面对时刻变化的数据对象之间的联系而无所适从。此外,指针的使用策略极度灵活,稍不注意就会导致系统崩溃。

1.2.2 节:第 18 页。

7.1.1 数据对象的地址与值

1.2.2 节指出,变量具有 4 个基本特征:名称、类型、地址与值。这 4 个基本特征在编写代码时一直存在。然而,一旦程序开始运行,变量的名称与类型信息就已缺失——程序中只保存了数据对象的地址与值。

可以很容易实现下述代码访问数据对象:

```
a=b;
```

此赋值语句隐含下述 4 个操作步骤。

(1)获得变量 a 的地址。

(2)获得变量 b 的值。

(3)将变量 b 的值填写到变量 a 的地址空间中。

(4)将填写进去的值作为赋值语句的结果返回,以参与后续操作。

上述操作过程暗示程序员,一个数据对象的标识符出现在赋值号左边和右边的意义是不同的。习惯上称可以出现在赋值号右边的标识符具有右值,可以出现在操作符左边的具有左值。

部分标识符既有右值也有左值,如普通数据对象、数组元素与结构体类型变量等;部分标识符只有右值,如单独出现的数组名称、文字常数、常量、数学表达式与函数调用等。

数据对象的地址与值是对立统一的。一方面,它们并不相同,地址表达数据对象在程序运行时的存储位置,值则表达数据对象的内容。另一方面,它们可在特定条件下相互转化,即可以在程序中按照特定规则将地址作为值,或将值作为地址。实现此策略的典型技术手段就是指针。

7.1.2 指针的定义与使用

指针数据对象的定义格式如下:

```
目标数据对象类型 * 指针名称;
```

例如下述代码定义 3 个指针变量 p、q 与 *point*:

```
int * p;
```

```
double * q;
typedef struct
{
    int x, y;
} POINT;
POINT * point;
```

指针变量声明或定义前的类型名称表示该指针变量所指向的目标数据对象的类型，即指针 p 只能指向某个整数，q 只能指向某个浮点数，point 只能指向 POINT 类型的结构体变量，指向其他类型的变量是非法的。

当需要定义多个目标数据对象类型相同的指针量时，程序员必须按照下述格式书写声明或定义语句：

```
int * p, * q;
```

使用下述定义格式是错误的：

```
int * p, q;        //按此定义，p 为指向整数的指针，q 则为整数
```

之所以产生这种现象，是因为 C 语言认为声明或定义指针类型数据对象的符号"*"是作用于其后的标识符而不是其前类型名称上的。显然，"*"不可能跨越","既作用于 p 上也同时作用于 q 上。

为解决此问题，程序员可以使用 typedef 显式定义指针类型：

```
typedef int * PINT;
```

然后使用 PINT 类型定义多个指针变量：

```
PINT p, q;         //正确，p、q 均为指向整数的指针
```

在理解指针类型时，要注意它涉及两个数据对象——指针数据对象本身与指针所指向的目标数据对象。作为构造数据对象之间关联的技术手段，指针类型还给出了这两个数据对象之间的联系，这种联系是通过在程序中将目标数据对象的地址作为指针数据对象的值来完成的。

当定义了指向整数目标数据对象的指针数据对象 p 后，程序中就具有了该指针数据对象，p 会占用某片存储空间，其存储布局如图 7-1 所示。

图 7-1　指针数据对象的存储布局

可以使用 sizeof 操作符获得该片存储空间的大小，使用"&"操作符获得该片存储空间的基地址。

在定义指针数据对象后可以进行初始化，此时会构造指针数据对象与目标数据对象的关联。指针数据对象初始化的一般形式如下：

目标数据对象类型 * 指针名称 = 目标数据对象地址；

此处，获取目标数据对象地址的典型方法是使用"&"操作符，例如：

```
int n, a[8];
int * p = &n;      //p 初始化为整数 n 的基地址
int * q = a;       //q 初始化为整数数组 a 的基地址
int * q = &a[0];   //q 初始化为整数数组元素 a[0] 的基地址
```

在进行指针初始化时，所提供的目标数据对象必须已定义，并与指针所指向的目标数据对象类型一致，否则会导致程序错误和系统崩溃。

如前所述，单独出现的数组名称表示该数组的基地址，因而在进行指针变量 q 的初始化时，不需要在数组名称前添加"&"操作符取其地址。

对于上述指针 p，一旦完成其初始化，则 p 的值就是目标数据对象 n 的地址。由此，程序构造了指针数据对象 p 与目标数据对象 n 之间的关联。假设整数 n 的存储地址为 0x00130000，其值为 10，则初始化完成后的存储布局如图 7-2 所示。

图 7-2　指针数据对象与目标数据对象的关联

对于使用数组基地址作为指针数据对象初始化值的情况类似。无论是将数组基地址传递给 q，还是将数组首元素的基地址传递给 q，q 的值都一样。同时，按照 C 语言规范，q 均指向该地址处的整数数据对象 $a[0]$ 而不是数组整体——q 是指向整数的指针而不是指向整数数组的指针，如图 7-3 所示。

图 7-3　使用数组作为指针初始值时的存储布局

指针数据对象的初始化是指指针量本身的初始化，不是指针所指向的目标数据对象的初始化——目标数据对象的值不会发生任何变化，例如图 7-2 中 n 值仍为 10，图 7-3 中数组首元素值仍为 1。

如果指针数据对象是未初始化的全局或局部静态变量，则系统会将其初始化为默认值 0，如图 7-4 所示。否则，指针数据对象的值像普通变量一样是无意义的随机位序列。

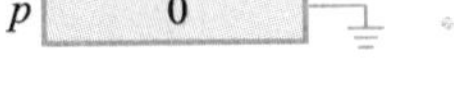

$$p \boxed{\quad 0 \quad}$$

图 7-4　全局或局部静态指针数据对象的默认存储布局

为表达指针数据对象值为 0 的情形，C 标准库引入宏 NULL。NULL 为带有指针类型标志的数值 0，俗称 NULL 指针。可以使用 NULL 代替 0 初始化或赋值给某个指针数据对象。

实际上，使用某个数据对象的地址初始化某个指针数据对象的场合很少。如果能够获得目标数据对象的地址，则一般总可以通过变量名称访问它；而如果不能，则初始化操作也必然不会成功。取而代之地，更普遍的方式是在初始化指针数据对象时使用 NULL。

指针既然是数据对象，自然也可以进行赋值操作，例如：

```
int n = 10;
int *p = &n, * q;
```

$q=p;$

将指针 p 值赋给 q，赋值后 q 的内容也为 0x00130000，这使得两个指针 p、q 指向相同的目标数据对象 n，如图 7-5 所示。

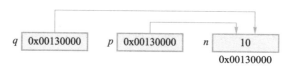

图 7-5　指针数据对象的赋值操作

编译器无法检查传递给某个指针数据对象的值是否为有意义的地址。因此，无论是初始化操作还是赋值操作，都应传递目标数据对象的地址而不是目标数据对象的值，否则会导致严重的后果。

将指针数据对象初始化或赋值为 0 的最大意义在于，它可以明确表达该指针数据对象目前没有与任何目标数据对象相关联的性质。程序可以据此检查该指针数据对象是否有效。

通过引领操作符"*"，程序员可以通过指针数据对象间接访问它所指向的目标数据对象。例如：

```
int  m, n=10;
int * p=&n;
m=*p;
```

此时的赋值操作不再是将 p 值赋给 m，而是将 p 所指向的目标数据对象 n 的值赋给 m，如图 7-6 所示。

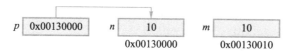

图 7-6　通过指针数据对象间接访问目标数据对象

【例 7-1】 编写程序，使用指针互换两个整数目标数据对象的值。
程序代码如下：

```
1    #include<stdio.h>
2    int main()
3    {
4    int m = 10, n = 20, t;
5    int *p = &m, *q = &n;
6     printf("m: %d; n: %d\n", m, n);
7    t = *p;
8     *p = *q;
9     *q = t;
10    printf("m: %d; n: %d\n", m, n);
11   return 0;
12   }
```

本例中存在 5 个数据对象 m、n、t、p、q。在交换操作执行前，数据对象关系

引领操作符
　　所谓"引领"是指伸直脖子向远处看。本书使用此术语表示通过指针数据对象操作目标数据对象的过程。
　　之所以未使用约定俗成的术语"解引用"，是因为 C++ 语言具有与指针类型类似的引用类型，非常容易混淆。
　　引领操作符的目的是通过指针数据对象访问它所指向的目标数据对象。在这一点上，它确实表达了"伸直脖子向远处看"的动作。

如图 7-7 所示。图中，p、q 的内容分别为 m、n 的地址，这里不再关系它们的具体值，而使用 "&" 操作符表示。请读者注意图中两个指针数据对象 p、q 与目标数据对象 m、n 的关联关系。

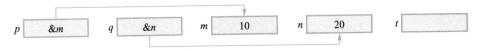

图 7-7　目标数据对象的操作（数据对象交换前）

当执行第 7 条语句后，$*p$ 的值被赋值给 t，这意味着 p 所指向的目标数据对象 m 的值被赋给 t，t 的值变成 10，如图 7-8 所示。

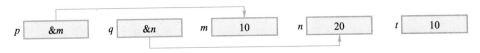

图 7-8　目标数据对象的操作（第 7 条语句执行后）

接下来第 8 条语句获得执行，q 所指向的目标数据对象 n 的值被赋给 p 所指向的目标数据对象 m，这使得 m 的值变为 20，如图 7-9 所示。

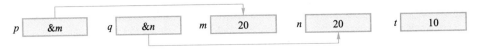

图 7-9　目标数据对象的操作（第 8 条语句执行后）

当第 9 条语句执行完毕，q 所指向的目标数据对象 n 的值被 t 值替换，从而互换目标数据对象 m、n 的值，如图 7-10 所示。

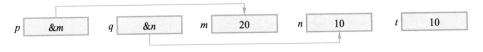

图 7-10　目标数据对象的操作（数据对象交换后）

由上述图示可知，在值互换过程中，p、q 的指向没有发生任何变化，这表明通过指针访问目标数据对象的值不会改变指针的指向关系，即 "*" 操作符不会改变指针数据对象与目标数据对象的关联——只能通过直接操作指针数据对象本身才能改变此类关联。

如果将上述代码修改如下：

```
1    #include<stdio.h>
2    int main()
3    {
4      int m = 10, n = 20;
5      int *p = &m, *q = &n, * t;//t同样定义为指针
6      printf("m: %d; n: %d\n", m, n);
7      t = p;
8      p = q;
```

```
 9      q = t;
10      printf("m: %d; n: %d\n", m, n);
11      return 0;
12    }
```

情况就会完全不一样。

第 7 条语句实际上使得 t 的内容变成 p 的内容，即 t 同样指向目标数据对象 m，如图 7-11 所示。

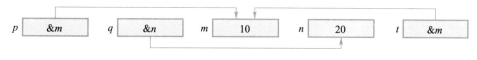

图 7-11　指针数据对象的赋值（第 7 条语句执行后）

第 8 条语句使得 p 不再指向 m，而是与 q 一样指向 n，如图 7-12 所示。

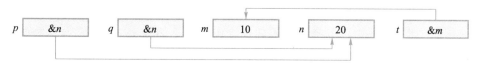

图 7-12　指针数据对象的赋值（第 8 条语句执行后）

接下来第 9 条语句使得 q 指向 m，而不再指向 n，如图 7-13 所示。

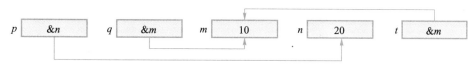

图 7-13　指针数据对象的赋值（第 9 条语句执行后）

这表明，互换的不是 m、n 的值，而是 p、q 的值。

可以这么理解，如果以目标数据对象 m、n 为出发点，则可认为指针数据对象 p、q 分别"拥有" m、n。直接访问指针数据对象时，互换的是目标数据对象的"所有权"，目标数据对象的值没有发生任何改变。亦即，对指针数据对象的修改只影响指针数据对象与目标数据对象的关联关系，不会影响它所指向的目标数据对象。

称通过指针数据对象访问目标数据对象的能力为间接寻址。间接寻址使得计算机具备了强大的运算能力。通过间接手段操作程序中的对象，一切可计算的任务都可以完成。

7.1.3　指针的意义与作用

如前所述，C 语言引入指针的目的是提供间接访问目标数据对象的技术手段。指针的使用虽然灵活，但并不是没有脉络可寻。在学习和使用指针时，一定要牢记指针的 4 种使用场合。

（1）指针作为函数通信的手段。使用指针作为函数参数，有两个优势。第一，可以保证在函数内部使用引领操作符访问指针所指向的目标数据对象；第二，可以在需要传递大量信息时提高参数传递效率——无论信息量有多大，使用指针作为函数参数都只传递信息地址而不是内容。

（2）指针作为构造复杂数据结构的手段。在实际程序中经常需要构造复杂数据对象之间的联系。这些联系很多时候不能使用 C 语言的预定义类型和数组、结构体等简单用户自定义类型来完成。此时，就需要使用指针构造数据对象之间的关联。

（3）指针作为动态内存分配和管理的手段。此场合与上一场合密切相关。一般而言，使用指针构造复杂数据结构时，很可能存在其中部分数据对象之间的联系无法在编译期构造的情况。亦即，这些数据对象之间应具有某种特定的关联，但这种关联只有在程序运行时才会存在或才有意义，此时就需要使用指针进行动态存储管理。

（4）指针作为执行特定程序代码的手段。在 C 程序中，指针不仅可以指向数据对象，还可以指向特定的程序代码片段。这种将代码当作数据的观点是进行深层次算法抽象与程序抽象的基石。

除了上述 4 种场合，其他场合不建议使用指针。如例 7-1 就不应使用指针操作数据对象 *m*、*n*。要不是为说明指针基本用法，该例毫无意义——完全可以直接使用目标数据对象各自的标识符进行直接操作。

7.2 指针与函数

本节首先讨论指针与函数的关系，着重研究指针作为函数参数与函数返回值时需要注意的问题。

7.2.1 数据交换函数

【例 7-2】 编写程序，互换两个整型数据对象的值，要求使用函数实现数据对象值的互换。

程序代码如下：

```c
#include<stdio.h>
#include "zylib.h"
void Swap(int * x, int * y);
int main()
{
  int m = 10, n = 20;
#ifndef NDEBUG
  printf("main(before swapped): m = %d; n = %d\n", m, n);
#endif
  Swap(&m, &n);        //调用 Swap 函数互换目标数据对象的值
#ifndef NDEBUG
```

```
    printf("main (after swapped): m = %d; n = %d\n", m, n);
#endif
    return 0;
}
void Swap(int * x, int * y)
{
    int t;
    if(!x || !y)
        PrintErrorMessage(FALSE, "Swap: Parameter(s) illegal.");
#ifndef NDEBUG
    printf("Swap(before swapped): *x = %d; *y = %d\n", *x, *y);
#endif
    t = *x, *x = *y, *y = t;
#ifndef NDEBUG
    printf("Swap(after swapped): *x = %d; *y = %d\n", *x, *y);
#endif
}
```

注意 Swap 函数的定义与调用格式。该函数接受两个指向整数数据对象的指针形式参数 x、y，函数内部通过引领操作符访问目标数据对象。

main 函数调用 Swap 函数前的栈帧如图 7-14 所示。

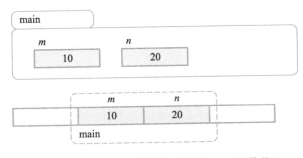

图 7-14　main 函数的栈帧（调用 Swap 函数前）

数据对象 m、n 作为 main 函数的局部变量，在程序流程进入 main 函数时存在，在 main 函数结束时才随之消亡。

注意，即使 main 函数调用其他函数（例如 Swap）使得函数调用栈帧发生变化，如图 7-15 所示，m、n 在新的函数调用栈帧中不可见，也不意味着 m、n 不再存在。它们该在什么地方还在什么地方，该有什么值还有什么值，只不过无法在 Swap 函数中直接访问而已。

为描述此现象，图 7-14 和图 7-15 在函数调用栈帧下面绘制了程序运行时的内存布局片段，其中的虚线框分别表示 main 函数与 Swap 函数的局部调用环境，中间的空白表示它们可能并不连续。

在实际调用 Swap 函数时，参数传递仍采用值传递形式，这里传递给形式参数 x 的是 main 函数中整数数据对象 m 的地址，传递给 y 的则是 n 的地址。这意味着，即使 Swap 函数无法确知数据对象 m、n 的存在，也可以通过指针数据对象 x、y 间接访问它们——*x 对应 m，*y 对应 n，从而对 *x、*y 的修改会自动反映到 main 函数的 m、n 中，如图 7-16 所示。

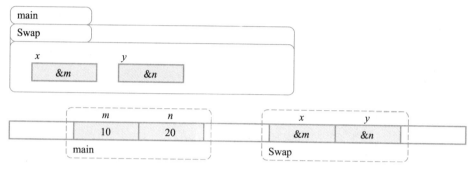

图 7-15　Swap 函数的栈帧

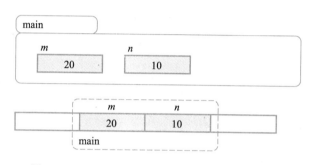

图 7-16　main 函数的栈帧（调用 Swap 函数后）

严格而言，上述操作过程与目标数据对象的名称完全无关。对于 Swap 函数而言，它并不关心通过 *x、*y 访问的是什么样的数据对象，它只知道可以通过它访问对应目标数据对象，并且该数据对象的类型与指针的目标数据对象类型一致。

在此，可以将 *x、*y 理解为 main 函数中数据对象 m、n 在 Swap 函数中的别名。通过构造指针数据对象与目标数据对象之间的关联，引领操作符将不在 Swap 函数内部定义的目标数据对象 m、n 引入 Swap 函数的局部调用环境中。

在 Swap 函数的定义与调用过程中，可以发现一个很有趣的现象。那就是作为函数实际参数的"&m"与"&n"其实是目标数据对象的地址，而当传递给 Swap 函数时却是作为 x、y 的值。

取址操作符的主要任务就是获取目标数据对象的地址并将之作为指针数据对象的值参与后续操作。与之相对应，引领操作符的主要任务则是将指针数据对象的值作为目标数据对象的地址。

特别地，当引领操作符出现在赋值号左边时，表示将指针数据对象的值作为目标数据对象的地址，然后取目标数据对象的左值参与后续操作；而当引领操作符出现在赋值号右边时，则表示将指针数据对象的值作为目标数据对象的地址，然后取目标数据对象的右值参与后续操作。

取址与引领互为逆操作。故而，如果函数形式参数为指针类型，则除非调用该函数时直接传递同类型指针变量，否则就应使用取址操作符获取目标数据对象的地址。

7.2.2 常量指针与指针常量

定义函数时，有时需要使用指针作为函数参数类型，但又不希望函数内部改变指针所指向的目标数据对象的值，此时可以将函数参数声明为常量指针，即指针所指向的目标数据对象为常量。例如：

```
void PrintObject(const int * x)
{
  printf("*x = %d\n", *x);
}
```

按上述定义，**PrintObject** 函数不能通过形式参数 *x* 改变目标数据对象的值。此策略广泛应用于那些目标数据对象值为只读的场合。

不恰当的指针操作非常危险，因此只要函数不会修改目标数据对象的值，就应将参数声明为常量指针。

常量指针不仅可以作为函数参数，还可以直接用于定义指针数据对象。例如：

```
int n = 10;
const int * p = &n;
```

一旦常量指针 *p* 将其指向某个目标数据对象 *n*，试图通过 **p* 修改 *n* 的值是非法的——即使 *n* 本身是变量而不是常量，其值可以被修改。

在程序中还存在这样一种情况，即指针数据对象本身一旦指向了某个地方，其值就不允许被修改，即它不能再指向其他任何地方。此时，可以使用下述定义格式：

```
int n = 10;
int * const p = &n;
```

此方法定义的指针数据对象称为指针常量。

注意，指针常量不能在程序运行期间构造与目标数据对象的关联，故而在定义时必须进行初始化。当然，程序仍然可以使用指针常量修改目标数据对象的值。

当一个指针既不允许指向其他目标数据对象，也不允许通过它修改目标数据对象时，可以按照下述格式定义常量指针常量：

```
const int n = 10;
const int * const p = &n;
```

此类情况不太常见，其主要出现场合就是在函数参数列表中，用于显式地表达该指针参数与目标数据对象的双重只读特性：

```
void PrintObject(const int * const x)
{
  printf("*x = %d\n", *x);
}
```

还要指出，一旦使用 **typedef** 定义新的指针类型，例如：

```
typedef int * PINT;
const PINT p;
```

则意味着 *p* 的类型为 int * const，而不是 const int *。

> const 关键字的位置
> 特别强调，const 关键字是左结合的，即它作用于其左边数据类型之上。故 const int 的恰当写法其实应为 int const。
> 若要声明常量指针常量，则只能按照 const int * const 或 int const * const 的格式书写，使用 const int const * 的写法是错误的。编译器会认为两个 const 都作用于 int 上而不是*上的，从而导致编译错误或安全隐患。

7.2.3 指针与函数返回值

使用指针作为函数参数可以在一次函数调用时通过指针所指向的目标数据对象带回几个结果，这为程序员设计功能复杂的函数提供了便利。不仅如此，指针类型本身还可以作为函数返回值出现在函数定义中。例如：

```
int * ReturnPointer(const int * p, const int * q);
```

上述定义方式是允许的，不过读者一定要注意不能在实现函数时返回在函数内部定义的局部数据对象的地址——所有的局部数据对象在函数退出后就会消亡，其值不再有效。作为一般的规则，所有返回指针的函数都必须或者返回全局数据对象的地址，或者返回那些在函数内部动态分配内存且未释放的目标数据对象的地址。

7.3 指针与复合数据类型

指针的强大之处是可以和数组、结构体、字符串等其他复合数据类型协同工作，以方便灵活地处理数据对象。本节首先讨论指针与数组、结构体之间的基本关系，有关字符串的内容将专辟一节详细研究。

7.3.1 指针与数组

7.4 节：第 227 页。

指针与数组的联系非常紧密，它们在很大程度上可以互换使用。与此同时，在某些特殊场合它们又表现得相当不同。

1. 数据对象地址的计算

一般地，考虑到数组元素存储的顺序性与连续性，当需要访问数组元素 $a[i]$ 时，其地址使用下述方式获得：

```
&a[0] + i * sizeof(int)
```

因 &a[0] 的结果与直接出现数组名称 a 相同，故上式还可表示如下：

```
a + i * sizeof(int)
```

按此计算，若整数存储大小为 4 字节，则 $a[2]$ 与 $a[0]$ 地址之差为 8 字节。

事实上，C 语言允许省略数组元素的大小，而直接使用 $a + i$ 表示数组元素 $a[i]$ 的基地址，编译器会自动补足缺少的部分。

另一方面，若存在下述定义：

```
int a[8] = { 1, 2, 3, 4, 5, 6, 7, 8 }, * p, * q;
p = &a[0];
```

则其存储布局如图 7-17 所示，这里 p 指向数组首元素。

图 7-17 指针与数组的关系之一

假设 p 指向数组首元素。现在的问题是，如何获得其后某元素的地址，并将其赋值给另一指针变量 q。使用 $\&a[i]$ 获得第 i 个元素的地址再赋值给 q 当然没有问题。例如，若有赋值语句

```
q = &a[2];
```

则此时的存储布局如图 7-18 所示，q 指向数组元素 $a[2]$。

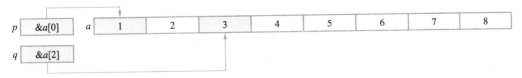

图 7-18　指针与数组的关系之二

对于数组而言，$a[0]$ 是整数，$a[1]$、$a[2]$ 同样也是整数。数组元素的关联是通过将多个数据对象组织在同一数组中表达的，这将允许程序员使用统一的数组名称加中括号格式访问这些元素。而当使用指针 p、q 指向数组元素时，p、q 间显然没有任何关联，它们只知道 $\&a[0]$ 与 $\&a[2]$ 处存储了两个整数，并不知道这两个整数属于同一数组。

2. 指针运算

为了在指针数据对象层面就明确表达目标数据对象的这种联系以方便程序处理，C 语言引入了指针算术运算。

C 语言规定，指针数据对象可以与某个整数进行加减运算。例如设 p 指向整数类型目标数据对象，则

```
p + i
```

表示指针向后滑动 i 个整数，指向其后的第 i 个整数类型目标数据对象。

再如：

```
q = p + 2;
```

表示指针 q 指向 p 所指向的目标数据对象后面的第 2 个目标数据对象。这表明，若 p 指向 $a[0]$，则 q 一定指向 $a[2]$。亦即，上述指针加法操作与直接使用赋值语句将 $\&a[2]$ 传递给 q 是相同的。

更一般地，若 T 为某种数据类型，则对于下述代码：

```
T a[8], * p = a, * q;
q = p + i;
```

因 p 指向 $a[0]$，故 $p+i$ 获得 $a[i]$ 的基地址，从而使得 q 指向 $a[i]$。

指针加法操作不以字节为单位计算地址值，而是以指针所指向的目标数据对象的存储大小为单位。

指针运算可以使用递增递减操作符。例如：

```
p++;
```

使得 p 指向数组的下一元素。类似地，递减操作符使得指针移动到前一个元素上，而 $p-i$ 使得 p 指向当前元素的前 i 个元素。

两个指针数据对象还可以进行减法运算，不过其结果与普通数据对象的减法不同。一般地，表达式 $q-p$ 将获得两个指针所指向的目标数据对象间的元素个数，而

不是绝对地址值的差值。例如，若 q 指向 $a[2]$，p 指向 $a[0]$，则 q-p 将得到 2，即指针差值为 $a[2]$ 与 $a[0]$ 间的元素个数，使用数学表达式表示则为：

```
q-p==(&a[2] -&a[0]) / sizeof(T)
```

除了加减运算，指向相同数据类型的指针还可以进行各种关系运算。

两个指针间的关系运算表示它们所指向的目标数据对象地址的先后位置关系。例如，$q > p$ 判断 q 所指向的目标数据对象的地址是否大于 p 所指向的目标数据对象的地址，这在程序中一般没有多大价值。相反，即使是通过指针访问数据对象，程序员也总是希望能够获得目标数据对象间的关系信息，所以程序中更常见的表达方式为 $*q > *p$。

指针可以和 NULL（0）进行是否相等的判断。例如：

```
if(p != NULL)
```

判断 p 是否指向地址编号为 0 的位置。若 p 不为 0，则返回真；否则返回假。它事实上等价于：

```
if(p)
```

故而，例 7-2 中的语句：

```
if(!x || !y)
    PrintErrorMessage(FALSE, "Swap: Parameter(s) illegal.");
```

等价于：

```
if(x==NULL || y==NULL)
    PrintErrorMessage(FALSE, "Swap: Parameter(s) illegal.");
```

即当指针 x 或 y 为哑指针时不再执行 Swap 函数，输出错误信息。

3. 作为函数参数的指针与数组

最能明确体现指针与数组关系的地方是数组作为函数参数的场合。如前所述，可以采用下述函数定义格式向函数传递数组：

```
void GenerateIntegers(int a[], unsigned int n)
{
    unsigned int i;
    Randomize();
    for(i = 0; i<n; i++)
        a[i] = GenerateRandomNumber(lower_bound, upper_bound);
}
```

按照 C 语言规范，若存在整数数组 $a[8]$，当使用数组名称 a 与元素个数 8 作为实际参数调用 GenerateIntegers 函数时，传递的实际参数为数组 a 的基地址。

对于同样的函数调用形式，如果函数原型为：

```
void GenerateIntegers(int * p,unsigned int n);
```

p 所获得的值仍是数组的基地址。并且，如果 GenerateIntegers 函数在实现时使用了指针算术运算，它事实上也能访问目标数组的所有元素：

```
void GenerateIntegers(int * p, unsigned int n)
{
    unsigned int i;
    Randomize();
```

```
    for(i = 0; i<n; i++)
      *p++ = GenerateRandomNumber(lower_bound, upper_bound);
  }
```

此处 *p++ 的含义是，首先将生成的随机数赋给 *p，然后 p 递增，指向下一元素。

上述代码暗示程序员，在作为函数参数时，指针与数组"等价"。

特别需要指出的是，指针与数组的等价是有条件的，即 p 应指向数组的某个元素（一般为数组首元素），而不是单个目标数据对象。如果 p 指向单个目标数据对象，则即使通过指针运算能够获得该目标数据对象的下一地址及其内容，程序逻辑也是错误的。因此，在一般场合，如果函数确实需要访问数组，使用数组形式的形式参数；若仅仅是访问单个目标数据对象，使用指针形式。

【例 7-3】 使用指针重新实现例 6-6。随机生成 8 个整数保存到数组中，然后颠倒数组元素。

"main.c"源代码与例 6-6 相同，arrmanip 库的程序代码如下：

```
/* 头文件"arrmanip.h" */
void GenerateIntegers(int * p, unsigned int n);
void ReverseIntegers(int * p, unsigned int n);
void Swap(int * p, int * q);
void PrintIntegers(const int * p, unsigned int n);
/* 源文件"arrmanip.c" */
#include<stdio.h>
#include "zyrandom.h"
#include "arrmanip.h"
static const unsigned int lower_bound = 10;
static const unsigned int upper_bound = 99;
void GenerateIntegers(int * p, unsigned int n)
{
  unsigned int i;
  Randomize();
  for(i = 0; i<n; i++)
    *p++ = GenerateRandomNumber(lower_bound, upper_bound);
}
void ReverseIntegers(int * p, unsigned int n)
{
  unsigned int i;
  for(i = 0; i<n/2; i++)
    Swap(p + i, p + n-i-1);
}
void Swap(int * p, int * q)
{
  int t;
  t = *p, *p = *q, *q = t;
}
```

以与数据对象的定义并不吻合的方式访问数据对象是非常危险的举动，谁知道紧跟着目标数据对象存储的是什么数据！

例 6-6：第 189 页。

为节约篇幅，此处未提供源文件"main.c"的程序代码，其内容除了包含"arrmanip.h"时的宏测试与例 6-6 稍有不同（头文件的宏名称不同），其他内容完全一样。

注意，后缀递增递减操作符的优先级高于引领操作符，这保证了"++"操作符作用于 p 上而不是 *p 之上。但即便如此，按照 C 语言的特别规定，后缀递增操作符仍然要在整个赋值语句结束后才能获得执行。另外，如果需要递增 *p 的值，则应使用表达式 (*p)++。

```
void PrintIntegers(const int * p, unsigned int n)
{
  unsigned int i;
  for(i = 0; i<n; i++)
    printf("%-4d", *(p+i));
  printf("\n");
}
```

请仔细体会上述程序如何使用指针访问数组元素。

GenerateIntegers 函数在循环内部使用表达式 *p++ 完成指针所指向的目标数据对象的赋值与指针逐元素递增两步操作。循环结束后，8 个随机生成的整数都会保存到 main 函数的数组 a 中。

在 PrintIntegers 函数中，通过在循环内部使用表达式 *(p + i) 获取 p 所指向的目标数据对象之后第 i 个元素的值。当 i 为 0 时，获取 a[0] 的值；当 i 为 1 时，获取 a[1] 的值……在调用此函数时，只要正确传递数组基地址和元素个数，则必然依次输出全部元素。

在 ReverseIntegers 函数中，传递给 Swap 函数两个待交换目标数据对象的地址。按照程序逻辑，第 1 次迭代时交换 a[0] 与 a[7]，……，第 4 次迭代时交换 a[3] 与 a[4]，故而调用 Swap 函数时传递的两个参数分别为 p + i 与 p + n−i−1。

4. 指针与数组的可互换性

指针算术运算和数组元素地址计算方法表明，一旦将指针指向数组的基地址，则不管使用指针名（设为 p）还是数组名（设为 a），计算后续元素地址的方法都相同。程序员并不需要在源代码中考虑数组元素的存储单位问题，编译器会自动为每个元素乘上存储大小后再计算实际地址。

这暗示，指针名和数组名在特定情况下可以互换使用，即可以将指针作为数组，将数组当作指针来对待。例如：

```
int a[3] = { 1, 2, 3 };
int * p = &a,i;
for(i = 0; i<3; i++)
  printf("%d\n", p[i]);          //正确，可以将指针 p 当作数组来处理
for(i = 0; i<3; i++)
  printf("%d\n", *(a+i));        //正确，可以将数组 a 当作指针来处理
```

然而，确实存在例外情况。数组名表达数组元素基地址的概念，因而为常量。而指向数组基地址的指针则是变量，可以被赋值。故可以修改指针值，但却不能通过数组名修改数组地址值：

```
for(i = 0; i<3; i++)
  printf("%d\n", *p++);      //正确，指针 p 可以被赋值
for(i = 0; i< 3; i++)
  printf("%d\n", *a++);      //错误，数组名 a 不能被赋值
```

指针与数组虽然在一定程度上可以互换使用，但它们所代表的数据对象的性质并不相同。在上述定义中，a 为包含 3 个整数的数组，p 则为指向 a[0] 的指针。

如果数组 a 为全局数据对象，在程序运行前将分配能够保存 3 个整数的连续存

储区；如果数组 a 为局部数据对象，在程序流程进入定义该数组的函数时，为其分配存储区。亦即，数组定义确定其元素存储方式。

在 32 位系统结构下指针数据对象存储空间大小的典型值为 4 字节，在 64 位系统结构下则为 8 字节。

6.3.4 节：第 188 页。

指针则不然。p 作为数据对象会占用存储空间，使用 sizeof(int *) 可获得其大小。p 存储空间的分配时机同样满足上述条件。亦即，如果 p 为全局数据对象，在程序运行前分配 p 的存储空间；而如果 p 为局部数据对象，则在程序流程进入定义该指针的函数时，为其分配内存。

然而，在声明指针 p 时，并未涉及 p 所指向的目标数据对象如何分配内存。只有在程序中显式构造指针数据对象与目标数据对象间的关联，才有可能通过指针获得目标数据对象的存储信息。

5．多维数组参数的传递

多维数组可以作为函数参数。本小节讨论 6.3.4 节研究数组与函数关系时遗留下来的问题。

前已指出，向函数传递固定元素个数的数组是不恰当的。然而在传递多维数组时，使用下述格式又是错误的：

```
void PrintTwoDimensinalArray(int a[][], unsigned int m,
    unsigned int n);  //错误
```

C 语言不允许在使用多维数组作为函数参数时，所有维度都不提供具体值。

此时，可以使用下述函数原型：

```
void PrintTwoDimensinalArray(int * a, unsigned int m, unsigned
    int n);
```

这里，a 为指向数组首元素的指针，m、n 分别为二维数组各维度上的元素个数（按多维数组定义时的维度顺序）。有了上述函数原型，就可以在函数中使用指针访问数组元素：

```
void PrintTwoDimensinalArray(int * a, unsigned int m,
    unsigned int n)
{
  unsigned int i, j;
  for(i= 0; i<m; i++)
    for(j= 0; j<n; j++)
      printf("%d ", *(a + n * i + j));
}
int a[2][3] = { { 1, 2, 3 }, { 4, 5, 6 } };
PrintTwoDimensinalArray(a, 2, 3);
```

此处的指针运算 $a + n * i + j$ 充分利用了数组所有元素均顺次存放的特性获得了第 i 行第 j 列的元素。

更高维数组的使用方法与此类似。

特别需要说明的是，数组与指针的可互换性仅对一维数组有效。上述函数事实上对多维数组进行了降维处理。

7.3.2 指针与结构体

C 语言允许程序员定义指向结构体类型的指针数据对象，例如：

```
typedef struct
```

```
    {
      int id;
      STRING name;
      int age;
    } STUDENT;
    STUDENT student = {2007010367, "Name", 19};
    STUDENT * pstudent = &student;
```

此时，*pstudent* 指针指向结构体数据对象 *student*。要访问目标结构体数据对象的特定成员，可以使用下述方法：

```
    (*pstudent).id = 2007010367;
    (*pstudent).name = DuplicateString("Name");
    (*pstudent).age = 19;
```

此处需要在指针的引领操作符外添加括号，这是因为结构体成员选择操作符的优先级要高于引领操作符。如果没有括号，例如：

```
    *pstudent.id = 2007010367;
```

编译器则会认为 *pstudent* 为结构体变量，而其成员 *id* 为指针。上述代码等价于：

```
    *(pstudent.id) = 2007010367;
```

这与前述定义不符。

上述目标结构体数据对象的访问方式既不方便，也给初学者带来了不必要的困扰。为此，C 语言提供了一个新的成员选择操作符 "->" 用于引领目标结构体数据对象的成员。例如，上述代码可书写如下：

```
    pstudent->id = 2007010367;
    pstudent->name = DuplicateString("Name");
    pstudent->age = 19;
```

成员选择操作符 "->" 更能直观地表达 *pstudent* 指向结构体目标数据对象的特点。

结构体类型的某个成员同样可以为指针类型，例如：

7.5.5 节：第 238 页。

```
    typedef struct
    {
      unsigned int count;
      int * elements;
    } ARRAY;
    int a[8] = { 1, 2, 3, 4, 5, 6, 7, 8 };
    ARRAY array = { 8, &a };
```

上述定义中，结构体类型 **ARRAY** 存储整数集合。为表达数组元素个数信息，将数组元素个数 *count* 与指向数组元素的指针 *elements* 同时作为 **ARRAY** 的成员。

此时可以使用表达式 *array.elements* 访问 *array* 的 *elements* 成员，使用表达式 **array.elements* 访问 *array.elements* 所指向的数组首元素。而如果要访问目标数组成员的第 *i* 个元素，可以使用表达式 *(array.elements + i)* 或者 *array.elements[i]*。

此外，如果还有定义：

```
    ARRAY * parray = &array;
```

在访问成员时仍要遵循指针访问规则。例如，若要访问 *parray* 所指向的目标结构体

数据对象 *array* 的数组成员 *elements* 的第 *i* 个元素，可以使用表达式 *(*parray->elements* + *i*) 或 *array->elements*[*i*]。

结构体指针在 C 程序中相当常见，其典型应用场合有以下两种。

（1）作为函数参数。如此，函数调用时只传递目标结构体数据对象的地址而不是结构体数据对象本身。在结构体数据对象较大时，此方法可以极大地提高参数传递效率。

（2）构造复杂数据结构。通过使用指向结构体的指针，可以构造复杂的数据结构，并动态创建和管理这些复杂数据对象之间的关联。

7.4 再论字符串

本节讨论字符串的内部表示与 C 标准库的字符串功能，同时研究 zylib 库字符串功能的实现。

7.4.1 字符串的表示

一般地，字符串有 3 种不同的理解角度。

（1）作为字符数组。

（2）作为指向字符的指针。

（3）作为抽象的字符串整体。

它们从不同层面上揭示字符串的表示与实现策略。

C 语言规定，字符串在计算机内部按照字符数组格式存储，其中字符按序存放。例如，字符串文字 "XiaoMing" 的存储布局如图 7-19 所示。

图 7-19 字符数组的内部存储

这意味着，对于上述字符数组，程序员可使用数组格式对其初始化：

```c
char s[8] = { 'X', 'i', 'a', 'o', 'M', 'i', 'n', 'g' };
```

对于上述定义，单独访问某个字符元素也是可行的：

```c
s[0] = 'X';
s[1] = 'i';
…
```

但是，如果还存在另外一个内容为 "Hello" 的字符串 *t*，并且这两个字符串在内存中紧挨着存放，如图 7-20 所示。

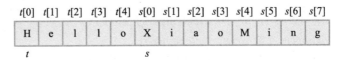

图 7-20　多个字符数组的内部存储

程序如何分开这两个字符串呢？很难。除非一直在程序中按照单个字符的格式访问字符数组元素，并且提供确切的数组元素个数，否则这两个字符串一定会混杂在一起。

为解决此问题，C 语言规定，字符串存储时会在其后添加一个额外的字符'\0'，以用于表示该字符串已结束。因此，上述字符串的存储布局实际如图 7-21 所示。

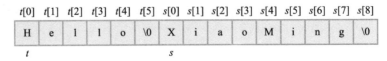

图 7-21　字符串的内部存储

有了字符串终止标志'\0'，就可以使用下述格式访问字符串中的字符：

```
for(i = 0; s[i]!= '\0'; i++)
    …
```

上述代码与下述代码等价：

```
unsigned int n;
n = GetStringLength(s);
for(i = 0; i<n; i++)
    …
```

定义字符串时，必须为字符串终止标志'\0'分配额外的存储空间。亦即，上述声明中字符数组 s 的元素个数为 9 而不是 8，字符数组 t 的元素个数为 6 而不是 5。

注意，使用 GetStringLength 函数获取字符串长度时，'\0'字符并不计算在内。

可以使用指向字符的指针访问字符串。请看下例。

【例 7-4】　编写函数，返回字符 c 在字符串 s 中的首次出现位置。

使用数组格式访问字符串中字符的函数代码如下：

```
unsigned int FindCharFirst(char c, char s[])
{
unsigned int i;
if(!s)
  PrintErrorMessage(FALSE, "FindCharFirst: Illegal string
  parameter.\n");
for(i = 0; s[i] != '\0'; i++)
{
  if(s[i]==c)
    return i;
  }
  return inexistent_index;
}
```

> 对于宽字符集，需要使用两个甚至更多的连续'\0'作为字符串终止标志。

有了字符串终止标志，在使用字符数组作为函数参数时，就不再需要传递元素个数。通过判断字符是否为'\0'即可确定字符串是否结束。

使用指针格式访问字符串中字符的函数代码如下：

```
unsigned int FindCharFirst(char c, char * s)
{
  char * t;
  if(!s)
    PrintErrorMessage(FALSE, "FindCharFirst: Illegal string
    parameter.\n");
  for(t = s; *t != '\0'; t++)
  {
  if(*t==c)
    return t-s;
  }
  return inexistent_index;
}
```

正是因为需要在函数内部进行指针减法运算，才要求函数必须维持指针 s 的指向。

故而，函数必须定义临时指针 t 指向字符串中的字符，并使用指针 t 访问字符串。

后一种实现策略使用指针递增运算和引领操作符依次访问每个字符。在查找到指定字符时，函数返回两个指针 t、s 的差值，该值显然为待查字符首次出现时的索引下标。

最后一种看待字符串的角度是作为抽象的字符串整体。在 zylib 库中，STRING 类型被定义如下：

```
typedef char * STRING;
```

这表明，STRING 类型其实就是字符指针类型。

重新命名的字符串类型 STRING 对初学者有莫大的好处。因为没有指针符号，STRING 类型的实现细节被隐藏。在使用 STRING 类型时，程序员的全部注意力都会集中在抽象字符串上。

除了 STRING 类型，zylib 库还定义了一个 CSTRING 类型以表示内容不可更改的常量字符串：

```
typedef const char * CSTRING;
```

当作为函数参数时，下述 3 种声明格式完全相同：

```
unsigned int FindCharFirst(char c, char s[]);
unsigned int FindCharFirst(char c, char * s);
unsigned int FindCharFirst(char c, CSTRING s);
```

于读者而言，选择哪种格式完全可以凭个人喜好。

7.4.2　字符数组与字符指针的差异

作为变量出现时，字符数组与字符指针并不完全不同。两者的差异体现在数据对象的存储方式上。

当按照下述格式定义字符串时：

```
char s[9] = { 'X', 'i', 'a', 'o', 'M', 'i', 'n', 'g', '\0' };
```

系统按照图 7-19 的格式分配存储空间。*s* 作为数组名虽然表示数组，但本身并未占用额外的存储空间。

而当使用下述格式定义字符串时：

```
char * s = "XiaoMing";
```

s 作为指针数据对象，也会占用自己的存储空间，并在其中存储字符串文字的基地址，其存储布局如图 7-22 所示。

s　字符串基地址　→　X　i　a　o　M　i　n　g　\0

图 7-22　使用字符指针存储字符串

哑字符串与空字符串

当使用字符指针表示字符串时，字符指针的值可以为 NULL，即不指向任何字符。

哑字符串与空字符串不同。前者表示什么都不指向，后者则明确表达指向某个字符序列的性质，虽然后者除了'\0'以外什么都没有。

而如果字符串只包含单一空格字符，读者现在已知道，那实际上意味着字符串包含两个字符——0x20 与 '\0'，它既不哑也不空。

命名规范

定义局部变量时，zylib 库使用单下划线开头的命名规范。同时，为减少输入字符数，尽可能缩写局部变量名称。函数名称则尽量写全，而函数形式参数除了约定俗称的缩写格式外也尽量写全。

7.5.3 节：第 236 页。

如果 *s* 没有进行初始化或指针赋值操作，则 *s* 虽然占用存储空间，但其空间中存储的信息为无意义的位序列，并不指向任何有价值的字符串。

以字符指针格式定义字符串变量时，可以使用赋值语句让其指向某个特定字符串。例如，下述代码是合法的：

```
char * s;
s = "XiaoMing";
```

此时，编译器为字符串文字"XiaoMing"分配存储空间，赋值操作使得字符串的基地址被写入 *s* 的存储空间中，从而构造字符指针与字符串文字之间的关联。

当以字符数组格式定义字符串变量时，下述代码则是错误的：

```
char s[9];
s = "XiaoMing"; //错误，不能对数组进行整体赋值操作
```

原因很简单。数组元素的存储空间在定义数组时分配，字符串文字的存储空间在其出现时分配，两者位于不同的位置。因为 C 语言不允许对数组进行整体赋值，所以上述语句必然导致编译错误。

如前所述，函数可以返回指针而不能返回数组。考虑下面的例子。

【例 7-5】　编写函数，将某个字符 *c* 转换为字符串。

在 zylib 库中，此函数的具体实现如下：

```
STRING TransformCharIntoString(char c)
{
  STRING _s = CreateObject(char, 2);
  _s[0] = c,_s[1] = '\0';
  return _s;
}
```

上述函数中，CreateObject 为宏而不是函数，其目的是动态分配能够存储 2 个 char 类型数据（典型为 2 个字节）的存储空间。函数返回字符指针的值，即字符串的基地址。

上述代码不能使用字符数组实现：

```
char *TransformCharIntoString(char c)
{
  char _s[2];    //错误，数组在函数结束后消失，不能返回其基地址
  _s[0] = c, _s[1] = '\0';
```

```
        return _s;
    }
```

虽然上述代码返回的是字符数组 _s 的基地址，但由于该存储空间实际位于
TransformCharIntoString 函数的局部调用环境中，一旦函数退出，其存储空间不再有
效，因而必然得到错误的结果。

要透彻理解此问题，读者还必须了解有关动态存储管理的内容。

7.4.3 标准字符串库

C 语言没有专门定义的字符串类型，但提供了大量的字符串处理函数。这些函
数都定义于标准字符串库中，头文件为 "string.h"，表 7-1 列出了 C 标准库中的常
用字符串函数。

表 7-1　标准字符串库提供的常用函数

函 数 原 型	函 数 说 明
char *strcat(char *dest, const char *src);	将字符串 src 的副本追加到字符串 dest 尾部, 函数返回值也为 dest
char *strchr(const char *s, char c);	若字符串 s 中包含字符 c, 返回 c 首次出现地址, 否则返回 NULL
int strcmp(const char *s1, const char *s2);	按字典顺序比较字符串 s1 和 s2, 若 s1 与 s2 相等返回 0, s1 大于 s2 返回正值, 否则返回负值
char *strcpy(char *dest, const char *src);	将字符串 src 的内容逐字节复制到 dest 指向的目标字符串空间, 返回值也为 dest
int strlen(const char *s);	返回字符串 s 的长度, 长度值不含字符串结束字符'\0'
char *strncat(char *dest, const char *src, unsigned int n);	与 strcat 类似, 将字符串 src 中不超过 n 个字符追加到字符串 dest 尾部, 当 src 长度不足 n 时取其实际长度
char *strncmp(char *s1, const char *s2, unsigned int n);	与 strcmp 类似, 但仅比较前 n 个字符
char *strncpy(char *dest, const char *src, unsigned int n);	将字符串 src 中 n 个字符复制到 dest 中, 若 n 不大于 src 长度, 则仅复制前 n 个字符, 不自动追加'\0'; 否则, 使用'\0'填充剩余位置
char *strpbrk(const char *s, const char *charset);	返回字符串 charset 中任意字符在字符串 s 中首次出现的位置指针, 若不存在任何相同字符, 返回 NULL
char *strrchr(const char *s, char c);	如果字符串 str 中包含字符 c, 该函数得到 c 在 str 中最后一次出现的地址, 否则返回 NULL
char *strstr(const char *s, const char *key);	若字符串 key 中包含子串 s, 返回 key 首次出现地址, 否则返回 NULL
char *strtok(char *token, const char *delimiters);	返回字符串 token 中由字符串 delimiters 中各字符分隔的下一子字符串（标记）, 首次调用此函数时, 传递给 token 实际待分析字符串, 后续调用时此参数传递 NULL

所有标准库字符串处理函数都不负责字符串存储空间的分配。因此，如果需要
将字符串内容从某个位置复制到另一位置，程序员必须确保目标存储空间已分配，
并且足够容纳待复制的字符串。

【例7-6】使用 strtok 函数将字符串分解成多个子字符串。子串分隔符包括空格、
Tab 键、回车、逗号、分号、句号等。例如，字符串 "This is a sample string, which can

be separated into 12 tokens." 可以被分解为 12 个子串，这些子串一般称为标记。

程序代码如下：

```
#include<stdio.h>
#include<string.h>
char string[] = "This is a sample string, which can be separated
into 12 tokens.";
//子串分隔符集：空格、Tab 键、回车、逗号、分号、句号
char delimiters[] = " \t\n,;.";
char *token;
int main()
{
  unsigned int n = 0;
  printf("Tokens:\n");
  token = strtok(string, delimiters);   //获取由 delimiters 分隔的
                                          首个标记
  while(token != NULL)                   //若标记存在
  {
    printf("%2d: %s\n", ++n, token);     //输出该标记子串
    token = strtok(NULL, delimiters);    //继续获取后续标记，此时只需
                                          传递 NULL
  }
  return 0;
}
```

C 标准库中的字符串处理功能虽然强大，但并不易用，初学者特别容易出错，推荐使用 zylib 库提供的类似字符串函数。

7.5　动态存储管理

指针的一个重要用途是用于构造动态分配的目标数据对象。这些目标数据对象在源程序中没有名称，因而是匿名数据对象。没有拥有其所有权的指针数据对象完全不可能构造和处理这些匿名数据对象。

7.5.1　内存分配

一般地，程序中的数据对象有 3 种内存分配方式：一是全局数据对象与静态局部数据对象的静态分配方式，二是局部数据对象的自动分配方式，三是匿名数据对象的动态分配方式。

定义全局数据对象或静态局部数据对象时，系统会为它分配合适的存储空间。该存储空间在整个程序运行期间都会和该变量保持关联。定义普通的局部数据对象时，只有在程序流程进入定义该对象的函数内部时，系统才会为它分配存储空间。

局部数据对象存储区的位置相当特殊，它位于每个函数每次执行时的局部调用环境，即函数的栈上。局部数据对象的内存分配过程自动进行，程序员不需要也不应该根据其分配位置进行任何特殊处理。

对于无 static 修饰的局部数据对象而言，一旦函数结束执行，其存储区就会被释放，其值不再有效。当再次调用该函数时，将再次为局部数据对象分配存储空间。此时分配的空间与原先的可能并不相同，所以两次函数调用访问的是不同的局部数据对象。

上述两种内存方式并不能解决全部的问题。例如，考虑编写这样的程序，接受用户输入的某个整数 n，并分配恰好包含 n 个元素的整数数组。

静态和自动分配方法需要在编写代码时以常数的形式明确提供数组元素个数。而对于本问题，元素个数在用户输入前根本不知道，无法使用常数表达。

为解决此类问题，系统为每个 C 程序划分一片专门的存储区作为动态内存分配的缓冲池，习惯上称之为堆。C 语言同时提供一种动态内存分配手段。通过该技术，可以在程序运行时从堆（缓冲池）中申请任意数目的动态内存，使用它存储数据对象，并在使用完毕后释放内存，将其归还给缓冲池，以利再次分配。

动态内存分配的关键技术手段是指针。通过指针，可以灵活地控制目标数据对象。所谓的"灵活"是指可以在需要的时候为其分配存储空间，并在不需要的时候释放其占用的存储空间，即进行动态内存分配。

动态分配的内存不能在编译期确定其位置，因而无法将其与数据对象名称相关联，亦即只能构造匿名数据对象。要访问该匿名数据对象，只能在指向它的指针上使用引领操作符。

7.5.2 标准库的动态存储管理函数

C 标准库提供了多个动态存储管理函数，最主要的两个函数为 malloc 与 free。这些函数的原型位于 "stdlib.h" 和 "malloc.h" 中，包含其中任意一个头文件即可调用。

malloc 函数在堆中分配指定数目的连续内存，并将其基地址返回给主调函数。显然，这里的基地址只能通过指针返回。然而在 C 程序中，任何指针都必须具有确切的目标数据对象类型，malloc 函数返回的指针应该是什么类型呢？

分配内存时，malloc 函数并不知道该片内存要保存什么类型的数据。它既可能用于存储整数，也可能用于存储字符串、结构体或数组。malloc 函数对其所分配的内存并不预设任何前提。

C 语言引入通用指针类型 void*，以刻画该指针可以指向任何类型数据对象的特性。void * 类型首先构造指针与目标数据对象的一般性关联，随后在未来某个时刻，通过指针转型操作，显式地确定 void * 指针与目标数据对象的具体关联关系。

与不能在程序中声明或定义 void 类型的数据对象不同，可以在程序中定义指向 void 类型的指针数据对象。例如：

```
void * p;
```

使得指针 p 可以接受任意类型目标数据对象的基地址，即它可以指向任意类型的目标数据对象。

C 语言不允许在 void * 类型的指针上使用引领操作符访问它所指向的目标数据对象。原因很简单，编译器不知道目标数据对象的类型，因而不知道该如何解释该片存储区中的内容。

回到 malloc 函数。它使用 void * 作为返回值类型，返回在堆中动态分配的连续存储区的基地址，以表达一般性的动态内存分配情况。事实上，malloc 函数的原型如下：

```
void * malloc(unsigned int size);
```

这里的参数 size 表示需要分配的存储空间的大小，以字节为单位。

例如，若要分配能容纳 10 个字符的字符串，则应分配 11 个字节（'\0'的存储空间也必须同时分配），此时最恰当的函数调用代码如下：

```
char * p;
p = (char *)malloc(11);
```

此处将 malloc 函数返回值类型显式地从 void * 转换为 char *。

早期的 C 语言规定，void * 类型的指针数据对象可以和其他类型的指针数据对象任意赋值。将 void * 指针直接赋给 int * 指针是合法的，反过来也一样，系统会自动按照被赋值指针所指向的类型来解释该片地址区中的目标数据对象。

然而在 C++ 中，void * 类型的指针必须经过显式类型转换后才能赋值给指向其他类型的指针数据对象，否则目标数据对象不能访问。目前大部分用户都在 C++ 环境下开发 C 程序，如果不注意它们之间的细微差别，极有可能产生非常难以调试的错误或问题。

作为一般准则，在进行 void * 指针与其他类型指针的相互赋值时，应进行显式类型转换。这不仅有助于绕过 C 与 C++ 之间的陷阱，也有助于正确表达目标数据对象的存储特性。

【例 7-7】　编写函数，复制字符串。

函数代码如下：

```
char * DuplicateString(char * s)
{
  char * t;
  unsigned int n, i;
  if(!s)
    PrintErrorMessage(FALSE, "DuplicateString: Parameter
    Illegal.");
  n = strlen(s);
  t = (char *)malloc(n + 1);
  for(i=0; i<n; i++)
  t[i] = s[i];
  t[n] = '\0';
  return t;
}
```

前已指出，字符串的复制操作是不能通过直接赋值语句得到的，其原因就是字符串实际上是按照特殊的字符数组格式存储的，要复制其内容，只能逐一复制其所有字符。

zylib 库就是如此实现此函数的。

字符串复制的简洁表达形式

本例还可以使用字符指针访问所有字符：

```
char *DuplicateString(char *s)
{
  char *p, * t;
  if(!s)
    PrintErrorMessage(FALSE, "DuplicateString: Parameter
    Illegal.");
  p = t = (char *)malloc(strlen(s) + 1);
  while(*s !=0)
  {
    *t = *s;
    t++,s++;
  }
  *t= '\0';
  return p;
}
```

考虑到后缀递增操作符总在表达式计算完成后才计算，故而 while 循环体还可以写成：

```
while(*s !=0)
*t++ = *s++;
```

在 while 循环头部表达式中，按照 C 语言规范，*s 不等于 0 即表示 *s 为真，故条件表达式可以直接书写为 *s：

```
while(*s)
*t++ = *s++;
```

赋值语句本身是具有值的，其值就是赋值给左边数据对象的值，对于上述循环体中的赋值语句，其值为*s。另外注意到字符串 s 只要不是哑串，即使为空串也至少包含一个'\0'字符，故而先赋值后判断也是可以的，此时可将循环体代码直接书写在循环头部，使用赋值表达式的值进行判断：

```
while(*t++ = *s++);
```

注意，循环头部后面的分号不是分隔循环头部的，而是循环体的内部代码。这是因为，按照 C 语言规范，循环体不能没有指令，故上述代码使用空语句作为循环体代码。

有了上述说明，DuplicateString 函数因而可书写为：

```
char *DuplicateString(char *s)
{
  char *p, * t;
  if(!s)
    PrintErrorMessage(FALSE, "DuplicateString: Parameter
    Illegal.");
  p = t = (char *)malloc(strlen(s) + 1);
  while(*t++ = *s++);
  return p;
}
```

此时已不再需要在字符串 t 后主动添加'\0'——循环头部的表达式已将包含'\0'在内的所有字符都复制到目标字符串中，并在复制'\0'后得到循环条件不满足结论，从而结束循环。这是最优雅的字符串复制方式。

类似这样的语句在 C 程序中特别常见，虽然不推荐读者按照此方法编写程序，但确实应了解这种编程风格。

所有通过 malloc 函数分配的动态内存在不再使用时都应显式地释放，返还给堆（缓冲池），以利于再分配。

C 标准库中释放动态分配内存的函数为 free，其原型如下：

```
void free(void * mem_block);
```

调用 free 函数时，传递指向以前动态分配内存区的指针。例如：

```
//动态分配能够存储 10 个整数的连续内存
int * p = (int *)malloc(10 * sizeof(int));
…  //使用指针 p 操作动态分配内存区中的目标数据对象（数组）
free(p);  //释放 p 所指向的整数数组所占用的全部内存空间
```

请注意，free 函数释放的不是指针数据对象 p 本身的内存，而是 p 所指向的目标数据对象的内存，此处为包含 10 个元素的整数数组。p 作为全局或局部数据对象，其内存管理由系统负责，用户无须参与管理。

另外，在 p 所指向的内存被释放后，p 值仍然维持不变，即 p 仍指向过去有意义但现在已不再有效的内存区。这种现象称为空悬指针。此时，若使用 p 访问目标数据对象非常危险，将必然导致程序错误或系统崩溃。

为此，在释放内存区后，应显式地将 p 值赋为 NULL，取消 p 与该片存储区的关联。相应代码如下：

```
free(p),p = NULL;
```

7.5.3 zylib 库的动态存储管理宏

zylib 库实现了 5 个与动态存储分配和管理相关的宏：

```
#define  NewObject(T)            (T*)malloc(sizeof(T))
#define  CreateObject(T, n)      (T*)malloc((n)*sizeof(T))
#define  CreateObjects(T, n)     (T*)malloc((n)*sizeof(T))
#define  DestroyObject(p)        free(p),p = NULL
#define  DestroyObjects(p)       free(p),p = NULL
```

之所以使用宏而不是函数实现上述功能，是因为 3 个内存分配宏需要接受目标数据对象类型作为参数，从而隐藏存储分配细节。同时，两个销毁目标数据对象的宏需要将指针数据对象设为 NULL，使用函数设置的指针数据对象并不是原始指针数据对象。

可能已有读者注意到 CreateObject 宏与 CreateObjects 宏、DestroyObject 宏与 DestroyObjects 宏的定义完全相同，这是有意的。

一般地，如果需要创建连续多个目标数据对象（数组）并返回指向数组首元素的指针，推荐使用 CreateObjects 宏与 DestroyObjects 宏。而如果需要创建连续多个目标数据对象并返回指向其基地址的指针，即所创建的多个目标数据对象总是作为整体参与程序运行，推荐使用 CreateObject 宏与 DestroyObject 宏。后一种常见于为字符串动态分配存储空间。因为几乎总是将字符串看作一个整体，所以将其作为单个对象更易理解和处理。

典型地，如果需要创建能够容纳 10 个整数的存储空间，可以采用下述格式使用上述宏：

```
int * p;
int n = 10;
p = CreateObjects(int, n);
…　//处理数组的每个元素
DestroyObjects(p);
```

要创建能够容纳 10 个字符的存储空间，应采用下述格式：

```
char * p;
int n = 10;
p = CreateObject(char, n);
…　//处理字符串
DestroyObject(p);
```

而要创建单一目标数据对象，则应采用下述格式：

```
T * p;　//设 T 为目标数据对象类型
p = NewObject(T);　//创建能容纳单一目标数据对象的空间，返回其基地址
…　//处理该目标数据对象
DestroyObject(p);
```

7.5.4　关于动态存储管理若干注意事项的说明

在进行动态存储管理时，要时刻对目标数据对象的存在性保持警觉，要特别注意以下两个问题。

1. 目标数据对象的所有权与空悬指针

使用 malloc 函数分配的内存一旦存储目标数据对象，该目标数据对象就可以也只能通过指针数据对象访问。此时，称该指针拥有该匿名目标数据对象的所有权。为保证程序正确性，必须维护此类所有权。

指针数据对象的赋值操作使得两个指针都指向同一个目标数据对象。此操作后，程序中两个指针均处于活跃状态，即两个指针均"声称"拥有该目标数据对象。

一般而言，如果某个目标数据对象已不再需要，可以显式调用 free 函数释放其存储空间。按照一般习惯，这种释放活动应该尽早进行。但是，当两个指针指向同一个目标数据对象时，通过一个指针释放目标数据对象会导致另外一个指针指向无意义的存储空间。这种现象称为空悬指针。

空悬指针令人十分头疼。作为一般原则，本书建议：

（1）确保程序中只有唯一一个指针"拥有"目标数据对象，即它负责目标数据对象的动态存储管理。当该指针数据对象不再有效，若目标数据对象仍有存在价值，将所有权转交给其他指针数据对象。

此之谓"级级上报，层层审批"是也。

（2）在一个函数中，确保只有一个指针"拥有"目标数据对象。其他指针即便可以访问目标数据对象，也不允许它们参与动态存储管理。

例 7-7：第 234 页。

（3）尽可能将内存分配和释放实现在一个函数中。例如，如果某个目标数据对

象的存储空间由 main 函数分配，其释放代码也应位于 main 函数中。此为最佳策略。

（4）很不幸，大量动态存储管理任务不满足上述原则。例如，例 7-7 的 **DuplicateString** 函数动态分配字符串存储空间，但却不能在函数结束时释放它。此时，应将目标数据对象的所有权上交，即移交给主调函数，由主调函数决定何时释放存储空间。这意味着，该指针必须返回给主调函数。

（5）有时，主调函数也无法确定释放目标数据对象的时机。此时应再次上交目标数据对象的所有权，留待更高层的主调函数决断。

2. 内存泄漏与垃圾回收

假设在某个函数中使用指针 p 动态分配了存储空间。当该函数结束时，如果 p 所指向的目标数据对象既没有被释放，所有权也没有上交，就会导致内存泄漏。此时，目标数据对象的存储区依然维持之前的状态，但随着局部变量 p 的消失，再也没有指针指向它，因而无法访问。

保存无用数据的存储空间称为垃圾单元或无用单元。为匿名数据对象动态分配的存储空间不随着指向它的指针的消失而消失，是造成内存泄漏的根本原因。

在是否需要释放指针所指向的存储空间这个问题上，有时很难做出清晰的决断。对于某些特殊的数据结构，因为程序逻辑的关系，指针释放早了有问题——会导致空悬指针，指针释放晚了也有问题——会导致垃圾单元。而释放时机，即使是"老鸟"，也可能无法给出最佳的答案。

因此，有观点认为，程序员不应考虑指针释放问题。动态存储管理任务应由系统统一完成，即由系统决定何时释放目标数据对象。此策略称为垃圾回收机制。C 语言虽然具有实现垃圾回收机制的能力，但却并未实现此功能。垃圾回收的根本问题是，你越需要它，它的效率越差。

7.5.5 动态数组

本节使用动态存储管理技术开发一个实际的可使用库 dynarray，用于管理元素个数不定的数组，即所谓的动态数组。

逻辑上，除提供一个外界可用的抽象动态数组类型之外，动态数组库至少涉及下述任务。

（1）构造与销毁动态数组。

（2）设定或重新设定动态数组的容量。

（3）获得动态数组容量、当前元素个数。

（4）获取、设置、添加、插入和删除元素。

（5）查找指定元素。

【例 7-8】 实现动态数组库的接口。为简化问题，只考虑整数数组。

接口设计如下：

```
/* 头文件 "dynarray.h" */
//抽象的动态数组结构体类型，将动态数组实现细节隐藏起来
typedef struct __DYNAMIC_INTEGERS * DYNAMIC_INTEGERS;
```

```
//创建动态数组对象，包含 capacity 个元素的存储空间
DYNAMIC_INTEGERS DiCreate(unsigned int capacity);
//销毁动态数组对象
void DiDestroy(DYNAMIC_INTEGERS a);
//重新设定动态数组的容量，此函数不会丢失已有数据
void DiResize(DYNAMIC_INTEGERS a, unsigned int capacity);
//向动态数组追加新元素
void DiAddElement(DYNAMIC_INTEGERS a, int element);
//在动态数组指定位置插入新元素
void DiInsertElement(DYNAMIC_INTEGERS a, unsigned int pos,
int element);
//删除动态数组指定位置的元素
void DiRemoveElement(DYNAMIC_INTEGERS a, unsigned int pos);
//获取动态数组指定位置的元素
int DiGetElement(DYNAMIC_INTEGERS a, unsigned int pos);
//将动态数组指定位置的元素设为新值
void DiSetElement(DYNAMIC_INTEGERS a, unsigned int pos,
int element);
//获取动态数组的当前容量
unsigned int DiGetCapacity(DYNAMIC_INTEGERS a);
//获取动态数组的当前实际存储元素个数，可能小于容量值
unsigned int DiGetCount(DYNAMIC_INTEGERS a);
//在动态数组中查找指定元素，返回其首次出现位置，若不存在则返回
inexistent_index
unsigned int DiFindElementFirst(DYNAMIC_INTEGERS a,
int element);
//从指定位置开始查找，返回其后续出现位置，若不存在则返回 inexistent_index
unsigned int DiFindElementNext(DYNAMIC_INTEGERS a, unsigned
int pos, int element);
```

动态数组库隐藏了实现细节，用户可以在完全不了解动态数组库细节的情况下正确使用。在上述代码中，DYNAMIC_INTEGERS 被定义为指向 struct _DYNAMIC_INTEGERS 类型的指针类型。因为该结构体类型本身仅在头文件中进行了声明，没有详细的定义，所以不能定义该结构体类型的数据对象，也不能访问该结构体数据对象中的任何成员。

一旦隐藏动态数组结构体的实现细节，操作动态数组的所有功能就必须通过函数接口提供。这是库的使用者访问动态数组的唯一方式。

【例 7-9】 实现动态数组库。

库代码如下：

```
/* 源文件 "dynarray.c" */
#include "zylib.h"
#include "dynarray.h"
//宏 CACHE_LINE_LENGTH 与计算机系统结构有关
//本书将其设为 64，即 CPU 高速缓冲存储器一个缓冲行的典型长度
#define CACHE_LINE_LENGTH 64
```

此类类型定义方式是允许的，这是因为无论结构体类型的实现细节是什么，指向它的指针类型都占用固定大小的存储空间，编译器不会在为该指针分配内存时遇到任何问题

```
//容量因子 __capacity_factor, 典型值为 16
//这保证程序可以一次处理 16 个元素，尽可能保持高效率
static const unsigned int __capacity_factor = CACHE_LINE_LENGTH /
sizeof(int);
struct __DYNAMIC_INTEGERS
{
  unsigned int capacity, count;
  int * elements;
};
static void __DoDiResize(DYNAMIC_INTEGERS a, unsigned
int capacity);
  DYNAMIC_INTEGERS DiCreate(unsigned int capacity)
  {
    DYNAMIC_INTEGERS t = NewObject(struct __DYNAMIC_INTEGERS);
  unsigned int mc = (capacity + __capacity_factor - 1) /
  __capacity_factor * __capacity_factor;
  if(!t)
    PrintErrorMessage(FALSE, "DiCreate: Failed in allocating
    memory.");
  //保证容量为容量因子整数倍，且不为 0
  t->capacity = mc ==0 ? __capacity_factor : mc;
  t->count = 0;
  t->elements = CreateObjects(int, t->capacity);
  if(!t->elements)
    PrintErrorMessage(FALSE, "DiCreate: Failed in allocating
    memory.");
  return t;
}
void DiDestroy(DYNAMIC_INTEGERS a)
{
  if(!a)
    PrintErrorMessage(FALSE, "DiDestroy: Parameter illegal.");
  if(a->elements)
    DestroyObjects(a->elements);
  DestroyObject(a);
}
void DiResize(DYNAMIC_INTEGERS a, unsigned int capacity)
{
  unsigned int mc, ac;
  if(!a)
    PrintErrorMessage(FALSE, "DiResize: Parameter illegal.");
  if(capacity==a->capacity)
    return;
  mc = capacity>a->count ? capacity : a->count;
  ac = (mc + __capacity_factor - 1) / __capacity_factor *
  __capacity_factor;
  __DoDiResize(a, ac);
```

```
}
void DiAddElement(DYNAMIC_INTEGERS a, int element)
{
  if(!a)
    PrintErrorMessage(FALSE, "DiAddElement: Parameter illegal.");
  if(a->capacity<= a->count)
    __DoDiResize(a, a->capacity + __capacity_factor);
  a->elements[a->count] = element;
  a->count++;
}
void DiInsertElement(DYNAMIC_INTEGERS a, unsigned int pos,
int element)
{
  unsigned int i;
  if(!a)
    PrintErrorMessage(FALSE, "DiInsertElement: Parameter
    illegal.");
  if(pos>= a->count)
  {
    DiAddElement(a, element);
    return;
  }
  if(a->capacity<= a->count)
    __DoDiResize(a, a->capacity + __capacity_factor);
  for(i = a->count; i> pos; i--)
    a->elements[i] = a->elements[i-1];
  a->elements[pos] = element;
  a->count++;
}
void DiRemoveElement(DYNAMIC_INTEGERS a, unsigned int pos)
{
  if(!a)
    PrintErrorMessage(FALSE, "DiRemoveElement: Parameter
    illegal.");
  if(pos >= a->count)
    PrintErrorMessage(FALSE, "DiRemoveElement: No such
element.");
  if(pos<a->count - 1)
  {
    unsigned int i;
    for(i = pos; i<a->count-1; i++)
      a->elements[i] = a->elements[i+1];
  }
  a->count--;
  if(a->capacity-a->count>= __capacity_factor)
    __DoDiResize(a, a->capacity-__capacity_factor);
}
```

```c
int DiGetElement(DYNAMIC_INTEGERS a, unsigned int pos)
{
  if(!a)
    PrintErrorMessage(FALSE, "DiGetElement: Parameter illegal.");
  if(pos>= a->count)
    PrintErrorMessage(FALSE, "DiGetElement: No such element.");
  return a->elements[pos];
}
void DiSetElement(DYNAMIC_INTEGERS a, unsigned int pos,
int element)
{
  if(!a)
    PrintErrorMessage(FALSE, "DiSetElement: Parameter illegal.");
  if(pos>= a->count)
    PrintErrorMessage(FALSE, "DiSetElement: No such element.");
  a->elements[pos] = element;
}
unsigned int DiGetCapacity(DYNAMIC_INTEGERS a)
{
  if(!a)
    PrintErrorMessage(FALSE, "DiGetCapacity: Parameter illegal.");
  returna->capacity;
}
unsigned int DiGetCount(DYNAMIC_INTEGERS a)
{
  if(!a)
    PrintErrorMessage(FALSE, "DiGetCount: Parameter illegal.");
  returna->count;
}
unsigned int DiFindElementFirst(DYNAMIC_INTEGERS a, int element)
{
  unsigned int i;
  if(!a || !a->elements)
    PrintErrorMessage(FALSE, "DiFindElementFirst: Parameter
    illegal.");
  for(i = 0; i<a->count; i++)
  {
    if(a->elements[i]==element)
      return i;
  }
  return inexistent_index;
}
unsigned int DiFindElementNext(DYNAMIC_INTEGERS a, unsigned
int pos, int element)
{
  unsigned int i;
  for(i = pos; i<a->count; i++)
```

```
  {
    if(a->elements[i]==element)
      return i;
  }
  return inexistent_index;
}
static void __DoDiResize(DYNAMIC_INTEGERS a, unsigned
int capacity)
{
  unsigned int i, ac = a->count==0 ? __capacity_factor : capacity;
  int * t = CreateObjects(int, ac);
  if(!t)
    PrintErrorMessage(FALSE, "__DoDiResize: Failed in allocating
    memory.");
  for(i =0; i<a->count; i++)
  t[i] = a->elements[i];
    DestroyObjects(a->elements);
  a->elements = t;
  a->capacity = ac;
}
```

实现动态数组库时，首先要确定动态数组的存储结构。

动态数组首先需要一个能够保存数组基地址的指针。一般而言，直接使用指向整数的指针不太妥当——它的可控制性和可管理性太差。较好的解决方案是采用结构体类型，将数组首元素基地址、数组当前元素个数与当前容量组装在一起。

其次，需要为指定数目的元素动态分配空间，并将数组的基地址赋给上述指针。

再次，当添加、插入或删除数组元素时，数组元素个数与数组内容就会发生变化。如果必要，重新分配连续的存储空间，保存新分配空间的地址，逐一复制数组中的元素，然后释放原始数组空间。

这里存在一个问题。如果数组元素个数的每一次改变都重新分配存储空间，并进行数组赋值操作，必然会极大降低程序效率。

为此，程序定义常量 __capacity_factor 作为数组容量的基本单位，其值与 CACHE_LINE_LENGTH 宏和元素类型有关。就本例而言，其值为 16，即动态数组的容量为 16 的倍数。如果数组元素个数不超过 16 个，则分配可容纳 16 个元素的存储空间，若超过 16 个但不超过 32 个，分配可容纳 32 个元素的存储空间，等等。

最后，因为动态数组元素的顺序存储特性，在进行元素的插入和删除操作时，后继元素必须跟随移动。亦即，数组元素的连续顺序存放特性不能因为某个元素的插入和删除发生断裂现象。

本 章 小 结

本章只讨论一个问题，即如何通过指针数据对象访问目标数据对象。涉及指针量的定义与使用，指针与函数、数组、结构体、字符串的关系，以及动态存储管理技术等。

指针非常难以掌握，这主要是因为：第一，指针本身足够灵活，不仅可以通过引领操作符获得目标数据对象访问权，还可以通过指针算术运算获得其他目标数据对象访问权。这些目标数据对象是否有意义完全由程序员负责，这是非常高级的编程要求。第二，指针类型与其他数据类型和函数有着千丝万缕的联系，这也为初学者深刻理解指针造成了困难。

本章特别强调，指针的使用场合只有下述 4 种：指针作为函数通信的手段；指针作为构造复杂数据结构的手段；指针作为动态内存分配和管理的手段；以及，指针作为执行特定程序代码的手段。本章讨论前 3 种情况，最后一种将在第 9 章详细研究。

动态存储分配与管理是非常重要的程序设计技术，读者必须掌握它。可以使用 zylib 库提供的动态存储分配与管理宏替代标准库的函数。

在动态存储分配与管理时，空悬指针与内存泄漏非常危险。相较于垃圾单元，空悬指针的问题更严重：垃圾单元只是降低了存储空间的利用率，而空悬指针则可能导致程序错误。事实上，大多数指针错误都是由指向错误位置的空悬指针引起的。对此，读者应予以重视。

习　题　7

一、概念理解题

7.1.1　数据对象的地址与值有什么关系？什么是数据对象的左值？什么是右值？

7.1.2　什么是指针类型，如何在 C 程序中声明和定义指针类型？如何声明和定义指针类型的数据对象？

7.1.3　指针有什么意义？它在程序中最主要的作用是什么？

7.1.4　为什么需要使用指针作为函数参数？它有什么好处？

7.1.5　常量指针与指针常量有什么差别？

7.1.6　指针作为函数返回值要注意什么问题？

7.1.7　指针与整数的加法运算是如何规定的？指针与整数的减法运算呢？两个指针数据对象本身能否相加或相减？

7.1.8　指针与数组有什么关系？它们是相同的吗？如果相同，为什么？如果不同，又体现在什么地方？

7.1.9　如何使用指针传递多维数组？

7.1.10　指针与结构体有什么关系？当使用指向结构体的指针访问其成员时，应如何处理？当访问结构体的指针类型成员时，又应如何处理？

7.1.11　C 语言内部是如何存储字符串的？

7.1.12　字符数组与字符指针是否相同？如果不同，其差异主要体现在哪里？编程时又需要注意哪些问题？

7.1.13　你能说出多少个标准字符串库中的函数名称？按照你的想象，列写你认为标准库或

zylib 库应该实现的字符串基本操作。

　　7.1.14　C 程序是如何进行内存分配的？静态、自动与动态内存分配有什么差异？为什么需要使用动态内存分配技术为匿名数据对象分配内存？它有什么好处？

　　7.1.15　C 语言的动态存储管理函数 malloc 与 free 是如何调用的？zylib 库实现了哪几个动态内存管理宏？它们分别用于什么目的？在进行动态存储分配与管理时，需要注意哪些问题？有什么好的解决办法？

　　7.1.16　声明和定义动态数组的目的是什么？其主要任务有哪些？你认为本章实现的动态数组库还缺少了什么样的功能？

二、编程实践题

　　7.2.1　编写函数，求包含 n 个元素的整数数组中元素的平均值。要求在函数内部使用指针访问数组元素。

　　7.2.2　编写函数，求包含 n 个元素的浮点数数组中元素的标准差。标准差的计算公式为

$$\sigma = \sqrt{\dfrac{\sum\limits_{i=0}^{n-1}(\bar{x}-x_i)^2}{n}}$$，式中 $\bar{x}$ 表示 n 个元素的平均值，要求在函数内部使用指针访问数组元素。

　　7.2.3　编写函数，随机生成 100 个 0～100 之间的整数，将其保存到数组中。要求整数范围的上界和下界都作为函数参数。

　　7.2.4　继续上一题。编写函数，分别统计上述整数数组中 0～59、60～84、85～100 之间的元素个数。请注意当需要返回多个值时的处理方法。

　　7.2.5　继续上一题，上题数组非常类似学生的考试成绩。编写函数，按照下述格式输出统计结果。注意，括号中的数字表示该段元素个数，后面重复星号表示其长度（该段元素个数个星号），如果存在某段元素很多，无法在一行打印完毕，在打印星号前先进行开方运算，输出四舍五入后的平方根值个星号。例如，如果某段元素最多，有 100 个，打印 10 个星号；若其他段只有 16 个元素，则打印 4 个星号；只有 9～12 个元素的，打印 3 个星号。打印时请注意竖线分割符的对齐，每行最多打印 64 个星号。

一般每行可显示 80 个字符，留个空位给光标闪啊闪还是很有必要的。

　　　　0 ~ 59 (5) | *****

　　　　60 ~ 84 (15) | ***************

　　　　85 ~100 (8) | ********

习题 6.2.16：第 207 页。

　　7.2.6　编写函数，完成 $n \times n$ 矩阵的转置操作，矩阵各元素值随机生成。

　　7.2.7　挑战性问题。与习题 6.2.16 相关。将该题代码尽可能重新编写为函数。

　　7.2.8　编写函数 Normalize，将复数归一化，即若复数为 $a+bi$，归一化结果为

$\dfrac{a}{\sqrt{a^2+b^2}}+\dfrac{b}{\sqrt{a^2+b^2}}\mathrm{i}$。要求使用结构体指针类型作为函数参数。

　　7.2.9　挑战性问题。编写有理数库。分别使用整数表示有理数的分子与分母。要求至少完成有理数的加减乘除与化简运算。

　　7.2.10　使用标准字符串库的 strcmp 函数实现 zylib 库中的 CompareString 函数。

　　7.2.11　独立实现标准字符串库的 strcmp 函数。

　　7.2.12　使用标准字符串库实现 zylib 库的 TransformStringIntoUpperCase 函数。

　　7.2.13　使用标准字符串库实现 zylib 库的 IsStringEqualWithoutCase 函数。

　　7.2.14　使用标准字符串库实现 zylib 库的 GetSubString 函数。

　　7.2.15　接受用户输入的整数 n，随机生成 n 个 0～9 999 间的整数，使用本章实现的动态数组存储所有元素，并计算它们的和与平均值。要求尽可能使用函数实现程序代码。

　　7.2.16　为动态数组库设计新函数 DiSort，对动态数组元素进行排序。此函数接受一个 BOOL 类型的参数 *ascending*。参数值为 TRUE 时，从小到大排序；为 FALSE 时，从大到小排序。

第 8 章　文件与数据存储

◉ 学习目标

1. 了解文件的基本概念与数据持久存储的意义。
2. 掌握正确打开文件和关闭文件的方法。
3. 掌握按字符、按行、按格式化输入输出，按数据块操作文件的方法。
4. 掌握文件的状态、错误检测与文件指针操作的基本方法。
5. 理解使用文件存储、操作和管理数据的基本原则，能够编写数据持久化程序。

8.1 文件的基本概念

众所周知，程序代码和数据要装载到内存中才能执行或处理。一旦程序结束，这些信息和数据就会全部丢失。而要在程序下次运行时使用上次的结果继续计算，就必须将程序中的信息和数据保存到文件中。

8.1.1 什么是文件

概念上，文件是指一组相关信息的集合，例如程序代码、图形图像与文本数据等。文件一般存储于某种外部存储介质上，典型的介质为磁盘（包括软盘和硬盘）、光盘和 U 盘。

C 程序将文件视作数据流。所谓数据流是指数据从源对象到目的对象的流动，而文件只是数据流的源或目的地。事实上，不仅磁盘文件可以作为数据流的源或目的，任何可读写设备都可以作为数据流的源或目的，例如键盘（输入设备）、显示器与打印机（输出设备）等。

正基于此，C 语言扩展了文件的概念，将硬件设备也当作文件，并按照文件操作方法向或从这些设备发送或接收数据。

C 标准库提供了丰富的文件操作功能，具有强大灵活的文件处理能力。C 语言还允许用户编写满足自己特殊需要的文件操作函数，以扩充标准库的文件处理功能。

8.1.2 文件类型

显然，存储不同性质信息和数据的文件格式是不同的。在 C 语言中，按照所存储数据的性质，文件可分为二进制文件与文本文件。例如，程序代码以二进制文件格式存储，而字符串则以文本文件格式存储。

一般地，文本文件由一系列文本行组成，每行文本包括零个以上文本信息字符与行结束标记。文本文件便于程序员阅读和交流。二进制文件则不分行，同时也没有行结束符，其全部内容都是顺序存储的二进制格式数据。程序员阅读起来很费劲，因而更适合程序使用。

数据流在内存与文本文件之间流动时会发生数据转换。这包括自动转换和人工格式转换。例如，内存数据中的行结束符'\n'在被写入文本文件时会被自动转换为操作系统所使用的行结束符。此转换过程可逆，即当从文本文件中读取数据时，上述自动转换同样会发生。

除了自动转换，还可以在文件操作时进行人工转换，将信息按照指定格式进行输入输出。例如，整数 2791 在内存中按照二进制格式存储。当写入文本文件时，该整数将使用 ASCII 码字符串"2791"表示。这种转换很有必要，尤其是在需要多次输

换行符和回车符

顾名思义，换行符'\n'（ASCII 码值 10）就是另起一行，回车符'\r'（ASCII 码值 13）就是回到一行的开头。平时所称的回车符确切而言应为回车换行符。

不同操作系统使用的换行符并不相同。例如，Windows 操作系统的换行符为'\r'和'\n'两个字符；而 Linux 系统只有'\n'字符。

C 标准库中的函数一般可自动处理此问题。在 Windows 操作系统下，'\n'字符自动包含前面的'\r'字符。

很不幸，有时在编写跨平台程序时，程序员必须自己处理此问题。

入多个整数时。将这些数据保存到某个文本文件中，然后在程序中打开，可以解决数据的多次重复输入问题，也不需要使用二进制格式写入一串稀奇古怪的数字序列。

二进制文件的读写操作不会发生任何数据转换，所有数据都将以与内存中的存储布局完全一致的方式存储在文件中。

作为一般原则，如果输入输出信息是为程序员准备的，使用文本文件格式存储；如果只是由程序阅读和操作，文本信息按文本格式存储，其他信息则应按二进制格式存储。这可以保证文件处理的高效率。

8.1.3　文件指针

为描述文件与其数据流，C 语言标准库定义了一个文件结构体 FILE。实际编程时，可以使用此类型定义一个文件指针：

```
FILE * fp;
```

并通过该文件指针执行所有文件操作。

C 标准库提供了丰富的文件操作函数，这些函数都需要接受文件指针作为其参数，保证用户可以使用这些函数对文件进行细致完整的操控。

文件结构体 FILE 内部使用文件位置指针定位文件中的指定位置，用户使用它读写该位置上的数据。文件位置指针会随着用户的读写操作自动调整，用户也可以自行调整其位置。

8.2　文件的基本操作

C 标准库的文件操作功能相当丰富，本节讨论基本的文件打开、关闭、状态与错误检测函数，具体的文件读写操作将在下一节详细研究。

8.2.1　文件打开操作

操作系统将文件视作重要的系统资源。访问某个文件时，程序必须显式地打开它，并在使用后关闭。

库函数 fopen 负责打开文件，其函数原型如下：

```
FILE *fopen(const char *filename, const char *mode);
```

此处，函数参数 *filename* 表示待打开的文件名称，*mode* 表示文件打开模式。一旦该函数成功执行，将返回指向该文件的指针，否则将返回 NULL。

特别指出，程序员必须在程序中检查 fopen 函数返回值是否为 NULL，以确保文件成功打开。这是因为，文件可能因各种各样的原因而无法打开，例如被删除或转移到其他目录或位置，没有访问权限，等等。

在实现机制上，打开文件的目的就是创建程序与磁盘文件间的数据流。打开文

文件名与文件路径

　　函数 fopen 的参数 *filename* 可以包含完整或相对路径。

　　注意，因为 C 字符串中的'\\'具有特殊意义，故而在 Windows 操作系统下提供文件路径时，应使用'\\'表示单一'\\'字符,这一点与头文件的包含策略并不相同。

件后，程序便可以从文件中读取数据（数据从文件流到程序中），或者向文件中写入数据（数据从程序流到文件中）。

数据流向由调用 fopen 函数时的 *mode* 参数确定，可以双向流动。表 8-1 列出了调用 fopen 函数时常用的 *mode* 参数的意义。

表 8-1 常用 *mode* 参数的意义

模式	含　义
"r"	以读模式打开文件，若文件不存在，则返回 NULL
"w"	以写模式打开文件，若文件不存在则创建它，若文件已存在则其内容被擦除
"a"	以写模式打开文件，若文件不存在则创建它，若文件已存在则保留原内容，信息追加到文件尾部
"r+"	以读写模式打开文件，文件必须已存在，否则返回 NULL
"w+"	以读写模式打开文件，若文件不存在则创建它，若文件已存在则其内容被擦除
"a+"	以读写模式打开文件，若文件不存在则创建它，若文件已存在则保留原内容，信息追加到文件尾部
"b"	以二进制格式打开文件

关于表 8-1 所示的文件打开模式，有两点情况需要说明。

（1）"b"表示使用二进制格式打开文件，此模式不能单独使用。例如"rb"表示以二进制读模式打开文件，"w+b"表示以二进制读写模式打开文件，等等。注意，模式字符串不能将"b"放在开头，但可以放在其他位置。例如，"ab+"与"a+b"是合法的，而"ba+"则是非法的。推荐将"b"放在模式串尾部。

（2）"a+"与"a"有细微的差别。对于使用这两种模式打开的文件，写入操作都发生在文件尾部。但是，当使用"a"模式时，追加信息前不会删除原先的文件结束标志，部分程序将不能读取新追加的信息。"a+"则会在追加信息前删除原先的文件结束标志。推荐使用"a+"。

8.2.2 文件关闭操作

文件使用完毕后，应及时调用 fclose 函数关闭。该函数原型如下：

```
int fclose(FILE * fp);
```

此处，*fp* 为待关闭文件的文件指针。此函数在成功关闭文件时返回 0，失败时返回−1。

如果程序没有关闭文件，则在程序退出时，系统会自动关闭文件。

当一次打开多个文件，并且需要统一关闭时，可以调用下述函数：

```
int fcloseall();
```

此函数关闭除标准文件流之外的所有文件。

所谓标准文件流是指，C 语言为了实现上的方便特意定义的 3 个全局数据对象：*stdin*、*stdout* 与 *stderr*。它们分别用于表示标准输入流（主要对应于键盘输入设备）、标准输出流（主要对应于屏幕终端输出设备）与标准错误流（对应于标准错误信息输出设备，一般为屏幕终端）。这 3 个数据对象都是文件指针，只要包含头文件"stdio.h"，就可以在程序中直接使用。

文件函数的返回值

大多数文件函数的返回值与标准库中的其他函数不同。

例如，fclose 函数返回值在函数成功时为假（0），失败时为真(非 0)。这与以前见到的 C 标准库中大多数函数返回值的意义刚好相反！

8.2.3 文件结束检测操作

存储和处理文件时，每个文件都具有至少一个文件结束标志 EOF。C 程序可以根据此标志判断是否已到达文件结尾。

函数 feof 也可以用于判断文件是否结束。其原型如下：

```
int feof(FILE * fp);
```

该函数接受文件指针作为参数，并在文件指针越过文件末尾时返回真（1），否则返回假（0）。亦即，已读取过 EOF 标志才能认为文件结束。

feof 函数的常见使用场合如下：

```
FILE * fp;
fp = fopen("filename", "w+");
if(!fp)
  PrintErrorMessage(FALSE, "Failed in opening file %s.",
  "filename");
while(!feof(fp))      // 若文件未结束，则一直循环
{
  ...                 //文件具体操作在此
}
fclose(fp);
```

注意，foef 函数并不改变文件位置指针。亦即，不会因为每次调用 feof 函数就跳过一个字符。

上述代码是 C 程序访问文件的典型方法。首先定义文件指针变量；随后调用 fopen 函数按照特定模式打开文件，将文件指针数据对象与目标文件相关联。在此过程中，检测文件是否成功打开。紧接着，使用循环语句在 feof 函数检测到文件未结束时执行文件操作。文件操作完毕后，调用 fclose 函数关闭文件。

8.2.4 文件错误检测操作

文件操作需要频繁与操作系统的文件系统打交道，出现错误的可能性很大。为保证数据一致性，应时刻注意检测文件访问错误。文件错误检测函数为 ferror，其原型如下：

```
int ferror(FILE * fp);
```

该函数在发生错误时返回非 0 值，否则值为 0。

一般地，程序可以使用下述代码检测文件访问错误：

```
if(ferror(fp))       //检测是否发生文件访问错误
  ...                //若发生错误，则执行此处的错误处理代码
```

ferror 函数特别重要。部分文件访问函数在遇到文件结束标志和文件访问错误时返回同样的值。因此，程序必须调用 ferror 函数和 feof 函数进行检测，以确定是到达了文件结尾还是发生了错误。

8.2.5 文件缓冲区与流刷新操作

使用 fopen 函数打开文件时，系统会为该文件创建专门的文件缓冲区。文件缓

冲区用于平衡计算机高速设备和低速设备之间文件处理能力的差异。所有对文件的操作都会通过文件缓冲区中转。

一般不需要在编程时关心文件缓冲区。然而在某些时候，确实需要显式地刷新文件缓冲区，即将文件缓冲区的内容强制清空。此时，可以调用 C 标准库函数 fflush 或 flushall。这两个函数的原型如下：

```
int fflush(FILE * fp);
int flushall();
```

fflush 函数刷新单个文件流，而 flushall 函数刷新所有文件流。

8.2.6　文件位置指针定位操作

函数 fseek 显式地定位文件位置指针，其函数原型如下：

```
int fseek(FILE * fp,long int offset,int origin);
```

fseek 函数的目的是将文件指针移动到从 *origin* 位置开始的偏移 *offset* 字节的位置上。函数成功执行时返回 0，否则返回非 0 值。

参数 *origin* 只能从下述 3 个常数中选取。

（1）SEEK_SET：表示从文件开头偏移 *offset* 字节。

（2）SEEK_CUR：表示从当前位置偏移 *offset* 字节。

（3）SEEK_END：表示从文件结尾偏移 *offset* 字节。

参数 *offset* 可正可负，视乎参数 *origin* 的值与实际情况而定。

fseek 函数主要用于在二进制文件中进行文件指针定位，在文本文件中很少使用。

8.2.7　文件位置指针查询操作

函数 ftell 可以查询当前文件位置指针的位置。此函数返回从 0 开始计数的当前文件位置指针值，以字节为单位。函数 ftell 的原型如下：

```
long int ftell(FILE * fp);
```

打开文件时，文件位置指针的起始位置与文件打开模式有关。若以"a"或"a+"模式打开文件，文件位置指针总是位于文件结尾；而若以其他模式打开文件，文件位置指针总是位于文件开头。

在程序中，通过 ftell 获得文件位置指针的位置后，如果需要偏移一段距离再读写文件，可以使用 fseek 函数进行文件位置指针定位。

8.2.8　文件位置指针重定位操作

有时，访问文件一段时候后有必要将文件位置指针归位，此时可调用标准库的 rewind 函数：

```
void rewind(FILE * fp);
```

顾名思义，rewind 就是"倒带"，即将文件位置指针重新移动到文件开头。

8.3 文件的读写

本节研究如何读写文件。文件读写有 4 种方式：字符、文本行、格式化输入输出与数据块输入输出。

8.3.1 面向字符的文件读写操作

以字符方式读写文件适用文本文件和二进制文件，多用于文本文件。

C 标准库提供两个函数用于完成字符读写任务，其函数原型如下：

```
int getc(FILE * fp);
int putc(int c, FILE * fp);
```

getc 函数从文件中读取单个字符，而 putc 函数则将单个字符 *c* 写入文件。

【例 8-1】 编写程序，完成文件复制。

程序代码如下：

```
#include<stdio.h>
#include "zylib.h"
FILE * OpenFile(const char * filename, const char * mode);
void CopyFile(FILE * in_file, FILE * out_file);
int main()
{
  FILE * in, * out;
  in = OpenFile("main.c", "r");
  out = OpenFile("main.bak", "w");
  CopyFile(in, out);
  fclose(in);
  fclose(out);
  return 0;
}
FILE * OpenFile(const char * filename, const char * mode)
{
  FILE * fp = fopen(filename, mode);
  if(!fp)
    PrintErrorMessage(FALSE, "OpenFile: Failed in opening file
%s.", filename);
  return fp;
}
void CopyFile(FILE * in_file, FILE * out_file)
{
```

使用 int 作为字符类型

getc 函数与 putc 函数存储字符的类型都是 int 而不是 char，可以用于处理 Unicode 大字符集。处理 ASCII 字符集时，可以将其直接赋值给 char 类型的数据对象。

```
    int c;
    while((c=getc(in_file)) != EOF)
      putc(c, out_file);
}
```

两个文件指针变量 *in* 与 *out* 分别作为源文件与目标文件指针。主函数随后调用 OpenFile 函数打开源文件与目标文件，然后调用 CopyFile 函数完成文件内容复制操作，并在结束时关闭文件。

注意 CopyFile 函数中 while 循环的写法。在循环头部，程序首先调用 getc 函数从输入文件中获得单个字符，并将其赋给 *c*；然后判断赋值给 *c* 的字符是否为文件结束标志 EOF。若否则执行循环体，将该字符写入到输出文件中；若是则结束循环。循环本身并没有在输出文件中写入 EOF，系统会在文件尾部自动添加该标志。

8.3.2　面向文本行的文件读写操作

实际读写文本文件时，一般按照文本行而不是字符方式进行。此时，可以使用标准库的 fgets 与 fputs 函数。其函数原型如下：

```
char *fgets(char *s, int n, FILE *fp);
int fputs(const char *s, FILE *fp);
```

fgets 函数的参数 *s* 表示保存文本行的字符串基地址，*n* 为可读入的最大字符数，*fp* 为文件指针。fgets 函数从文件中逐行读取字符，复制到 *s* 指向的存储空间中，函数在遇到换行符或已读取 *n*-1 个字符时结束。

如果成功执行，fgets 函数返回 *s*，否则返回 NULL。注意，如果在读取字符串时遇到 EOF，函数同样返回 NULL。可以使用 feof 函数测试 fgets 函数是否到达文件尾部。

调用 fgets 函数前，要确保 *s* 所指向的目标数据对象空间已分配。fgets 函数本身并不负责为它分配存储空间。同时，为保证复制后的字符串仍保持其完整性，传递给 fgets 函数的参数 *n* 应等于缓冲区 *s* 的存储容量。fgets 函数只复制 *n*-1 个字符，字符串尾部的'\0'会自动添加。

由此可知，fgets 函数并不一定一次就能将一行文本全部读入 *s* 指向的目标存储空间。如果在读取换行符前就已读满 *n*-1 个字符，fgets 函数将停止执行，下次自动从上次停止处开始读取。

这意味着，读取文本行时应合理设置目标存储空间的大小。建议使用"stdio.h"中定义的宏 BUFSIZ，其值为 512。

与 fgets 函数对应，fputs 函数将字符串 *s* 的内容写入文件。注意，fputs 函数并不复制字符串尾部的'\0'。如果成功执行，fputs 函数返回正值，否则返回 EOF，一般不需要在程序中测试 fputs 函数的返回值。

例 8-1：第 253 页。

【**例 8-2**】　编写程序，使用 fgets 函数与 fputs 函数重新实现例 8-1。

CopyFile 函数代码如下（程序其他代码与例 8-1 完全相同）：

```
void CopyFile(FILE *in_file, FILE *out_file)
{
```

```
char buffer[BUFSIZ];
while(fgets(buffer, BUFSIZ, in_file))
    fputs(buffer, out_file);
}
```

使用 fgets 与 fputs 函数实现的程序代码既容易理解，效率也更高。

8.3.3 面向格式化输入输出的文件读写操作

除了可以按照字符或字符串格式处理文本文件，还可以按照格式化输入输出方式处理文本文件。

1. 文件格式化输出操作

格式化输出函数的原型如下：

```
int printf(const char *fmt, …);
int fprintf(FILE * fp, const char *fmt, …);
int sprintf(char * buffer, const char *fmt, …);
```

除了多个文件指针参数 *fp*，fprintf 函数的用法与 printf 函数相同。事实上，printf 函数等价于使用 *stdout* 作为第一个参数调用 fprintf 函数。此外，sprintf 函数使用 *buffer* 参数代替 *fp*，其意义是将格式化信息输出到 *buffer* 所指向的存储空间而不是文件或标准输出设备。此 3 个函数的返回值为实际输出的字符个数，大部分程序都不需要检查它们的返回值。

【例 8-3】 编写程序，将随机生成的 5 个 0.0～1.0 之间的浮点数，按照下述格式写入文本文件 "data.txt"：

```
a[0]=0.780090
a[1]=0.809692
a[2]=0.738953
a[3]=0.724457
a[4]=0.465240
```

程序代码如下：

```
#include<stdio.h>
#include "zylib.h"
#include "zyrandom.h"
#define NUM_OF_ELEMENTS 5
void GenerateReals(double a[], unsigned int n);
FILE * OpenFile(const char * filename, const char * mode);
void WriteRealsToFile(double a[], unsigned int n, FILE * fp);
int main()
{
    double a[NUM_OF_ELEMENTS];
    FILE * fp;
    GenerateReals(a, NUM_OF_ELEMENTS);
    fp = OpenFile("data.txt", "w");
    WriteRealsToFile(a, NUM_OF_ELEMENTS, fp);
```

可变参数数目的函数

C 语言允许程序员定义参数数目可变的函数。其典型形式类似 printf 函数，前面具有一个描述其后参数性质的格式字符串 *fmt*，其后是省略号。

在定义参数数目可变的函数时，*fmt* 和省略号必须出现在函数参数列表的最后，其他参数必须出现在它们之前。

设计此类函数的方法超出本书的要求，此处不列。感兴趣的读者可查阅配套 zylib 库中 PrintErrorMessage 函数的定义。

本例写入的文件将在例 8-4（第 257 页）中读取。

```
    fclose(fp);
    return 0;
}
void GenerateReals(double a[], unsigned int n)
{
    unsigned int i;
    Randomize();
    for(i=0; i<n; i++)
      a[i] - GenerateRandomReal(0.0, 1.0);
}
FILE * OpenFile(const char * filename, const char * mode)
{
    FILE * fp = fopen(filename, mode);
    if(!fp)
      PrintErrorMessage(FALSE, "OpenFile: Failed in opening file
%s.", filename);
    return fp;
}
void WriteRealsToFile(double a[], unsigned int n, FILE * fp)
{
    unsigned int i;
    for(i=0; i<n; i++)
      fprintf(fp, "a[%d]=%8.6lf\n", i, a[i]);
}
```

上述代码中，除了 fprintf 函数，其他代码已出现多次。读者可使用任意一款文本编辑器软件查看程序生成的文本文件是否满足要求。

2. 文件格式化输入操作

格式化输入函数的原型如下：

```
    int scanf(const char *fmt, …);
    int fscanf(FILE *fp, const char *fmt, …);
    int sscanf(const char *buffer, const char *fmt, …);
```

与 fprintf 函数类似，除了多了文件指针参数 *fp*，fscanf 函数的用法与 scanf 函数相同。scanf 函数等价于使用 *stdin* 作为第一个参数调用 fscanf 函数。而 sscanf 函数从 *buffer* 所指向的地址空间而不是从文件或标准输入设备获取格式化输入数据。

上述 3 个函数的返回值为实际成功写入的数据对象的数目。除非在多种类型混合输入的场合，否则一般不需要检测它们的返回值。此外，此 3 个函数都要求 *fmt* 参数后面的参数必须为数据对象的地址，只有如此才能将值写入该地址中去——这正是在调用 scanf 函数时数据对象前面必须使用 "&" 操作符获取其地址的原因。当然，如果数据对象本身已经是指针，取址操作符就可以免了。

表 8-2 列出了格式化输入函数的常用格式描述符，这些描述符既适用于 scanf 函数也适用于 fscanf 函数与 sscanf 函数。

表 8-2　格式化输入函数常用格式描述符

格式字符	格 式 说 明
c	单个字符
d	有符号十进制整数
e	以科学记数法形式输入十进制浮点数，负数时有负号，指数部分可带正负号
f	输入十进制浮点数，负数时有负号；若数据对象为 double 类型，推荐使用 "1f" 格式代替
g	以通用格式输入十进制浮点数，或者使用 "f" 格式或者使用 "e" 格式
s	字符串，程序员必须确保有足够的存储空间能够容纳读取的字符串，在遇到空格时即结束输入
[...]	要读取不使用空格字符分隔的字符串，使用内含字符串的中括号代替 "s" 格式。函数一直读取到不在中括号中的字符时，当前字段才算输入完毕
[^...]	中括号意义与上同，尖号表示中括号中的内容（不包括尖号）的意义与上刚好相反，函数一直读取到出现在中括号中的字符时，当前字段才算输入完毕
%	输入串中必须包含 "%" 自身

注意，上述 3 个函数并不了解为某个数据对象分配的存储空间是否足够，函数对此不做任何假设。如果某个数据对象的存储空间不足，上述 3 个函数径自将数据写入后续地址空间——既不管后续地址空间是谁的，也不管里面有没有数据。

对于整数和浮点数这样的数据对象，一般不存在存储空间不足的问题；但对于字符串，存储空间的问题不得不小心谨慎地对待，保证写入的数据不会越界。例如，若有定义：

```
#define NUM_OF_ELEMENTS 10
char name[NUM_OF_ELEMENTS];
```

则字符数组 name 的元素个数为 10，即最多只能存储或写入 9 个字符。因而，调用 fscanf 函数时必须使用场宽限制写入 name 存储空间的字符数：

```
fscanf(fp, "%9s", name);
```

使用魔数 9 作为 name 的场宽并不是恰当的编程手段。例如，当将宏 NUM_OF_ELEMENTS 的值修改为 20 时，"%9s" 应同时修改为 "%19s"。为解决此问题，可以使用下述代码在执行时生成所需要的场宽数字：

```
char fmt[BUFSIZ];               //分配保存格式规约字符串的存储空间
sprintf(fmt, "%%%ds", NUM_OF_ELEMENTS - 1);
                                //由程序生成格式规约字符串
fscanf(fp, fmt, name);          //使用生成的格式规约字符串输入数据
```

在从格式化文本文件中获取输入数据时，格式码 "%[...]" 与 "%[^...]" 特别有用。

【例 8-4】　编写程序，从例 8-3 生成的文本文件中读取最多 5 个浮点数并保存到数组中。

例 8-3: 第 255 页。

程序代码如下：

```
#include<stdio.h>
#include "zylib.h"
#include "zyrandom.h"
#define NUM_OF_ELEMENTS 5
```

```c
FILE * OpenFile(const char * filename, const char * mode);
int ReadRealsFromFile(double a[], unsigned int n, FILE * fp);
void PrintReals(double a[], unsigned int n);
int main()
{
  double a[NUM_OF_ELEMENTS];
  int count;
  FILE * fp;
  fp = OpenFile("data.txt", "w");
  count = ReadRealsFromFile(a, NUM_OF_ELEMENTS, fp);
  PrintReals(a, count);
  fclose(fp);
  return 0;
}
FILE * OpenFile(const char * filename, const char * mode)
{
  FILE * fp = fopen(filename, mode);
  if(!fp)
     PrintErrorMessage(FALSE, "OpenFile: Failed in opening file
     %s.", filename);
  return fp;
}
int ReadRealsFromFile(double a[], unsigned int n, FILE * fp)
{
  unsigned int i = 0;
  char junk[BUFSIZ], junk2;
  int t;
  while(i<n)
  {
     t = fscanf(fp, "%[^=]=%lf%c", junk, &a[i], &junk2);
     if(t == EOF)
       break;
     if(t != 3||junk2 != '\n')
       PrintErrorMessage(FALSE, "ReadRealsFromFile: Input file
       demaged.");
   i++;
  }
  return i;
}
void PrintReals(double a[], unsigned int n)
{
  unsigned int i;
  for(i=0; i<n; i++)
     printf("a[%d]=%8.6lf\n", i, a[i]);
}
```

ReadRealsFromFile 函数最多读取 5 个浮点数，如果未读取 5 个数就到达文件尾部，则结束读取操作，返回实际读取的浮点数个数。

请注意读取数据的格式码。按照文本文件 "data.txt" 的格式，数据之前的说明性文本是为了用户阅读方便而设，程序本身并不使用它构造数据对象。因此，在实现 ReadRealsFromFile 函数时，一次读取 3 个数据对象。第一个数据对象保存 "=" 前的所有内容；第二个数据对象保存实际浮点数值，之间使用 "=" 分隔；而第三个数据对象保存浮点数后面的回车符。考虑到第一个字符串的长度不定，因此使用格式码 "%[^=]" 表示一气读取到 "=" 字符为止（不包含 "=" 字符本身）。

8.3.4 面向数据块的文件读写操作

前面 3 种文件读写方法都主要用于文本文件，二进制文件更适宜使用面向数据块的读写方法。

读写二进制文件的函数为 fread 与 fwrite，其函数原型如下：

```
int fread(void *buffer, int size, int count, FILE *fp);
int fwrite(void *buffer, int size, int count, FILE *fp);
```

fread 与 fwrite 函数的读写单位为固定长度的数据块而不是不定长的字符串。一般地，数据块描述固定结构的信息，存储空间固定，例如整数数组、结构体等都是典型的数据块。

形式参数 *buffer* 为指向实际存储数据对象存储区的指针。fread 函数从文件指针 *fp* 所指向的文件中读取 *count* 个大小为 *size* 字节的数据块，并写入 *buffer* 中。fwrite 函数则将 *buffer* 指针所指向的存储空间中 *count* 个大小为 *size* 字节的数据块写入文件指针 *fp* 所指向的文件中。这两个函数均返回实际读取或写入的数据块数。

调用上述函数时应以二进制格式打开文件，并传递已分配内存的基地址、单个数据块的大小、数据块的个数和文件指针等参数。

当调用 fwrite 函数向文件中写入数据时，除非遇到磁盘故障、断电或磁盘空间不足，否则一般不会发生错误。因而可以在程序中检测写入错误或忽略函数返回值。

检测 fwrite 函数写入错误的方式并不复杂。例如，若将整数数组 *a* 中的 10 个整数写入文件指针 *fp* 指向的文件，可以编写下述代码：

```
if(fwrite(a, sizeof(int), 10, fp) != 10)
    PrintErrorMessage(FALSE, "Error in reading data.");
```

当然，也可以将数组整体作为单个数据块处理，编写下述代码：

```
if(fwrite(a, 10 * sizeof(int), 1, fp) != 1)
    PrintErrorMessage(FALSE, "Error in reading data.");
```

对于 fread 函数，程序员则应小心谨慎。

例如，若要从文件指针 *fp* 指向的文件中读取 10 个整数并保存到数组 *a* 中，可以按照下述格式调用 fread 函数：

```
if(fread(a, sizeof(int), 10, fp) != 10)
    PrintErrorMessage(FALSE, "Error in reading data.");
```

在不了解文件中有多少个整数的情况下，调用 fread 函数逐一读取文件中的所有整数是可行的。但是在连续多次调用 fread 函数时，要特别注意文件结束标志的处理。

例如，假设文件刚好保存 10 个整数，下述代码试图读取 10 个整数，并写入数组。其实现实际上是错误的：

```
int a[10], i = 0;
…  // 打开文件，从头读取 10 个整数
while(!feof(fp))
{
  int e;
  if(fread(&e, sizeof(int), 1, fp) != 1)
    PrintErrorMessage(FALSE, "Error in reading data.");
  a[i++] = e;
}
```

上述代码首先判断文件是否结束，然后再读取整数。feof 函数只有在文件指针越过文件末尾，尝试读取 EOF 标志后的数据时才会返回 1。在读取第 10 个整数后，文件指针并没有越过文件末尾，而是指向 EOF 标志。因而，feof 函数返回 0，执行第 11 次迭代。fread 函数读取到 EOF 标志，从而使得文件位置指针越过文件末尾。因为没有获得任何有价值的数据，fread 函数返回 0。PrintErrorMessage 函数因此被调用，程序异常退出。

解决此问题的关键是区分 fread 函数是未读取到数据还是读取过程中发生了错误。因此，正确的程序代码如下：

```
int a[10], i = 0;
…  // 打开文件，从头读取 10 个整数
while(!feof(fp))
{
  int e;
  if(fread(&e, sizeof(int), 1, fp) == 1)
    a[i++] = e;  //一切正常，将数据写入数组
  else if(ferror(fp))  //读取文件出现错误
    PrintErrorMessage(FALSE, "Error in reading data.");
}
```

8.4　数据存储

本节讨论与文件密切相关的程序数据存储问题。习惯上称程序数据的存储策略与存储过程为数据持久化，一般采用二进制格式进行。

8.4.1　什么是数据持久化

数据持久化对实际应用程序非常重要。数据持久化可以在程序运行期间进行，

因为文件中的数据仅仅是位序列，其本身不含任何类型信息，所以 fread 函数并不了解这些数据的具体意义。有时数据的读取毫无问题，但数据的性质却被解读错误。这种错误相当令人讨厌。

此段程序代码有错误，文件读取操作不会正常工作。

正确的程序代码。

将程序中的数据对象存储到外部磁盘文件中。当再次运行该程序时，可以从文件中装载上次运行时存储的数据对象值，并使用这些值初始化相应的数据对象。

数据持久化操作可以在程序运行期间执行多次。

数据持久化并不是简单粗暴地存储数据对象值。相反，必须对数据持久化规则进行精心设计和选择。

假设程序中包含 m 种数据类型，每种类型至多包含 n 个数据对象。如何持久化这些数据对象？

显然，使用 m 个文件按照数据类型分别存储的方法并不恰当。这既可能产生很多空文件或小文件——可能存在大量数据类型很少甚至没有数据对象的情况，也会为程序维护和管理数据文件带来额外的负担。

按照一般原则，持久化文件中信息的存储应按照其使用性质而不是数据性质来组织。此处使用性质是指这些数据对象的访问时机。

例如，假设部分数据只在程序启动时读取一次，以设置程序基本运行环境。最佳方式是将它们统一组织在一个启动文件中。这些设置最可能是用户在以前运行程序时设置的，涉及应用程序的方方面面，并且其中数据对象的类型也千差万别。但是，这些数据对象的使用性质却相同，即都在程序启动时使用一次，而这正是将它们组织成一个文件的根本原因。

8.4.2 动态数组的持久化

本小节研究 7.5.5 节中例 7-9 给出的动态数组的持久化任务。

【例 8-5】 实现动态数组的持久化。

动态数组持久化的关键任务是存储动态数组中所有元素的值。这可以通过两个专门的持久化函数 DiWriteToFile 与 DiReadFromFile 完成：

```
void DiWriteToFile(DYNAMIC_INTEGERS a, const char * filename);
void DiReadFromFile(DYNAMIC_INTEGERS a, const char * filename);
```

7.5.5 节：第 238 页。
例 7-9：第 239 页。

既然需要对动态数组进行持久化，将动态数组对应的文件名也作为动态数组结构体的成员是个好主意，这有助于在程序中一直维持动态数组数据对象与特定文件的关联。

可以对动态数组结构体类型进行如下修改：

```
struct __DYNAMIC_INTEGERS
{
    unsigned int capacity;
    unsigned int count;
    int * elements;
    BOOL modified;
    char * filename;
};
```

此处，*filename* 成员用于表示动态数组持久化对应的文件名，而 *modified* 成员用于表示动态数组在上次持久化后是否发生了变化。此外，为方便用户操作，程序还需要定义动态数组持久化的默认文件名：

```
static const char * const default_filename = "di.dat";
```

当用户在进行数据持久化时未提供文件名，则使用此默认文件名进行持久化而不是
通知用户"未提供文件名"错误。

具体的函数代码如下：

```
void DiWriteToFile(DYNAMIC_INTEGERS a, const char * filename)
{
  if(!a)
    PrintErrorMessage(FALSE, "DiWriteToFile: Parameter illegal.");
  if(a->modified)   // 在数据对象已改变时才需要持久化
  {
    FILE * fp;
    __DiSetFileName(a, filename);
    fp = OpenFile(a->filename, "wb");
    __DoDiWriteToFile(a, fp);  //调用此函数进行实际数据写入
    fclose(fp);
    a->modified = FALSE;
  }
}
void DiReadFromFile(DYNAMIC_INTEGERS a, const char * filename)
{
  FILE * fp;
  if(!a)
    PrintErrorMessage(FALSE, "DiReadFromFile: Parameter illegal.");
  __DiSetFileName(a, filename);
  fp = OpenFile(a->filename, "rb");
  __DiClearElements(a);  //读取数据前将动态数组原始内容清空
  __DoDiReadFromFile(a, fp);  //调用此函数进行实际数据读取
  fclose(fp);
  a->modified = FALSE;
}
```

上述函数需要调用 4 个静态函数与前述实现的 OpenFile 函数。此处仅将 4 个静
态函数的实现列写出来：

```
static void __DiClearElements(DYNAMIC_INTEGERS a)
{
  a->count = 0;
  a->modified = TRUE;
}
static void __DiSetFileName(DYNAMIC_INTEGERS a, const char *
filename)
{
  //重设文件名，确保用户在使用不同文件名进行持久化时不会发生错误
  if(a->filename)
    DestroyObject(a->filename);
```

```
  if(filename)
    a->filename = DuplicateString(filename);
  else
    a->filename = DuplicateString(default_filename);
}
static void __DoDiWriteToFile(DYNAMIC_INTEGERS a, FILE * fp)
{
  if(fwrite(a->elements, sizeof(int), a->count, fp) <a->count)
    PrintErrorMessage(FALSE, "DiWriteToFile: Failed in writing
file %s.", a->filename);
}
static void __DoDiReadFromFile(DYNAMIC_INTEGERS a, FILE * fp)
{
  while(!feof(fp))
  {
    int e;
    if(fread(&e, sizeof(int), 1, fp) == 1)
      DiAddElement(a, e);
    else if(ferror(fp))
      PrintErrorMessage(FALSE, "DiReadFromFile: Failed in reading
      from file %s.", a->filename);
  }
}
```

考虑到 *modified* 成员专门用于跟踪动态数组的变化，因而需要修改所有影响数组变化的函数代码。在添加、插入、删除数组元素以及修改数组元素值的诸函数实现中添加下述代码：

> a->modified = TRUE;

上述语句添加在上述函数的尾部即可。

相应地，DiCreate 函数的实现也需要修改，在函数返回前将 *modified* 成员设为 FALSE——此函数仅为动态数组分配存储空间，并未存储任何有价值的数据对象，因而不需要表达其值已修改的特征。

按照上述方法持久化的数据对象在文件中的存储格式类似于：

```
01 00 00 00 02 00 00 00 03 00 00 00 04 00 00 00
05 00 00 00 06 00 00 00 07 00 00 00 08 00 00 00
09 00 00 00 0A 00 00 00
```

上述结果为使用十六进制编辑器打开持久化文件时的显示结果。

8.4.3　应用程序的数据持久化策略

程序可能需要同时持久化多种不同的数据对象。此时，最恰当的方式是按照程序特点设计专门的数据持久化策略。

【例 8-6】　为动态数组设计持久化策略。

对于动态数组而言，最好的策略不是简单持久化所有数组元素值，而是将动态

二进制文件

注意，大部分能够进行二进制文件编辑的编辑器都使用十六进制表示实际数据。两个连续十六进制位表示一个字节的数据。

大多数二进制编辑器默认每行显示 16 个字节的数据（本例为 4 个整数），数据的显示严格按照在文件中的先后顺序进行。

在计算机中，32 位整数共占用 4 个字节，实际存储时，低 8 位的地址最低，高 8 位的地址最高。例如十六进制整数 0x01020304 在内存中实际存储顺序为 04030201。数据持久化操作完全遵照内存布局将数据值写入到文件中。

这正是本例 0 号元素的整数值为 1，而 01 恰恰出现在第 0 号字节的原因。

数组的容量、元素个数与所有值都持久化。从而，从文件中获取数据后，程序可以原样重构全部数据对象。

动态数组持久化首先应存储容量，其次是实际元素个数，然后是跟随其后的所有元素值列表。典型的文件写入操作如下：

```
static void __DoDiWriteToFile(DYNAMIC_INTEGERS a, FILE * fp)
{
  //写入动态数组的当前容量
  if(fwrite(&a->capacity, sizeof(int), 1, fp) <1)
    PrintErrorMessage(FALSE, "DiWriteToFile: Failed in writing
file %s.", a->filename);
  //写入动态数组的当前实际元素个数
  if(fwrite(&a->count, sizeof(int), 1, fp) <1)
    PrintErrorMessage(FALSE, "DiWriteToFile: Failed in writing
file %s.", a->filename);
  //写入动态数组的所有元素，共 a->count 个
  if(fwrite(a->elements, sizeof(int), a->count, fp) <a->count)
    PrintErrorMessage(FALSE, "DiWriteToFile: Failed in writing
file %s.", a->filename);
}
```

在按照上述格式持久化数据对象时，**DYNAMIC_INTEGERS** 结构体类型中的部分成员不需要持久化。例如，*modified* 与 *filename* 与数据对象的运行特征有关而与实际数据无关，持久化并无意义。

此外，程序只需要持久化 *elements* 成员所指向的目标数据对象（整数序列），*elements* 成员本身的值不需要持久化。该值作为动态数组元素的基地址会随着动态数组的分配与释放不断发生变化，将其持久化毫无意义。并且在将数据从文件中读入内存时，程序总是调用 DiCreate 函数重新分配内存，因而 *elements* 成员几乎不可能再次指向同样的位置。

按照上述持久化策略，最终的数据文件就不再是整数序列的简单堆砌，而是带有格式信息的特殊文件结构。假设动态数组的容量为 64_{10}（0x40），且包含 10 个整数（1～10），则持久化后的结果文件如下：

```
40 00 00 00 0A 00 00 00 01 00 00 00 02 00 00 00
03 00 00 00 04 00 00 00 05 00 00 00 06 00 00 00
07 00 00 00 08 00 00 00 09 00 00 00 0A 00 00 00
```

其中，前 4 个字节中的数字表示动态数组的容量 0x00000040（64_{10}），紧跟其后的 4 个字节表示动态数组的元素个数 0x0000000A（10_{10}），此后才是 10 个具体整数值（0x00000001～0x0000000A）。

有了格式化的持久化文件定义，读取和重构数据的过程相当直接：

```
static void __DoDiReadFromFile(DYNAMIC_INTEGERS a, FILE * fp)
{
  unsigned int capacity, count;
  if(fread(&capacity, sizeof(int), 1, fp) != 1)
    PrintErrorMessage(FALSE, "DiReadFromFile: Failed in reading
```

```
                               from file %s.", a->filename);
    __DiClearElements(a);
    DiResize(a, capacity);
    if(fread(&count, sizeof(int), 1, fp) != 1)
      PrintErrorMessage(FALSE, "DiReadFromFile: Failed in reading
        from file %s.", a->filename);
    a->count = fread(a->elements, sizeof(int), count, fp);
    if(ferror(fp))
      PrintErrorMessage(FALSE, "DiReadFromFile: Failed in reading
        from file %s.", a->filename);
}
```

　　上述代码首先读取动态数组的容量 *capacity*，清空动态数组 *a*，并将其容量设为新值。接着读取动态数组的元素个数 *count*，然后调用 **fread** 函数尝试读取 *count* 个整数。实际读取的整数写入 *a–>elements*，并将 *a–>count* 设为实际读取的元素个数。函数在读取数据时需要判断是否出现错误。

　　为保持动态数组的一致性，必须按照读取的格式信息重构动态数组。此过程分为两步：首先清空动态数组，接着将其缩放到指定容量。

　　这种操作方式并不自然。事实上，重构整个数据集的动作最可能发生的时刻不是有了动态数组后再从文件中读取数据，而是直接根据持久化文件的内容重构整个动态数组，即程序员应提供下述函数：

```
    DYNAMIC_INTEGERS DiCreateFromFile(const char * filename);
```

直接读取文件信息，重构整个动态数组。

　　既然数组元素个数可作为持久化字段存储到文件中，字符串长度同样也可作为持久化字段存储到文件中。事实上，在存储字符串长度之后再存储字符序列是字符串持久化的最佳方法——虽然可以直接存储包含'\0'在内的字符序列，但有可能将字符串后的'\0'理解为数字 0。

　　可以在同一个文件中存储多种类型的持久化数据。此时为了区分数据对象的性质，应在实际存储数据对象值前先存储数据对象的类型信息。例如，若程序中不仅需要存储动态整数数组，还需要存储字符串与单独的浮点数，则可以这么定义：

```
    #define DATATYPE_STRING      0xFFFFFFFF
    #define DATATYPE_DOUBLE      0xFFFFFFFE
    #define DATATYPE_DYNINTS     0xFFFFFFFD
```

亦即，需要为每个类型定义唯一的 32 位整数作为标志，并将其存储在对应数据对象之前。

此处宏值为随意选择值。理论上，只要能在程序中保证其唯一性即可，而具体取值无关紧要。

　　当从文件读取信息时，首先读取数据对象标志，根据该标志判断后续数据对象的性质，然后按照其具体格式读取实际值。例如，如果读取的数据对象类型标志为 0xFFFFFFFE，则说明其后数据为浮点数，此时可按照浮点数格式读取之。而若发现该标志为 0xFFFFFFFD，则表明其后数据对象为动态整数数组，按照前面的格式说明，应先读取动态数组的容量和元素个数，其后才是数组的具体元素值。

　　可以在数据持久化文件中封装特殊的标志信息，例如用户的姓名和数据持久化操作的执行时间。此外，还可以在持久化文件中根据操作的执行时间保留数据对象值的多个副本，这就是所谓的版本控制。

本 章 小 结

本章讨论了文件与数据存储的基本概念与编程方法。

文件作为存储程序信息的集合，根据其使用性质的不同，可分成文本文件与二进制文件。文本文件使用 ASCII 码或其他字符集存储信息，主要供程序员使用；二进制文件则直接存储二进制信息，主要供程序使用。无论采用什么格式，文件都可以将程序数据存储到外部磁盘文件中，保证数据持久性。

在 C 程序中，文件被作为数据流来对待，文件读写操作与文件管理任务使用标准库提供的文件访问函数进行。按照文件的性质，程序可以按字符、文本行（字符串）、格式化输入输出或数据块等 4 种方式读写文件。前 3 种方式主要用于文本文件，最后一种方式主要用于二进制文件。

如果需要持久保存数据，就必须在程序中提供持久化支持能力。数据持久化一般采用二进制文件的数据块读写方式实现。在实现数据持久化时，需要精心选择和定义持久化数据对象的内容和格式，以方便程序的处理。

习 题 8

一、概念理解题

8.1.1 什么是文件？文件在程序中的作用是什么？典型的文件类型有哪些？C 程序如何处理文件？

8.1.2 如何调用 fopen 函数打开文件？fopen 函数需要接受几个参数？这些参数分别代表什么意义？函数的返回值是什么？

8.1.3 如何在 C 程序中关闭文件？

8.1.4 如何在 C 程序中检测文件的结束状态与错误状态？为什么需要检测它们？

8.1.5 什么是文件缓冲区？如何调用标准库的函数操作文件缓冲区？

8.1.6 如何调用标准库函数进行文件位置指针的定位和重新定位？如何获得文件位置指针在文件的位置？

8.1.7 文件的读写操作有几种技术手段？这些技术手段分别适用于什么场合？

8.1.8 如何使用面向字符和文本行（字符串）的方式操作文本文件？

8.1.9 文件的格式化输入输出操作与标准输入输出设备的格式化输入输出操作有什么异同？如何使用格式化输入输出函数访问文件？

8.1.10 如何使用数据块读写操作访问文件？在使用此方法时要注意什么问题？

8.1.11 什么是数据持久化？它有什么意义？

8.1.12 挑战性问题。假设程序用到本书所介绍的所有数据类型，并且需要在程序中实现这些类型数据对象的持久化策略。如何设计应用程序的持久化策略，才能保证它既具有较高效率，又很容易扩充？

二、编程实践题

8.2.1 编写程序，从文本文件中读取全部内容，并复制到另一文件中。要求将文本文件中的所有英文字母都转换成大写后输出。

8.2.2 编写函数，将一个文件中的内容复制到另一文件中。要求将文件中所有字符都递增 1 后输出，即完成最基本的文件加密功能。

8.2.3 继续上一题。编写函数，将加密后的文件复原。

8.2.4 编写程序，读取一个文本文件，统计其中的英文字母与数字字符的个数，全部字符个数与单词个数。注意，空格、回车、Tab 键，以及所有标点符号（不包含连字符和下划线）都可能作为英文文本中单词的分隔标记。

8.2.5 挑战性问题。创建能够存储指针数据对象而不是实际目标数据对象值的动态数组。例如，如果有数据对象 *a*，则在动态数组中存储其地址 &*a* 而不是其值。一般地，应按照下述原则定义动态数组类型：

```
typedef struct __DYNAMIC_ARRAY * DYNAMIC_ARRAY;
struct __DYNAMIC_ARRAY
{
unsigned int capacity, count;
void ** elements;
};
```

即程序中使用指向通用指针的指针类型 void ** 作为 *element* 成员的类型。当构造动态数组对象时，根据其容量分配能够容纳 *capacity* 个 void * 类型数据对象的存储空间。程序直接将目标数据对象地址存储到动态数组中。在获取动态数组中的元素时，取出元素值后，再将其显式转换为指向特定类型的指针类型。动态数组元素所指向的目标数据对象必须是动态分配的，并且在插入或添加到动态数组中后，其所有权必须转移，原先指针不能删除该目标数据对象。更有挑战性的问题是，原则上，动态数组应负责它所存储的指针数据对象所指向的目标数据对象的内存管理任务，因此在删除动态数组中某元素（指针数据对象）时必须同时释放它所指向的目标数据对象——这个任务如何实现？请预习下一章。

8.2.6 继续上一题。统计英文文档中单词出现的频率。既然在文件实际处理完毕前并不了解文件中到底包含多少个不同单词，使用动态数组存储这些单词序列是个好主意。

8.2.7 为习题 6.2.17 的复数库与习题 7.2.9 的有理数库设计持久化策略，将它们保存到同一文件中。如何定义文件结构才能保证正确区分这两类数据对象？

习题 6.2.17：第 207 页。
习题 7.2.9：第 245 页。
例 5-7：第 162 页。

8.2.8 挑战性问题。鉴于《我猜！我猜！我猜猜猜！》项目实施情况良好，用户希望升级系统，允许用户从多种物品中选择一种猜测其价格。物品的名称、实际价格、最低价格与最高价格按照下述格式存储在文本文件中：

```
Book,28,10,99
Notebook,35,4,60
Telephone,248,100,500
```

程序应读取该文件，使用动态数组构造这些数据对象，并动态生成每种物品的猜测次数。请仔细思考应按照什么样的公式生成猜测次数才能保证游戏难度适中，即用户按照最佳猜测策略进行猜测时总是差那么一点点就能获得准确的答案。

第 9 章　程序抽象

◉

学习目标

1．了解数据抽象的基本概念，能够在程序中正确定义抽象数据类型和抽象数据对象，能够正确访问抽象数据对象。

2．掌握链表的概念与使用方法，能够在链表中插入、删除元素。

3．掌握函数指针的概念，了解函数指针作为算法抽象的技术手段具有的地位与作用，能够使用函数指针进行算法抽象。

4．了解回调函数的意义，能够正确使用回调函数设计抽象程序。

5．理解抽象在程序设计中的核心地位，掌握层次化的抽象程序构造方法。

9.1　数　据　抽　象

程序抽象涉及数据抽象与算法抽象两方面。本节首先讨论数据抽象，后面几节再仔细研究算法抽象的实现策略。

9.1.1　数据抽象的目的与意义

前已指出，运行时的 C 程序只保有数据对象的地址和值信息，所有数据对象的类型和名称信息都已缺失。信息缺失给程序运行逻辑带来非常大的负面影响——因为无法在程序运行时限定对某种类型数据对象的访问方式，从而很难避免程序错误。

典型地，对于整数数据对象 a，只要在程序中存在指针 p，就可以在某个时刻通过指针 p 间接访问 a。此时，指针 p 的目标数据对象类型极有可能并不是整数类型。这种操作也许不是有意为之，而是源于程序错误，如指向数组元素的指针超出数组范围。因此在编码时，必须确保对某种类型数据对象的操作能够限定在有限的范围内。

软件开发的过程是从现实世界向计算机世界进行抽象映射的过程。在现实世界里，人类使用已经熟悉的术语思考和工作；而在计算机上，程序员却要与整数、实数和字符打交道，或将它们组织成数组、结构体或文件。这些必须使用的程序设计语言概念对大部分实际问题来说显得极不自然。

数据结构本身不能提供有关数据意义和使用方式的完整解释。传统上，程序员使用两种方法来弥补问题陈述中的数据与程序设计语言中的数据之间的鸿沟——使用注释或有描述意义的标识符。

然而，程序员与计算机看待数据对象的观点并不相同。例如，对于整数，计算机关心的是其存储表示，而程序员关心的是其加减乘除等运算功能。对应用程序而言，虽然数据本身可以根据需要在不同的计算机上采用不同的表示方法，但数据的功能是稳定的。这意味着，数据的功能比数据的表示更重要。

数据抽象的思想正是基于这种考虑。相较数据的命名和结构，数据抽象更关心数据的功能描述。数据的功能描述可以通过列出或说明一个可与这种数据一起工作的基本操作集来表达。通过此手段，数据抽象解释了数据的意义和使用方式。

有了数据抽象作为操作接口，数据结构的使用者就可以不关心数据对象的具体细节，而将注意力集中于利用该数据结构可以做什么。其他程序单元不能直接处理数据，对抽象数据采取的任何操作都必须通过其基本操作集中的操作进行。亦即，基本操作集是处理抽象数据的唯一合法工具。

数据抽象思想对改变程序员看待程序中数据和操作的关系影响深远。它事实上导致软件技术在 20 世纪 70 年代和 80 年代的重大进展——面向对象技术的发明。

总之，解决信息缺失的方法只能是抽象、抽象、再抽象。

9.1.2 结构化数据的性质

像数组和结构体这样的结构化数据对象不仅需要描述子数据对象的类型,还需要描述如何组织这些子数据对象,即还需要描述子数据对象之间的关系与性质。一般地,结构化数据类型具有如下性质。

(1)类型。结构化数据类型总是用户自定义的。语言本身不可能对程序员所要描述的结构化数据类型有清醒的认识,因此它仅能提供构造结构化数据类型的手段,而由程序员显式定义结构化数据类型。

(2)成员。结构化数据对象的子数据对象都是该结构化数据类型的成员。为访问这些成员,语言必须提供成员选择操作。不同结构化数据类型的成员机制并不相同。例如,数组使用下标操作符访问,结构体使用选员操作符访问。

(3)成员类型。结构化数据类型成员的名称与类型必须明确给出,以指导编译器如何为该成员分配存储空间,并将该名称与结构化数据对象的某个组分相关联。

(4)成员数目。结构化数据类型的成员数目也许可变,也许不变。对于成员数目可变的结构化数据类型,一般需要设计者指定可以容纳的最大成员数目。

(5)成员组织。结构化数据类型的成员组织方法必须显式定义,典型组织方法有线性数据结构与非线性数据结构两种。线性数据结构同时满足下述条件:①数据或者存在或者不存在;②若存在,则所有数据的类型必须相同;③除了开头和结尾处的数据,其他数据具有唯一前驱和唯一后继;④开头数据只有后继没有前驱,结尾数据只有前驱没有后继。不能同时满足上述 4 个条件的数据结构称为非线性数据结构。

(6)操作集。不同的结构化数据类型具有不同的操作集。操作集的定义必须能够有效维护数据封装与信息隐藏。

按照上述结构化数据类型的性质分析,以前定义的很多结构化数据类型都满足其要求。然而,不能因此认为这样的结构化数据类型都是抽象的。

9.1.3 数据封装

为什么说满足上述性质的结构化数据类型仍然不是抽象数据类型呢?

检验某个数据类型是否抽象的规则并不复杂。如果使用者无须了解其实现细节,那么它就是抽象的,否则它就一定不是抽象的。

以动态数组的实现为例。可以将下述结构体类型定义:

```
/* 头文件"dynarray.h" */
struct __DYNAMIC_INTEGERS
{
    unsigned int capacity;
    unsigned int count;
    int * elements;
    BOOL modified;
    char * filename;
};
```

7.5.5 节:第 238 页。

书写在头文件中，这将允许用户通过该结构体类型的变量访问其成员。这样的数据类型显然并不抽象——用户完全了解结构体类型的实现细节，并且可以通过选员操作符访问其任何一个成员。

事实上，只要将结构体类型的定义在头文件中公开，即使库提供了最完整的操作接口，初学者也很难拒绝直接访问结构体成员的诱惑。例如，要获取动态数组的元素个数，大多数初学者会实现这样的代码：

```
printf("Count: %d.\n", a->count);//输出动态数组的元素个数
```

而很少使用下述代码：

```
printf("Count: %d.\n", DiGetCount(a));
```

造成此现象的表面原因是函数调用不仅降低效率，而且不太直观自然。笔者同意此观点。然而在解决实际问题时，程序往往长而复杂。一旦程序中充斥着对结构体成员的直接访问，就意味着隐藏着重大安全隐患。例如，若设计动态数组的程序员将 *count* 域的名称改为 *eno*，则所有使用动态数组的用户就必须在全部程序代码中查找对 *count* 域的引用，并将它们全部更改为 *eno*。此过程不仅容易出错，而且非常烦琐。

因此在设计库时，较好的替代方法是声明所谓的存取函数：

```
unsigned int DiGetCount(DYNAMIC_INTEGERS a)
{
if(!a)
  PrintErrorMessage(FALSE, "DiGetCount: Parameter illegal.");
return a->count;
}
```

> 因为不允许在运行时直接修改动态数组的元素个数，所以 *count* 域只有取函数而没有存函数，其值只能由添加、插入和删除元素等函数修改。

DiGetCount 函数内部出现对 *count* 域的直接访问是可以理解的——设计动态数组库的程序员完全了解动态数组的实现细节。而库的使用者则不应使用 *count* 域，转而应调用此函数获得动态数组的元素个数。

存取函数一般以"Get"或"Set"开头，前者用于取，后者用于存。在大多数时候，存取函数一般都仅有短短一两行代码。

此类手段称为数据封装，其最大意义在于将程序员的注意力分散成两个部分：一是数据结构的实现与访问，二是数据对象及其操作的使用或调用。分散程序员注意力的想法似乎不太妙，但如果这两个部分是由两个程序员分别完成的，则意义会完全不同——显然两个程序员应该关注不同的东西，否则在协调与沟通上的时间开销会使得整个程序开发陷入泥潭。

存取函数完成对 *count* 域的封装。库的使用者在调用 DiGetCount 函数时并不需要了解动态数组中有关元素个数信息的实现细节。如此，即使修改 *count* 域的名称，也只需修改 DiGetCount 函数的内部实现。只要函数接口不变，所有调用 DiGetCount 函数的代码都无须修改。

9.1.4 信息隐藏

仅有数据封装仍不能达到数据抽象的目的。存取函数虽然能保证使用者不访问数据结构的实现细节，但却不能强制不访问。程序员完全可以不调用 DiGetCount

函数而直接操作 *count* 域，编译器不会有任何异议。

问题的根源在于，头文件中声明的数据结构总是外部的，所有包含该头文件的源文件都能够直接访问其所有细节。程序员是否以一种符合数据封装的观点访问数据对象完全依赖于程序员的技术修养而不是强制的技术手段。为此，可以在源文件中声明具体的数据结构，而仅在头文件中声明指向该数据结构的指针，例如：

```
/* 头文件"dynarray.h" */
//抽象动态数组类型，其具体实现隐藏在源文件中
typedef struct __DYNAMIC_INTEGERS * DYNAMIC_INTEGERS;
/* 源文件"dynarray.c" */
//动态数组类型的具体实现位于源文件中，外部不可访问
struct __DYNAMIC_INTEGERS
{
  unsigned int capacity;
  unsigned int count;
  int * elements;
  BOOL modified;
  char * filename;
};
```

此技术手段称为信息隐藏。通过信息隐藏，所有使用头文件的其他源文件再也无法见到数据结构的具体实现细节。

信息隐藏与数据封装是不同的概念。对于数据封装而言，程序员可能以两种手段操作数据对象：一种通过访问存取函数，一种直接通过数据结构的域名。编译器无法对访问过程进行有效监控。有了信息隐藏后，程序员则只能通过高层次的存取函数操作数据对象。

所以实践上，所谓抽象就是将细节隐藏起来不给用户看——用户要使用该数据对象就必须通过相应的函数接口进行。为此，在设计抽象数据类型时，必须提供访问该类数据对象的完整接口。

9.1.5 抽象数据类型

【例 9-1】 设计能够存储屏幕上点的抽象数据类型。

按照前述讨论，设计抽象数据类型时首先应考虑抽象数据类型上可以实行的操作而不是其细节实现。为简单计，本例只实现基本功能：

```
/* 头文件"point.h" */
#include "zylib.h"
typedef struct __POINT * POINT;
//创建点数据对象
POINT PtCreate(int x, int y);
//销毁点数据对象
void PtDestroy(POINT point);
//获取点数据对象的x、y坐标值
void PtGetValue(POINT point, int * x, int * y);
```

```
//设置点数据对象的 x、y 坐标值
void PtSetValue(POINT point, int x, int y);
//比较两个点数据对象是否相同
BOOL PtCompare(POINT point1, POINT point2);
//将点数据对象转换为 (x, y) 格式的字符串
STRING PtTransformIntoString(POINT point);
//按 (x, y) 格式输出点数据对象
void PtPrint(POINT point);
```

上述功能对于普通编程来说足够了。其具体实现代码如下：

```
/* 源文件"point.c" */
#include<stdio.h>
#include "zylib.h"
#include "point.h"
struct __POINT
{
  int x, y;
};
POINT PtCreate(int x, int y)
{
  POINT t = NewObject(struct __POINT);
  t->x = x, t->y = y;
  return t;
}
void PtDestroy(POINT point)
{
  if(point)
  {
    DestroyObject(point);
  }
}
void PtGetValue(POINT point, int * x, int * y)
{
  if(point)
  {
    if(x)
       *x = point->x;
    if(y)
       *y = point->y;
  }
}
void PtSetValue(POINT point, int x, int y)
{
  if(point)
  {
    point->x = x, point->y = y;
```

操作系统中有时为表达窗口在屏幕之外的现象，使用负数作为点的坐标值也是可能的。因而在实现上述接口时，程序使用整数表示 struct __POINT 的 x、y 成员。

在获取点的 x、y 坐标时，若不需要某坐标值，使用 NULL 作为参数传递。

除了 PtCompare 函数，其他函数在参数传递错误时，不再输出错误消息后停止执行，而是忽略或做默认处理。

```
      }
    }
BOOL PtCompare(POINT point1, POINT point2)
{
  if(!point1 || !point2)
    PrintErrorMessage(FALSE, "PtCompare: Parameter(s) illegal.");
  return (point1->x == point2->x) && (point1->y == point2->y);
}
STRING PtTransformIntoString(POINT point)
{
  char buf[BUFSIZ];
  if(point)
  {
  sprintf(buf, "(%d,%d)", point->x, point->y);
                              //先将字符串转换到临时存储区
  return DuplicateString(buf);
                          //复制字符串，保证返回的字符串不会造成空间浪费
  }
  else
  return "NULL";
}
void PtPrint(POINT point)
{
  if(point)
    printf("(%d,%d)", point->x, point->y);
  else
    printf("NULL");
}
```

由上述代码可知，点结构体类型 struct __POINT 的具体细节定义只出现在源文件 "point.c" 中，这是非常重要的特性——它保证了只要程序员没有看到源文件，就只能通过头文件中定义的函数集操作点数据对象。同时，既然没有暴露点数据类型的任何实现细节，那么它就是抽象的。

使用抽象的点数据类型定义的数据对象称为抽象点数据对象。例如，上述各函数中的形式参数 point。实现上，抽象的点数据对象 point 是指向 struct __POINT 类型数据对象的指针。只要库的接口充足而完备，隐藏实现细节不仅不会为库用户带来多少困扰，还能极大地增加编程的灵活性。

9.2 链 表

本节研究编程时最常用的一类数据结构——链表。一般地，链表用于存储顺序

访问的数据对象集，链表中的数据对象几乎总是动态分配的。

9.2.1　数据的链式表示

链表作为元素序列，其前后元素联系紧密，直观上构成一条链，因此称之为链表。

链表基本结构如图 9-1 所示。链表中的元素通常称为结点，首结点称为表头，尾结点称为表尾。指向表头的指针称为头指针，在该头指针中存放表头结点的地址；相应地，指向表尾的尾指针存放表尾结点的地址。

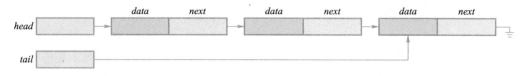

图 9-1　链表结点的存储格式

链表结点一般采用结构体类型描述。描述结点的结构体至少包含两个域：一个域存放数据，该域的类型根据要存放的数据类型而定，称为数据域；另一个域存放下一结点地址，称为指针域。

例如，若链表结点中存储的为抽象点数据类型 POINT，则其结点类型的典型定义格式如下：

```
typedef struct __NODE * NODE;
struct __NODE
{
  POINT data;
  NODE next;
};
```

按此定义，每个结点都包含域 *data* 与 *next*。前者存储抽象点数据对象——实际为指向 struct __POINT 类型对象的指针，即目标点数据对象的所有权，而不是点数据对象的实际值。后者存储后继结点位置。表尾结点的 *next* 域不指向任何其他结点，其指针值为 NULL。如图 9-1 所示，只要保证头指针 *head* 指向链表首结点，就可以根据各个结点之间的链式关系逐一访问链表的全部元素。

实际编程时，不仅需要保存链表头指针与尾指针，还需要保存链表结点个数。此时习惯使用下面的链表结构体封装结点个数与头尾指针：

```
typedef struct __LINKED_LIST * LINKED_LIST;
typedef struct __NODE * NODE;
struct __LINKED_LIST
{
  unsigned int count;
  NODE head, tail;
};
struct __NODE
```

```
{
    POINT data;
    NODE next;
};
```

按此定义，链表的存储格式如图 9-2 所示。

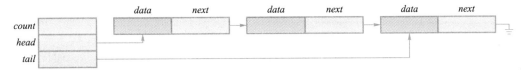

图 9-2　单向链表的存储格式

上述定义的好处是，只有 LINKED_LIST 类型需要向外界公开，其他所有类型都可以隐藏在源文件中。使用链表时只需要通过链表的操作集操作其中存储的数据对象即可，结点实现细节可以完全不需要关心。

因为链表中存储的数据对象几乎总是动态分配的，所以链表中相邻结点的地址不一定连续。这意味着，一旦头指针 head 失去指向链表表头结点的地址，程序就再也无法对链表进行任何后续操作。同理，当任一结点 next 域指针失去下一结点地址后，链表就会发生断裂现象，后续结点再也无法访问。因此，在处理链表时必须时刻注意维护链表的完整性。

在图 9-1 与图 9-2 所示的链表中，箭头指向单一，故而称为单向链表。如果让表尾结点 next 域指向表头结点而不是为 NULL，所有结点就形成一个圆圈，此类链表称为循环链表。如果链表各结点既有指向后一结点的指针域 next 又有指向前一结点的指针域 prev，则称为双向链表。而若双向链表的尾结点的 next 域指向头结点，头结点的 prev 域指向尾结点，则称为循环双向链表。

【例 9-2】　设计处理点数据类型的抽象链表接口。

链表作为容器可以容纳一系列结点（项或元素）。这些结点按某种顺序排列。链表应支持增添新结点或删除某结点的操作，由此可以列出与链表有关的部分操作。

（1）构造新链表，并预置链表为空。

（2）销毁已存在的链表。

（3）在链表尾部追加新项。

（4）在链表中指定位置插入项。

（5）删除链表中指定位置的项。

（6）清空链表中所有项。

（7）遍历链表，以便对表中所有结点实施某项操作。

（8）在链表中查找指定项是否存在。

（9）获取链表当前存储的项数。

（10）判断链表是否为空。

当然还可以列出更多的基本操作。基本操作越多，链表抽象数据类型的实现就越有可能在将来的设计中被重用。但对于示例程序而言，还是操作少一点好。故可设计如下接口：

此处在命名链表结点操作函数时没有使用与动态数组一致的原则主要是考虑压缩排版的需要。例如使用 LlInsert 而不是 LlInsertElement 或 LlInsertNode 表示在链表指定位置插入新结点,其他函数类似。

```c
/* 头文件"list.h" */
#include "point.h"
typedef struct __LINKED_LIST * LINKED_LIST;
LINKED_LIST LlCreate();
void LlDestroy(LINKED_LIST list);
void LlAppend(LINKED_LIST list, POINT point);
void LlInsert(LINKED_LIST list, POINT point, unsigned int pos);
void LlDelete(LINKED_LIST list, unsigned int pos);
void LlClear(LINKED_LIST list);
void LlTraverse(LINKED_LIST list);
BOOL LlSearch(LINKED_LIST list, POINT point);
unsigned int LlGetCount(LINKED_LIST list);
BOOL LlIsEmpty(LINKED_LIST list);
```

链表可以描述许多实际问题,区别只在于链表的数据域有所不同。本章后面还会专门讨论如何设计链表以存储一般性的数据对象。

9.2.2 链表构造与销毁

有了链表的类型定义,构造和销毁链表数据对象的方法并不复杂。

【例 9-3】 编写函数,实现链表构造与销毁操作。

链表构造函数 LlCreate 的主要任务是创建 struct __LINKED_LIST 类型的动态数据对象 *p*,并在进行初步设置后返回指向它的指针——后续代码将使用此指针访问抽象链表对象,其实现代码如下:

```c
typedef struct __NODE * NODE;
struct __LINKED_LIST
{
  unsigned int count;
  NODE head, tail;
};
struct __NODE
{
  POINT data;
  NODE next;
};
LINKED_LIST LlCreate()
{
  LINKED_LIST p = NewObject(struct __LINKED_LIST);
  p->count = 0,p->head = NULL,p->tail = NULL;
  return p;
}
```

相应地,链表的销毁操作更加直接。在参数 *list* 不为 NULL 时,使用宏 DestroyObject 释放它所指向的目标数据对象的空间。

```c
void LlDestroy(LINKED_LIST list)
```

```
    {
      if(list)
      {
        LlClear(list);
        DestroyObject(list);
      }
    }
```

在实际销毁链表前，应首先调用 **LlClear** 函数清空链表中所有结点。

为什么要在销毁链表前清空链表所有结点呢？这是因为，链表作为存储结点信息的容器，一旦将程序中动态分配的目标数据对象装载到容器中，就意味着该目标数据对象的所有权移交给了容器——原先指向目标数据对象的指针不再负责该目标数据对象的存储管理，因而容器必须负起目标数据对象的存储管理责任来。

LlClear 函数的基本任务是在链表不为空（还存在结点）时，不断删除链表头结点。如图 9-3 所示，其操作过程分为 5 步：①设置临时指针 *t*，使其指向链表头结点；②将链表头结点设置为 *t* 的后继结点，即将待删除的原头结点从链表中剥离出来；③删除原头结点 *data* 域所指向的目标数据对象；④删除 *t* 所指向的结点；⑤递减链表结点数目。

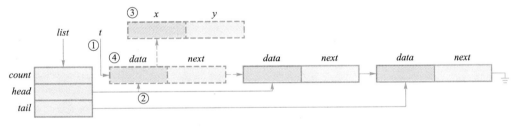

图 9-3　删除表头结点

LlClear 函数的具体代码如下：

```
    void LlClear(LINKED_LIST list)
    {
      if(!list)
        PrintErrorMessage(FALSE, "LlClear: Parameter illegal.");
      while(list->head)
      {
        NODE t = list->head;
        list->head = t->next;
        PtDestroy(t->data);
        DestroyObject(t);
        list->count--;
      }
      list->tail = NULL;
    }
```

请读者注意在删除链表结点时维持链表完整性的方法。程序首先从链表中剥离所有待删除结点，然后再使用临时指针释放其空间。此外，在释放结点存储空间时，

链表操作图示说明
　　链表操作图示按照下述原则绘制。
　　（1）实线表示保持或新设的数据对象或链接关系，虚线表示被删除的数据对象或链接关系。
　　（2）绘制在箭头或目标数据对象附近的带圆数字表示该操作的执行次序。
　　（3）为简化图的绘制，部分指针数据对象未绘制存储空间方框，而仅使用名称标识。部分结点 *data* 域仍保有目标数据对象地址，因与图示操作步骤无关，故也未绘制。
　　（4）部分链接会在删除其指针数据对象时一并消失，因而程序不需要主动删除它。
　　（5）部分操作步骤因不涉及链表结构的调整操作，亦没有在图中反映。
　　其他函数同此。

一定要首先释放 *data* 域指向的目标数据对象空间,然后才能释放结点本身,以避免发生内存泄漏。

9.2.3 结点追加与插入

【例 9-4】 实现链表结点的追加函数 LlAppend。

具体函数代码如下:

```
void LlAppend(LINKED_LIST list, POINT point)
{
  NODE t = NewObject(struct __NODE);
  if(!list || !point)
    PrintErrorMessage(FALSE, "LlAppend: Parameter illegal.");
  t->data = point, t->next = NULL;
  if(!list->head)
  {
    list->head = t, list->tail = t;
  }
  else
  {
    list->tail->next = t;
    list->tail = t;
  }
  list->count++;
}
```

如图 9-4 所示,链表结点追加操作的基本任务是在链表尾部添加新结点,其操作步骤为:① 首先动态构造一个新结点,用 *t* 指向它;② 使 *t* 的 *data* 域指向 *point* 参数指向的目标数据对象,*next* 域为 NULL;③ 如果链表的 *head* 域为 NULL,则说明当前链表中没有任何结点,将此结点作为链表唯一结点添加到链表中,此时简单将链表的 *head* 域与 *tail* 域设为 *t* 即可;④ 否则,将当前尾结点的 *next* 域设为 *t*,即使其指向新结点;⑤ 将链表的 *tail* 域设为 *t*,即将新结点作为链表尾结点;⑥ 递增链表结点数目。

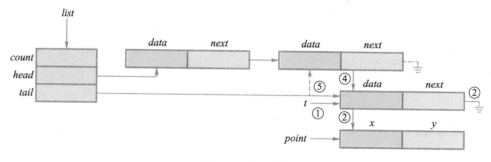

图 9-4 追加结点

结点插入操作比追加操作要稍微复杂一些。在实现插入函数 LlInsert 时,该函数需要接受 3 个参数，前两个参数的意义与 **LlAppend** 函数一致，第三个参数 *pos* 用于表示结点的插入位置，其值 *i* 表示新结点将作为链表编号为 *i* 的结点（从 0 开始计数）。

根据插入位置的不同，新结点可能作为链表头结点、尾结点或中间某结点。若插入位置 *pos* 不小于链表结点数目，调用 **LlAppend** 函数将该结点追加到链表尾部；若 *pos* 为 0，插入到表头；其他情况则插入到表中。

【例 9-5】 实现链表结点的插入函数 LlInsert。

函数代码如下：

```
void LlInsert(LINKED_LIST list, POINT point, unsigned int pos)
{
  if(!list || !point)
    PrintErrorMessage(FALSE, "LlInsert: Parameter illegal.");
  if(pos<list->count)
  {
    NODE t = NewObject(struct __NODE);
    t->data = point,t->next = NULL;
    if(pos == 0)
    {
      t->next = list->head;
      list->head = t;
    }
    else
    {
      unsigned int i;
      NODE u = list->head;
      for(i = 0; i<pos- 1; ++i)
          u = u->next;
      t->next = u->next;
      u->next = t;
    }
    list->count++;
  }
  else
    LlAppend(list, point);
}
```

如图 9-5 所示，将新结点插入表头的过程分为 5 步：①动态构造新结点，用 *t* 指向它；②使 *t* 的 *data* 域指向 *point* 参数指向的目标数据对象，*next* 域为 NULL；③将 *t* 的 *next* 域设为 *list* 的 *head* 的值，即使得原链表首结点链接到 *t* 所指向的结点之后；④修改链表首结点指针，使其指向新结点；⑤递增链表的结点数目。

如图 9-6 所示，插入表中的过程则需要额外的步骤，总计需要 6 步才能完成：①动态构造新结点，用 *t* 指向它；②使 *t* 的 *data* 域指向 *point* 参数指向的目标数据对象，*next* 域为 NULL；③从表头开始向后查找待插入位置的前一结点，用 *u* 指向它，

注意，图中未绘制步骤 3 与步骤 6。未绘制步骤 3 的原因是该步骤是另一分支上的操作，实现起来比较简单直接。未绘制步骤 6 的说明见前。

另外，图中有两个步骤 2，它们之间没有执行顺序上的要求。

例如若插入位置为 1，则用 u 指向 0 号结点；④将 t 的 $next$ 域设为 u 的 $next$ 的值，即使得原链表中位置 pos 处的结点链接到 t 所指向的结点之后；⑤将 u 的 $next$ 域设为 t，即将 t 指向的结点链接到 u 指向的结点之后；⑥递增链表的结点数目。

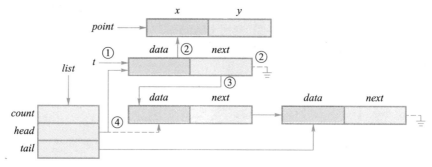

图 9-5　插入表头结点

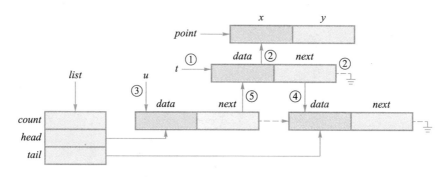

图 9-6　插入表中结点

9.2.4　结点删除

【例 9-6】　实现链表结点的删除函数 LlDelete。

结点的删除也分为 3 种情况，即被删除结点分别在表头、表尾或表中。不过对于单向链表，因为不需要操作被删除结点的后继结点，所以表尾的删除操作与表中删除操作可以合并。LlDelete 函数的具体代码如下：

```
void LlDelete(LINKED_LIST list, unsigned int pos)
{
  if(!list)
    PrintErrorMessage(FALSE, "LlDelete: Parameter illegal.");
  if(list->count== 0)
    return;
  if(pos == 0)
  {
    NODE t = list->head;
    list->head = t->next;
    if(!t->next)
      list->tail = NULL;
```

```
      PtDestroy(t->data);
      DestroyObject(t);
      list->count--;
    }
    else if(pos<list->count)
    {
      unsigned int i;
      NODE u = list->head, t;
      for(i = 0; i<pos- 1; ++i)
        u = u->next;
      t = u->next;
      u->next = t->next;
      if(!t->next)
        list->tail = u;
      PtDestroy(t->data);
      DestroyObject(t);
      list->count--;
    }
  }
```

图 9-3: 第 279 页。

表头结点的删除步骤与 LlClear 函数中的说明一致，如图 9-3 所示。不过要注意此函数仅删除单一结点，链表中若存在其他结点，则仍必须维持链表完整性。另外，在清空链表操作时，只要在最后维持链表头尾指针均为 NULL 即可，而在删除单个表头结点时，LlDelete 函数则必须根据被删除结点是否为唯一结点的判断结果来决定是否修改尾指针值。

如果被删除结点位于表中，则与插入结点一样还需要获得指向待删除结点前一结点的指针。如图 9-7 所示，具体操作步骤为：① 使用临时指针 u 保存待删除结点前一结点的地址；② t 保存待删除结点的地址；③ 将 t 的 next 域赋给 u 的 next 域，这保证 u 可以跳过 t 指向下一结点；④ 若 t 的 next 域不再指向其他结点（t 指向的结点本身就是链表尾结点），则将链表尾结点设为 u；⑤ 释放 t 的 data 域所指向的目标数据对象；⑥ 释放 t 所指向的结点数据对象；⑦ 递减链表的结点个数。

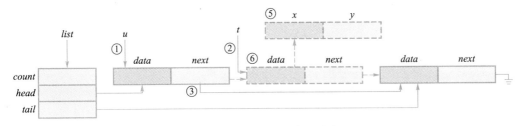

图 9-7　删除表中或表尾结点

9.2.5　链表遍历

前已述及，遍历就是逐一访问数据集中所有元素并实施某种特定操作的过程。

对于链表而言，因为不能通过类似数组的方式选择其元素（项或结点），所以要访问其中某个结点就必须从头开始查找整个链表，一直到发现该元素位置。在编程实践中，遍历是链表最重要的操作。

【**例 9-7**】 编写函数 LlTraverse，遍历整个链表，并输出链表中存储的目标数据对象的值，相邻元素值之间使用字符串"->"连接。

```
void LlTraverse(LINKED_LIST list)
{
  NODE t = list->head;
  if(!list)
    PrintErrorMessage(FALSE, "LlTraverse: Parameter illegal.");
  while(t)
  {
    printf("%s -> ", PtTransformIntoString(t->data));
    t = t->next;
  }
}
```

函数实现并不复杂，此中需要注意的是在遍历链表时必须使用临时指针数据对象 t，而不能直接使用 *list->head*。这正是本书一直所强调的，链表的完整性必须得到保持。具体而言，除了在构造、销毁链表或增减链表结点的场合，其他任何时候都不能修改指向链表头、尾结点的指针值。

9.2.6 数据查找

【**例 9-8**】 实现函数 LlSearch，在链表中查找指定点。

具体函数代码如下：

```
BOOL LlSearch(LINKED_LIST list, POINT point)
{
  NODE t = list->head;
  if(!list || !point)
    PrintErrorMessage(FALSE, "LlSearch: Parameter illegal.");
  while(t)
  {
    if(PtCompare(t->data, point))
      return TRUE;
    t = t->next;
  }
  return FALSE;
}
```

点数据的查找同样是遍历的过程。LlSearch 函数在遍历链表时需要调用抽象点数据对象的比较函数 PtCompare，以判断结点中存储的抽象点数据值是否与待比较键值相同。若相同，则提前停止链表遍历，返回 TRUE。

注意，大多数抽象数据类型都需要实现专门的比较函数，以判断两个数据对象

有关程序范型的讨论，请读者参阅 2.7.3 节，第 72 页。

是否相同。这些比较函数的定义格式类似，实现方法类似，返回值相同——也就是说，这些比较函数本身可以作为程序范型对待。

链表库的辅助函数
本节引入的链表还有两个辅助函数没有介绍，它们的具体代码如下：

```
unsigned int LlGetCount(LINKED_LIST list)
{
  if(!list)
    PrintErrorMessage(FALSE, "LlGetCount: Parameter illegal.");
  return list- count;
}
BOOL LlIsEmpty(LINKED_LIST list)
{
  if(!list)
    PrintErrorMessage(FALSE, "LlIsEmpty: Parameter illegal.");
  return list- count == 0;
}
```

9.2.7 总结与思考

由链表的设计与实现过程可知，对于插入和删除操作而言，链表是最方便的数据结构。不论在什么位置插入或删除结点，都不需要移动数据，仅仅修改相应指针即可。这一点是数组所完全不能比的。

当然，链表结构也有自己的缺点。要访问链表中结点的数据必须从头开始依次检索每个结点，直到查找到指定结点为止。

如读者所见，本节代码的组织方式已相当明晰。首先，链表数据结构、点数据结构以及这些数据结构的操作集均已定义于各自的库中。其次，这两种数据结构都是抽象数据类型。库用户并不需要关心点、结点和链表的具体实现细节，而仅仅关心如何在链表中追加、插入和删除点数据等操作。这是非常重要的编程思想，也是数据抽象的本意。

然而，目前设计还存在一些问题。为存储点数据结构，list 库必须了解 point 库的接口信息，即在编写源文件"list.c"时必须保证能获得头文件"point.h"以及库源代码文件"point.c"或相应编译好的二进制文件。

这在某些场合是不可能的。例如，假设编写 list 库的唯一目的是提供给其他程序员使用。在设计 list 库接口时，程序员并不知道用户可能会用它存储什么样的数据结构——也许是二维点数据结构，也许是三维点数据结构或字符串。除了二维抽象点数据结构 POINT，本节实现的链表不能处理其他类型的数据对象。

真正抽象的链表库应该与点数据结构完全无关。那么，如果在设计和实现 list 库时无法使用待存储数据的类型信息，数据应该如何追加、插入和删除呢？LlTraverse 函数又如何进行所存储数据的比较，LlSearch 函数又如何遍历所有结点并输出数据内容呢？

抽象。只有抽象才是唯一的答案。

9.3 函 数 指 针

本节研究 C 语言提供的一类特殊数据对象——函数指针对象。通过它，程序员可以设计抽象的算法以实现通用程序。

9.3.1 函数指针的目的与意义

具象家具与抽象抽屉

可以这么类比。带有抽屉的家具显然相当具象。因而，其抽屉似乎也应该足够具象。

然而实际上，抽屉作为容器，从来都是抽象的。只要尺寸合适，抽屉可以容纳任意类型的物品。可没有几个制造商在制作家具时声称家具的抽屉只能容纳铅笔，不能容纳粉底；只能容纳剃须刀，不能容纳雪花膏！

那么，只能保存二维点数据结构的链表怎么可以自诩"抽象"？

有些程序员以孤立的方式看待数据与算法。在这些程序员的眼中，数据就是数据，算法就是算法，两者截然不同。

然而事实上，不管是数据还是代码最终都要保存在内存中，而只要保存在内存中就可以使用地址进行标识。每个函数都有函数名，实际上该函数名称就表示函数代码在内存中的起始地址。调用函数的实质就是通过函数名称获得函数代码的首地址。这意味着，只要能够正确控制计算机跳转到某条代码的地址处，就可以执行该代码。

以链表的遍历为例。为输出链表结点存储的目标数据对象的值，程序必须调用 PtTransformIntoString 函数将目标数据对象值转换为字符串，然后调用 printf 函数输出：

```
void LlTraverse(LINKED_LIST list)
{
  NODE t = list->head;
  if(!list)
    PrintErrorMessage(FALSE, "LlTraverse: Parameter illegal.");
  while(t)
  {
    printf("%s -> ",PtTransformIntoString(t->data));
    t = t->next;
  }
}
```

在此，list 库必须使用 point 库的接口。不仅链表结点的 *data* 域必须定义为 POINT 类型，LlTraverse 函数也必须调用 PtTransformIntoString 函数。亦即，即使点数据结构完成了数据封装与信息隐藏，其接口也必须公开给链表库。这似乎是链表库处理点数据对象的必然要求。

但是，这不科学！读者能够发现其问题吗？

设计抽象链表的最大目的，是提供一种可以包容其他任何类型数据对象的容器。因此，其设计一旦完成，就应能适应大多数场合。这是对抽象链表数据结构提出的最保守要求。而上述实现策略不仅不能适应不同的数据类型，也不能适应不同的数据处理方法。

此处，所谓"不能适应不同的数据处理方法"是指，LlTraverse 函数一旦编译完毕，数据的输出格式就已固定。此时为改变数据输出格式，不仅需要重新定义 point

库的 PtTransformIntoString 函数，还需要重新定义 list 库的 LlTraverse 函数。

这意味着，抽象链表作为容器，必须对其保存的对象有所了解。如果程序员希望保存设计抽象链表时还不存在的数据结构，又或者希望按照另一种手段访问所保存的数据对象，则只能重新设计链表数据结构。这在很大程度上否决了链表设计者的先期工作。所造成的后果是，抽象链表的设计永远都不可能最终完成——只要存在将抽象链表用于其他目的的可能，遍历函数就需要不断重新设计。

如果事情只能如此，数据封装与信息隐藏的意义又何在呢？

问题还不仅局限于此。上述设计哲学的最大问题是，在设计抽象链表时，怎么才能知道将来的程序员会如何使用它呢？对此问题的追问永远都不会获得满意的回答。因此，抽象链表的实现不应对其保存的数据对象以及可能的实际操作有任何依赖。

在抽象链表的实现策略中，摆脱对实际所保存数据类型的依赖可以通过定义 ADT 类型实现。

ADT 类型定义于 zylib 库中，其实质分 void *：

```
typedef void * ADT;
```

通过使用抽象数据类型 ADT 作为链表结点 *data* 域的类型，抽象链表可以保存指向任何类型数据对象的指针，保证抽象链表作为容器的普适性。

定义 ADT 类型仅仅完成抽象链表再抽象的第一步，程序员还需要对其上可能进行的操作进行抽象描述。

分析 LlTraverse 函数的具体实现代码可知，按照什么格式输出结点中所存储的数据对象信息既不是 list 库设计者的责任，也不是 point 库设计者的责任，而是 list 库与 point 库使用者的责任。只有库的最终使用者才有权利决定在遍历链表时按照什么格式输出数据对象的实际信息。

为达成此目标，程序员需要一种特别的技术手段描述可能进行的操作，即将程序中的某些操作也抽象出来。如此，就可以在实现 LlTraverse 函数时使用抽象操作代表实际可能执行的具体操作，而将具体的数据操作方法留待调用 LlTraverse 函数时再解决。

一言以蔽之，程序员需要面向未来编程。

9.3.2　函数指针的定义

能够完成上述设计意图的技术手段称为函数指针。所谓函数指针是指指向函数的指针。函数指针作为数据对象，存放函数代码的入口地址。在程序中可以像使用函数名一样使用函数指针调用它所指向的函数，从而间接调用程序代码。

C 程序定义函数指针数据对象的格式如下：

　　数据类型 (* 函数指针数据对象名称) (形式参数列表);

请读者注意上述定义格式。第二个小括号对中的形式参数列表与普通函数原型相同，而本该出现函数名称的位置使用小括号括起来的引领操作符加函数指针数据对象名称的组合。第一个小括号必不可少。如果没有它，编译器会认为上述代码不是函数指针数据对象定义，而是函数原型，而星号则表示该函数的返回值为指向该数据类型的指针。

例如，下述代码定义了一个函数指针数据对象 *as_string*：

```
STRING (*as_string)(ADT object);
```

as_string 作为变量可以指向任何带 ADT 类型参数且返回值为 STRING 类型的函数，即可以将具有上述特征的函数入口地址赋值给 *as_string* 变量。

函数指针表达了最基本的算法抽象——一旦将某个满足上述原型规范的函数入口地址赋给 *as_string*，就可以通过 *as_string* 调用它。

C 语言规定，函数指针数据对象在使用前必须赋值，即使其指向一个已存在的函数代码的起始入口地址。函数指针变量的赋值格式如下：

```
函数指针数据对象名称 = 函数名称;
```

例如，如果程序定义有函数 DoTransformObjectIntoString：

```
STRING DoTransformObjectIntoString(ADT object)
{
    return PtTransformIntoString((POINT)object);
}
```

则可以按照下述方法赋值：

```
//将实际函数 DoTransformObjectIntoString 的入口地址赋给 as_string 变量
as_string = DoTransformObjectIntoString;
```

函数指针虽然与数据指针都是指针，但它们所指向的内容完全不同。数据指针所指向的数据对象位于程序数据区，而函数指针所指向的代码对象位于程序代码区。两者在任何时候都不能相互赋值，同时也不允许进行类型转换操作。

请注意，对函数指针变量赋值时，在赋值号右边出现的实际函数必须与函数指针所指向的函数类型完全一致，并且实际函数名称后不能使用函数调用操作符。这是因为，一旦使用函数调用操作符就意味着将函数返回值而不是函数名称赋给函数指针变量。除非该函数返回一个相匹配的函数指针——这合乎 C 语言规范，否则这样的赋值总是导致编译错误。

9.3.3 函数指针的使用

在函数指针变量接受合法的实际函数名称后，它将指向该实际函数的入口处。此后，使用函数指针变量可以访问该地址中的内容，即调用函数指针所指向的函数。例如：

```
//通过函数指针变量 as_string 调用 DoTransformObjectIntoString 函数,
pt 为实际参数
STRING returned_value;
POINT pt = PtCreate(10, 20);
as_string = DoTransformObjectIntoString;
returned_value = as_string((ADT)pt);
```

上述代码在使用函数指针调用函数时，函数参数需要两次类型转换。首先，*pt* 从 POINT 转换为 ADT，然后作为参数传给 *as_string* 指向的函数 DoTransform

ObjectIntoString。其次，在 DoTransformObjectIntoString 函数内部，形式参数 *object* 被重新转换为 POINT，然后调用 PtTransformIntoString 函数。读者可以先开动脑筋思考其原因，后面很快就会看到其意义。

为显式表达上述代码为通过函数指针进行的函数调用，而不是硬性的函数调用，可以编写下述代码：

```
/* 直接使用类似函数指针变量定义的格式调用它所指向的函数 */
returned_value = (*as_string)((ADT)pt);
```

上述两种通过函数指针变量调用函数的方法完全等价。读者可以任意选用其中一种，笔者更习惯使用后一种，以在程序中明确表达通过函数指针数据对象调用具体函数的抽象性质。

那么，在什么情况下需要使用函数指针呢？

考虑这样的问题。假设需要编写通用的排序函数，例如选择排序或快速排序。所谓"通用"是指该函数可以对任意类型元素的数组进行排序，如整数数组、浮点数数组、结构体数组等。此时，数组元素的比较操作在设计排序函数时是未知的，要想完成排序算法的设计就必须使用函数指针抽象表达数组元素的比较操作。

6.5.2 节，第 203 页。

【例 9-9】 设计程序，随机生成 8 个 10~99 之间的整数，调用 stdlib 库的 qsort 函数按照从小到大顺序排序。

按照 stdlib 库的定义，qsort 函数的原型如下：

```
void qsort(void *base, unsigned int number_of_elements,
    unsigned int size_of_element,int (*compare)(const void*, const
    void*));
```

此处，qsort 需要接受 4 个参数。第一个参数 *base* 表示数组基地址，第二个参数 *number_of_elements* 表示数组元素个数，第三个参数 *size_of_element* 表示数组元素所占的存储空间大小，第四个参数 *compare* 为函数指针，其声明形式如下：

```
int (*compare)(const void*, const void*);
```

参数 *compare* 指向具体的比较函数。该比较函数由调用 qsort 函数的用户按照接受两个 const void * 型的数据对象并返回整数值的格式实现。故在调用 qsort 函数时，第四个参数一定是具有下述原型的函数名称：

```
int FunctionName(const void * e1, const void * e2);
```

按照 qsort 函数的说明，*compare* 参数指向的比较函数应返回正负值或 0，分别用于表示两个数据对象的先后关系或是否相等。

按照一般习惯，在定义比较函数时，应按照下述原则进行：按照特定比较规则，如果第一个参数所代表的数据对象应出现在第二个参数所代表的数据对象前，函数返回-1，相同返回 0，否则返回 1。这意味着，是使用升序还是降序排列数组的元素，完全可以在设计具体比较函数时决断。

具体程序代码如下：

```
/* 源文件 "main.c" */
#include<stdio.h>
#include<stdlib.h>
#include "arrmanip.h"
```

函数原型中的参数名称

如前所述，在列写函数原型时可以不列写函数名称。在定义或声明函数指针数据对象时同样，函数参数列表中的参数名称也可以省略。

本书不推荐大家省略参数名称。将其列写出来，函数原型更容易理解。

因为 *compare* 参数出现在 qsort 函数的参数列表中，如果再列写其参数名称，反而会给理解 qsort 函数原型造成困扰，故标准库省略了 *compare* 所指向的函数的形式参数名称。

请仔细琢磨 qsort 函数的使用方法。

```
#define NUMBER_OF_ELEMENTS 8
//定义抽象对象的比较函数
int DoCompareObject(const void *e1, const void *e2);
int main()
{
  int a[NUMBER_OF_ELEMENTS];
  GenerateIntegers(a, NUMBER_OF_ELEMENTS);
  printf("Array generated at random as follows: \n");
  PrintIntegers(a, NUMBER_OF_ELEMENTS);
  qsort(a, NUMBER_OF_ELEMENTS, sizeof(int), DoCompareObject);
  printf("After all elements of the array reversed: \n");
  PrintIntegers(a, NUMBER_OF_ELEMENTS);
  return 0;
}
//在比较函数内部将传递过来的参数解释为指向整数常量的指针
int DoCompareObject(const void *e1, const void *e2)
{
  return CompareInteger(*(const int *)e1, *(const int *)e2);
}
/* 头文件 "arrmanip.h" */
//除 CompareInteger 函数外, 其他函数原型与例 6-6 完全相同
int CompareInteger(int x,int y);   //整数比较函数
/* 源文件 "arrmanip.c" */
//除 CompareInteger 函数外, 其他代码与例 6-6 完全相同
int CompareInteger(int x, int y)
{
  //升序比较, 直接返回 x-y 亦可
  if(x>y)
    return 1;
  else if(x == y)
    return 0;
  else
  return-1;
}
```

程序运行结果如下:

```
Array generated at random as follows:
30 26 88 90 71 10 78 36
After sorted:
10 26 30 36 71 78 88 90
```

关于上述程序需要做一些说明。

整数比较函数 CompareInteger 需要接受两个整型参数。这是自然的考虑,将这两个参数类型设为其他类型(例如 const void * 类型)并不恰当。然而在实现通过函数指针参数 compare 调用的函数 DoCompareObject 时,又必须使用 const void * 类型作为函数参数,直接使用 int 作为参数类型同样不恰当。这主要是因为设计 qsort 函

标识符前缀

读者可以将这样的函数指针类型名称定义为 PF×××,"P" 表示指针,"F" 表示函数,所以 "PF" 表示指向函数的指针,或者就是 "佩服"。使用 "PFPF" 当然也是允许的。☺

除非特殊场合(例如 CSTRING 前的字符'C'表示常量,以表达它与普通字符串类型的差别与联系),不建议在数据对象和类型标识符前添加类型前缀。原因很简单——这与数据对象的抽象定义原则不符,如果程序员必须通过类型前缀才能明白数据对象或类型的使用方法,这只能说明程序设计原则有问题。

数的目的是为了通用，通过函数指针 *compare* 调用的函数必须能描述一般情况。因此，需要在 DoCompareObject 函数中进行参数类型转换，然后再调用实际的比较函数 CompareInteger。

DoCompareObject 函数的形式参数 *e1*、*e2* 必须转换为 const int * 后，才能通过引领操作符取其值以参与后续运算。使用下述语句是错误的：

```
return CompareInteger((const int)(*e1), (const int)(*e2));
//错误代码
```

这是因为，*e1*、*e2* 作为指向 const void 类型的指针，不允许使用引领操作符访问目标数据对象。

9.3.4 函数指针类型

C 语言规定，同型函数指针变量可以互相赋值，而不同类型的函数指针变量不能相互赋值。原因很简单，它们的类型不同——虽然都是指向函数的指针，但它们指向不同的函数（函数的参数或返回值不尽相同）。如果允许互相赋值，则调用实际函数时无法正确匹配函数参数。

因此，在声明和使用函数指针时，明确了解函数指针所指向的函数类型非常重要。这决定了哪些函数可以通过该指针调用，哪些不能。

较好的程序设计方法是为特定的函数指针声明相应的数据类型：

```
typedef int (* COMPARE_OBJECT)(const void * e1, const void * e2);
```

此处，通过在声明前添加 typedef 关键字，使得出现在第一个小括号的标识符不再是函数指针变量名称而是函数指针类型名称。

有了函数指针类型，程序员就可以像普通数据类型一样定义函数指针变量，然后使用其他函数的入口地址为它赋值。例如：

```
COMPARE_OBJECT compare = DoCompareObject;
(*compare)(e1, e2);
```

在函数指针充当其他函数的参数或返回值时，定义专门的函数指针类型尤为重要。例如若有上述 COMPARE_OBJECT 的定义，则 qsort 函数的原型实为：

```
void qsort(void*base, unsigned int number_of_elements,
unsigned int size_of_element,COMPARE_OBJECT compare);
```

显然，此时的 qsort 函数更容易理解。

函数指针类型作为一类特殊的数据类型，也有自己的取值范围。这事实上意味着函数指针类型在程序中定义了一个函数空间。在该空间中，具有很多性质相同的函数，这些函数构成了所谓的函数簇。函数指针类型的目的就是抽取这些函数的共性，形成程序范型。

9.4 抽 象 链 表

在讨论了函数指针的基本概念与使用方法后，本节讨论程序员应在什么时候使用函数指针以及为什么使用函数指针。

9.4.1　回调函数

有了函数指针，程序员就可以在不知道具体程序代码的指令序列或名称前就调用它。

【例 9-10】　重新实现函数 LlTraverse，遍历链表时通过回调函数访问目标数据对象的值。

具体函数代码如下：

```
typedef void (* MANIPULATE_OBJECT)(ADT e);
void LlTraverse(LINKED_LIST list, MANIPULATE_OBJECT manipulate)
{
  NODE t = list->head;
  if(!list)
    PrintErrorMessage(FALSE, "LlTraverse: Parameter illegal.");
  while(t)
  {
    if(manipulate)   //通过函数指针调用实际函数访问目标数据对象
      (*manipulate)(t->data);
    t = t->next;
  }
}
```

上述代码的特别之处在哪里呢？显然对于 LlTraverse 函数而言，具体的目标数据对象操作任务是由函数指针参数 *manipulate* 完成的。在抽象链表设计期间，LlTraverse 函数通过 *manipulate* 调用哪个函数事先是不清楚的，甚至在程序运行期间 *manipulate* 会调用哪个函数事先也是不清楚的。对于通过 *manipulate* 会调用哪个函数，用户拥有自由决定权。

习惯上称这种依赖后续设计才能确定的被调用函数为回调函数。回调函数为用户灵活地指定操作任务留有余地，因而逐渐成为现代编程理论中的关键技术之一，在很多场合回调函数已成为程序设计人员的唯一选择。

如前所述，设计抽象链表的目的是作为容器存储任意类型的数据对象或其所有权。这意味着在设计链表时它所存储的数据对象的类型信息是未知的，故而如何处理所存储的数据对象不能由抽象链表的设计者决定，而只能交给数据对象的设计者，此即为回调函数存在的基本意义。

9.4.2　回调函数参数

然而上述原型还有一些不足之处。在使用回调函数时，用户经常需要提供一些附加信息，这些附加信息链表的设计者、点数据结构的设计者都不知道其细节与意义，此时可将 MANIPULATE_OBJECT 原型修改为：

```
typedef void (* MANIPULATE_OBJECT)(ADT e, ADT tag);
```

使用 ADT 类型的 *tag* 参数可以很方便地允许用户提供任何附加信息。

例如，假设 point 库实现了一个用户可选格式的点数据对象到字符串转换函数 PtTransformIntoString：

```
//参数 format 表示点数据对象的转换格式，其中只有包含两个格式码%d
//其他内容任意，例如格式"(%d,%d)"或"[%4d, %4d]"等
STRING PtTransformIntoString(CSTRING format, POINT point)
{
  char buf[BUFSIZ];
  if(point)
  {
    sprintf(buf, format, point->x, point->y);
    return DuplicateString(buf);
  }
  else
    return "NULL";
}
```

此时可以实现下述回调函数 DoPrintObject：

```
void DoPrintObject(ADT e, ADT tag)
{
  printf(PtTransformIntoString((CSTRING)tag, (POINT)e));
  printf(" -> ");
}
```

而链表的遍历函数则应相应修改为：

```
void LlTraverse(LINKED_LIST list, MANIPULATE_OBJECT manipulate,
ADT tag)
{
  NODE t = list->head;
  if(!list)
    PrintErrorMessage(FALSE, "LlTraverse: Parameter illegal.");
  while(t)
  {
    if(manipulate)
      (*manipulate)(t->data, tag);
    t = t->next;
  }
}
```

有了上述函数实现，一旦在程序中定义了抽象链表对象 *list*，并且添加了部分元素，则可以使用下述语句输出整个链表的内容：

```
LlTraverse(list, DoPrintObject, "(%d,%d)");
```

这意味着什么？这意味着当用户调用 LlTraverse 函数输出链表所有元素内容时，具体的输出操作是由传递过去的 DoPrintObject 函数完成的。而后者又如何完成数据对象输出呢？调用 PtTransformIntoString 函数。进一步思考 DoPrintObject 函数在调用 PtTransformIntoString 函数时，具体的输出格式居然是由最终程序员通过

LlTraverse 函数传递过来的!

上述程序到底有什么好处? 好处是抽象链表的设计者、点数据结构的设计者以及最终使用这两者的程序员完全不了解彼此的实现细节, 他们唯一的通信手段就是库接口; 并且, 抽象链表的设计者与点数据结构的设计者根本就不需要通信, 他们完全不需要了解对方的存在!这意味着容器与容器中容纳的数据对象是完全独立的。

9.4.3　数据对象的存储与删除

还有一个问题需要考虑。链表中存储的数据对象的类型或者为 ADT 或者为像整数这样可以直接转换为 ADT 的数据对象本身。如果它是指针, 就有可能需要进行动态存储管理, 如果不是指针就不需要存储管理, 程序员如何对其实施有效控制呢?

当某个程序员使用抽象链表设计程序时, 他也许会用 *data* 域存储整数, 此时在程序员的眼中 ADT 就是 int 而不是指针, 它可以在实现遍历函数的回调函数时将 *data* 的类型转换为 int, 在插入数据时将 int 转换为 ADT。

当另一个程序员使用抽象链表设计字典程序时, 他会使用 *data* 域存储字符串基地址。既然存储的是字符串, 那就有可能在需要时进行动态内存分配, 在不需要时释放所占用的存储空间。对于此程序员而言, 他知道应该在实现遍历函数的回调函数时将 *data* 域的类型转换为 STRING, 在插入数据时将 STRING 转换为 ADT。

再者, 当第三个程序员使用抽象链表设计学生成绩管理程序时, 他会使用 *data* 域存储学生信息结构体指针类型 STUDENT_INFO 的数据对象。既然存储的是指向结构体变量的指针, 那就一定需要动态内存分配。对于此程序员来说, 他知道应该在实现遍历函数的回调函数时将 *data* 域的类型转换为 STUDENT_INFO, 在插入数据时将 *data* 域转换为 ADT。

现在, 读者应该已经能够发现前述程序的问题了。在向抽象链表插入数据时, 也许需要为 *data* 域指向的数据对象分配一段存储空间, 也许不需要。这没有关系, 使用抽象链表的程序员可以在将元素插入符号表之前就确定是否为 *data* 域分配额外的内存。但是, 在释放或清空符号表时, 抽象链表如何对这段可能分配也可能不分配的内存进行管理呢?

还是向函数指针寻求帮助吧。想来大多数稍有经验的程序员都知道应该如何正确表达其设计意图。优秀的程序员都严守前述的懒人哲学——惰性编码规则。既然不能在设计抽象链表时确定是否需要为 *data* 域分配额外的存储空间, 则清除链表时还是让使用抽象链表的程序员来决定吧, 如果他为 *data* 域分配了额外的存储空间, 则应负责清除它。

以 LlDelete 函数为例, 为保证使用抽象链表的程序员有自由决定是否应删除 *data* 域指向的匿名数据对象的权利, 函数应该接受一个函数指针参数 *destroy*, 该函数指针指向负责删除 *data* 域所指向的目标数据对象的删除函数。具体函数代码如下:

```
typedef void (* DESTROY_OBJECT)(ADT e);
```

```
void LlDelete(LINKED_LIST list, unsigned int pos, DESTROY_
OBJECT destroy)
{
  if(!list)
    PrintErrorMessage(FALSE, "LlDelete: Parameter illegal.");
  if(list->count== 0)
    return;
  if(pos == 0)
  {
    NODE t = list->head;
    list->head = t->next;
    if(!t->next)
      list->tail = NULL;
    if(destroy)
      (*destroy)(t->data);
    DestroyObject(t);
    list->count--;
  }
  else if(pos<list->count)
  {
    unsigned int i;
    NODE u = list->head, t;
    for(i = 0; i<pos- 1; ++i)
      u = u->next;
    t = u->next;
    u->next = t->next;
    if(!t->next)
      list->tail = u;
    if(destroy)
      (*destroy)(t->data);
    DestroyObject(t);
    list->count--;
  }
}
```

如果确实需要删除 *data* 域指向的匿名数据对象,则链表的使用者应提供相应函数,否则简单以 NULL 作为 *destroy* 的实际参数即可。例如,若设程序中存在链表对象 *list*,并且其中已保存部分点数据对象,要删除其中编号为 1 的点数据对象,则可以使用下述代码:

```
void DoDestroyObject(ADT e)
{
  DestroyObject((POINT)e);
}
//调用 DoDestroyObject 函数释放 data 域指向的额外存储空间
LlDelete(list, 1, DoDestroyObject);
```

如此一来,是否需要释放 *data* 域所指向的额外存储空间,则不再由抽象链表的设计者做决定。对于库的设计者而言,其基本原则就是:要我删我就删,不让我删我干嘛费事!

【例 9-11】 设计不依赖所存储的具体数据类型的"更抽象"链表。

接口设计如下:

```
/* 头文件"list.h" */
#include "zylib.h"
typedef struct __LINKED_LIST * LINKED_LIST;
typedef int (* COMPARE_OBJECT)(CADT e1, CADT e2);
typedef void (* DESTROY_OBJECT)(ADT e);
typedef void (* MANIPULATE_OBJECT)(ADT e, ADT tag);
LINKED_LIST LlCreate();
void LlDestroy(LINKED_LIST list, DESTROY_OBJECT destroy);
void LlAppend(LINKED_LIST list, ADTobject);
void LlInsert(LINKED_LIST list, ADTobject, unsigned int pos);
void LlDelete(LINKED_LIST list, unsigned int pos, DESTROY_
    OBJECT destroy);
void LlClear(LINKED_LIST list, DESTROY_OBJECT destroy);
void LlTraverse(LINKED_LIST list, MANIPULATE_OBJECT manipulate,
ADT tag);
BOOL LlSearch(LINKED_LIST list, ADTobject, COMPARE_OBJECT
compare);
unsigned int LlGetCount(LINKED_LIST list);
BOOL LlIsEmpty(LINKED_LIST list);
```

类似地,LlDestroy 函数与 LlClear 函数也需要添加 *destroy* 参数。此外,LlSearch 函数需要接受一个指向实际比较函数的指针 *compare* 作为参数。

上述接口设计的最大特点是再也没有了与具体数据类型相关的部分,从而将抽象链表从所存储的具体数据对象中完全分离出来。

本节的内容教给大家什么? 程序设计的自由!

本 章 小 结

本章内容有些特殊——将注意力从函数设计、程序组织、存储管理等具象领域转移到数据抽象领域,讨论了数据抽象与抽象数据类型的基本意义与一般实现策略。

数据与算法是相互关联的两种东西,彼此之间具有千丝万缕的联系。通过函数指针技术,可以将代码也当作数据存储、管理和调用。在函数设计中,称依赖后续设计才能确定的被调用函数为回调函数,它为用户灵活地指定操作任务留有余地,因而逐渐成为现代编程理论中的关键技术之一。使用回调函数技术,可以设计不依赖未来数据结构具体细节的通用程序。

　　抽象链表是最常用的抽象数据组织手段，几乎所有的线性数据结构与非线性数据结构都可以使用链表实现，因此理解了抽象链表的设计也就理解了数据抽象的核心概念，触摸到了抽象程序设计的灵魂。

　　程序抽象为程序设计带来了极大的灵活性，将程序员引入编程的新天地。读者应仔细研究本章引入的抽象理念。这里要强调的是，抽象——也只有抽象——才建构了整个程序设计方法学的宏伟大厦。

习　题　9

一、概念理解题

9.1.1　什么是数据抽象？数据抽象有什么目的与意义？

9.1.2　结构化数据类型有什么性质？

9.1.3　什么是数据封装？数据封装在程序中的作用是什么？什么是信息隐藏？信息隐藏在程序中的作用是什么？

9.1.4　什么是抽象数据类型？在 C 程序中定义的结构化数据类型一定是抽象数据类型吗？如何在程序中定义抽象数据类型？

9.1.5　什么是链表？链表是如何组织它所存储的数据对象的？

9.1.6　链表数据结构在 C 程序中应该如何设计和表示才能保证尽可能体现抽象数据类型的特点？

9.1.7　链表有哪些基本操作？如何添加、删除、查找和访问链表存储的数据对象？

9.1.8　什么是函数指针？如何在程序中定义和使用函数指针？函数指针在程序中具有什么意义？

9.1.9　挑战性问题。下述代码到底定义了什么？

　　　　void (* signal (int *signo*, void (* *func*)(int)))(int);

上述代码出自 C 标准库 signal，其定义位于头文件 "signal.h" 中。

9.1.10　什么是函数指针类型？函数指针类型在程序中具有什么意义？

9.1.11　什么是回调函数？它有什么意义？如何在程序中使用回调函数？

9.1.12　应如何进行容器数据对象中元素的存储与删除任务才能保证程序的正确性与通用性？

例 9-11：第 296 页。

二、编程实践题

9.2.1　实现例 9-11 设计的 list 库接口的 LlDestroy 函数。

9.2.2　实现例 9-11 设计的 list 库接口的 LlClear 函数。

9.2.3　实现例 9-11 设计的 list 库接口的 LlSearch 函数。

9.2.4　编写程序，使用本章实现的抽象链表存储 50 个随机生成的 1～99 之间的整数。因整数与指针存储空间刚好相同，故可将 int 型数据对象直接转换为 ADT 存储在结点 *data* 域，即不需要为整数数据对象动态分配额外存储空间。要获取链表中存储的整数数据对象，直接将 *data* 域转换为 int 型输出即可。

9.2.5　继续上一题。删除链表中的所有整数值相同的结点，例如若链表中整数 37 出现了两次，删除其第二次出现。

9.2.6　继续上一题。重新生成 10 个不重复的 1～99 之间的整数并存储到一个新的链表中，在上一题的链表中删除新链表中的所有整数。

9.2.7　使用本章实现的抽象链表存储 10 个复数并输出它们的和。应如何利用抽象链表 LlTraverse 函数在遍历链表时就直接获得 10 个复数的和？

9.2.8　与上一题相关。使用本章实现的抽象链表存储 10 个有理数并输出它们的和。注意最后结果需化简，例如 2/4 应化简为 1/2。应如何利用抽象链表 LlTraverse 函数在遍历链表时就直接获得 10 个有理数的和？

9.2.9　挑战性问题。实现抽象链表的持久化。

9.2.10　挑战性问题。继续习题 8.2.5。考虑使用动态数组存储任意类型数据对象的情况，实现抽象动态数组。如何设计抽象动态数组的回调函数？

9.2.11　挑战性问题。编写函数 TransformDynArrIntoLinkedList 根据抽象动态数组构造抽象链表，再编写函数 TransformLinkedListIntoDynArr 根据抽象链表构造抽象动态数组。如果抽象链表中存储的是目标数据对象的地址，则必须赋值目标数据的内容，而不是所有权，即一旦根据动态数组构造了链表，则删除动态数组后，链表中的数据对象仍应保留。反过来也一样。

习题 8.2.5：第 267 页。

9.2.12　挑战性问题。设计自己的 AllocateMemory 与 FreeMemory 函数：

```
void * AllocateMemory(void * base, unsigned int size);
void FreeMemory(void * mem_block);
```

AllocateMemory 函数用来在指针 *base* 指向的存储区中申请连续的 *size* 字节的存储空间，并返回所申请空间的基地址；FreeMemory 函数则将指针 *mem_block* 指向的存储空间归还给原来的存储区。作为一般原则，可以在程序开始时调用 alloc 函数分配一片足够大的存储空间，并使用 *base* 指针指向它。其后所有内存分配都使用 AllocateMemory 函数在 *base* 指向的存储空间中进行，即将 *base* 指向的存储空间作为后续存储管理的存储池。所谓存储池是指连续的存储区，其中包括多个连续的、不相交的、更小的、可进一步分配的存储区，它可用来管理动态内存分配，即系统一次分配整个存储池的存储空间，而将进一步的存储分配保留在存储池中进行。仔细研究存储管理策略，兼顾存储管理的效率与性能。

参考文献与深入读物

一、程序设计语言与编译原理

[LW1997] 李赣生, 王华民. 编译程序原理与技术[M]. 北京：清华大学出版社, 1997.

[LZJ1998] 吕映芝, 张素琴, 蒋维杜. 编译原理[M]. 北京：清华大学出版社, 1998.

[PZ2001] Pratt T W, Zelkowitz M V. 程序设计语言：设计与实现[M]. 4 版. 傅育熙, 张冬茉, 黄林鹏, 译. 北京：电子工业出版社，2001.

[Seb2003] Sebesta R W. Concepts of Programming Languages[M]. 5 版（影印版）. 北京：机械工业出版社, 2003.

[Set2002] Sethi R. 程序设计语言：概念和结构[M]. 2 版. 裘宗燕, 译. 北京：机械工业出版社, 2002.

二、软件工程

[Boo2003] Booch G. Object-Oriented Analysis and Design with Applications[M]. 2 版（影印版）. 北京：中国电力出版社, 2003.

[Cop2003a] Coplien J O. C++ 多范型设计[M]. 鄢爱兰, 周辉, 译. 北京：中国电力出版社, 2003.

[GHJ+2002] Gamma E, Helm R, Johnson R, et al. Design Patterns—Elements of Reusable Object-Oriented Software[M]. （影印版）. 北京：机械工业出版社, 2002.

三、数据结构

[AHU1983] Aho A V, Hopcroft J E, Ullman J D. Data Structures and Algorithms[M]. New Jersey：Addison-Wesley Publishing Company, 1983.

[Col2003]   Collins W J. Data Structures and the Standard Template Library[M]. 影印版. 北京：机械工业出版社, 2003.

[FT1997]   Ford W, Topp W. Data Structures with C++[M]. 影印版. 北京：清华大学出版社, 1997.

[Knu2002a] Knuth D E. The Art of Computer Programming, Vol. 1, Fundamental Algorithms[M]. 3 版（影印版）. 北京：清华大学出版社, 2002.

[Knu2002b] Knuth D E. The Art of Computer Programming, Vol. 2, Seminumerical Algorithms[M]. 3 版（影印版）. 北京：清华大学出版社, 2002.

[Knu2002c] Knuth D E. The Art of Computer Programming, Vol. 3, Sorting and Searching, [M]. 2 版（影印版）. 北京：清华大学出版社, 2002.

[Knu200x]   Knuth D E. The Art of Computer Programming, Vol. 4, Combinatorial Algorithms, Draft[M]. New Jersey：Addison-Wesley Publishing Company, 2005.

[KTL1998]   Kruse R L, Tondo C L, Leung B P. Data Structures and Program Design in C[M]. 影印版. 北京：清华大学出版社, 1998.

[Pre2003]   Preiss B R. 数据结构与算法——面向对象的 C++ 设计模式[M]. 胡广斌, 王菘, 惠民, 等, 译. 北京：电子工业出版社, 2003.

[YW1997]   严蔚敏, 吴伟民. 数据结构[M]. 北京：清华大学出版社, 1997.

四、C/C++ 程序设计

[Ale2001]   Alexandrescu A. Modern C++ Design—Generic Programming and Design Patterns Applied[M]. New Jersey：Addison-Wesley Publishing Company, 2001.

[Aus2003]   Austern M H. 泛型编程与 STL[M]. 侯捷, 译. 北京：中国电力出版社, 2003.

[BM2003]   Bulka D, Mayhew D. 提高 C++ 性能的编程技术[M]. 常晓波, 朱剑平, 译. 北京：清华大学出版社, 2003.

[CE2002]   Carroll M D, Ellis M A. C++ 代码设计与重用[M]. 陈伟柱, 译. 北京：人民邮电出版社, 2002.

[Cop2003b]   Coplien J O. Advanced C++ 中文版[M]. 宛延闿, 李石乔, 苏文, 译. 北京：中国电力出版社, 2003.

[DD2002]   Deitel H M, Deitel P J. C++ 编程金典[M]. 3 版. 周靖, 黄都培, 译. 北京：清华大学出版社, 2002.

[Dew2003]   Dewhurst S C. C++ Gotchas: Avoiding Common Problems in Coding and Design[M]. 影印版. 北京：中国电力出版社, 2003.

[Eck2002]   Eckel B. Thinking in C++[M]. 2 版（影印版）. 北京：机械工业出版社, 2002.

[Hel2003]   Heller S. C++编程基础——标准库编程[M]. 胡凤燕, 朱德爽, 译. 北

京：电子工业出版社, 2003.

[HM2003]　黄维通, 马力妮. C 语言程序设计[M]. 北京：清华大学出版社, 2003.

[Jos2002]　Josuttis N M. C++标准程序库[M]. 候捷, 孟岩, 译. 武汉：华中科技大学出版社, 2002.

[KM2002]　Koenig A, Moo B. C++沉思录[M]. 黄晓春, 译. 北京：人民邮电出版社, 2002.

[KM2003]　Koenig A, Moo B. Accelerated C++[M]. 覃剑锋, 柯晓江, 蓝图, 译. 北京：中国电力出版社, 2003.

[Lip2003a]　Lippman S B. Inside the C++ Object Model[M]. 影印版. 北京：中国电力出版社, 2003.

[Lip2003b]　Lippman S B. Essential C++[M]. 影印版. 北京：中国电力出版社, 2003.

[LK2001]　Langer A, Kreft K. 标准 C++ 输入输出流与本地化[M]. 何渝, 孙悦红, 刘宏志, 等, 译. 北京：人民邮电出版社, 2001.

[LL2002]　Lippman S B, Lajoie J. C++ Primer[M]. 3 版. 潘爱民, 张丽, 译. 北京：中国电力出版社, 2002.

[MW2005]　孟威, 王行言, 等. 计算机程序设计基础习题解答与实验指导[M]. 北京：高等教育出版社, 2005.

[Mey2003a]　Meyers S. Effective C++: 50 Specific Ways to Improve Your Programs and Designs[M]. 2 版（影印版）. 北京：中国电力出版社, 2003.

[Mey2003b]　Meyers S. More Effective C++[M]. 候捷, 译. 北京：中国电力出版社, 2003.

[Mey2003c]　Meyers S. Effective STL: 50 Specific Ways to Improve Your Use of the Standard Template Library[M]. 影印版. 北京：中国电力出版社, 2003.

[Mil2002]　Milewski B. C++ 实践之路[M]. 周良忠, 译. 北京：人民邮电出版社, 2002.

[Mur2003]　Murray R B. C++编程惯用法——高级程序员常用方法与技巧[M]. 王昕, 译. 北京：中国电力出版社, 2003.

[PSL+2002]　Plauger P J, Stepanov A A, Lee M, et al. C++ STL[M]. 王昕, 译. 北京：中国电力出版社, 2002.

[Qian1999]　钱能. C++程序设计教程[M]. 北京：清华大学出版社, 1999.

[Rob1995]　Roberts E S. The Art and Science of C[M]. New Jersey：Addison-Wesley, 1995.

[Rob1998]　Roberts E S. Programming Abstractions in C[M]. New Jersey：Addison-Wesley, 1998.

[Sht2002]　Shtern V. C++精髓: 软件工程方法[M]. 李师贤, 张珞玲, 刘斌, 等, 译. 北京：机械工业出版社, 2002.

[Str2001]　Stroustrup B. The C++ Programming Language[M]. 特别版（影印版）. 北京：高等教育出版社, 2001.

[Str2002]　Stroustrup B. The Design and Evolution of C++[M]. 影印版. 北京：机械

工业出版社, 2002.

[Sut2003]　Sutter H. Exceptional C++[M]. 卓小涛, 译. 北京：中国电力出版社, 2003.

[Tan2002]　谭浩强. C 程序设计[M]. 2 版. 北京：清华大学出版社, 2002.

[VJ2003]　Vandevoorde D, Josuttis N M. C++Templates[M]. 陈伟柱, 译. 北京：人民邮电出版社, 2004.

[Wang1997] 王燕. 面向对象的理论与 C++实践[M]. 北京：清华大学出版社, 1997.

[Wang2004] 王行言, 乔林, 黄维通等. 计算机程序设计基础[M]. 北京：高等教育出版社, 2004.

[Zhang1995]张国峰. 面向对象的程序设计与 C++教程[M]. 北京：电子工业出版社, 1995.

五、其他

[Qiao2003] 乔林. 参透 Delphi/Kylix[M]. 北京：中国铁道出版社, 2003.

[Ste2004]　Stevens W R. UNIX 环境高级编程[M]. 尤晋元, 等, 译. 北京：机械工业出版社, 2004.

[Wei2003]　杰拉尔德 •温伯格. 系统化思维导论[M]. 银年纪念版. 张佐, 万起光, 董菁, 译. 北京：清华大学出版社, 2003.